TRIZ
创造性思维及创新设计
方法与案例

潘承怡　姜金刚　解宝成／编著

**TRIZ Creative Thinking
and Innovative Design**
Methods and Cases

化学工业出版社

·北京·

内容简介

本书以创造性思维和创新设计方法为主线，主要介绍了创造性思维与常用创新技法、TRIZ理论及其应用、机械创新设计基本方法、创新设计实例等有关内容。TRIZ理论及其应用主要包括TRIZ的思维方法、系统进化法则、40个发明原理、技术矛盾与阿奇舒勒矛盾矩阵、物理矛盾与分离原理、物-场模型分析等；机械创新设计基本方法主要包括机构创新设计和机械结构创新设计。

书中有大量创新设计案例，书末附有测试题及参考答案。

本书图文并茂，案例丰富，简明实用，可操作性强，可作为普通高等院校本科生、专科生或研究生的创新类课程教材，也可供工程技术人员学习和参考。

图书在版编目（CIP）数据

TRIZ创造性思维及创新设计：方法与案例/潘承怡，姜金刚，解宝成编著. —北京：化学工业出版社，2024.3
ISBN 978-7-122-44848-4

Ⅰ.①T⋯ Ⅱ.①潘⋯ ②姜⋯ ③解⋯ Ⅲ.①创造学 Ⅳ.①G305

中国国家版本馆CIP数据核字（2024）第034203号

责任编辑：贾　娜　　　　　　　文字编辑：王　硕
责任校对：宋　玮　　　　　　　装帧设计：史利平

出版发行：化学工业出版社
　　　　　（北京市东城区青年湖南街13号　邮政编码100011）
印　　刷：北京云浩印刷有限责任公司
装　　订：三河市振勇印装有限公司
787mm×1092mm　1/16　印张19¼　插页1　字数473千字
2024年3月北京第1版第1次印刷

购书咨询：010-64518888　　　　售后服务：010-64518899
网　　址：http://www.cip.com.cn

凡购买本书，如有缺损质量问题，本社销售中心负责调换。

定　　价：128.00元　　　　　　　　版权所有　违者必究

前言

近年来，我国将"大众创业，万众创新"列为重要发展战略之一，因此掌握一定的创新设计方法对每一位工程技术人员都十分必要。设计者要具备创造性思维，掌握创造性思维方法和常用的创新技法，并且还应该掌握系统而有效的创新设计理论。好的创新设计方法可以极大地提高产品设计的创新性和创造性，使产品具有更好的发展潜力，创造更多的市场价值。经过多年的研究和实践，人们发现TRIZ理论（发明问题解决理论）在创新方面具有鲜明的优势，TRIZ理论越来越受到人们的喜爱和重视。

TRIZ是发明家根里奇·阿奇舒勒及其带领的一批科研人员在研究了大量高水平专利的基础上，提出的一套具有完整理论体系的创新方法。TRIZ在我国推广已有十多年的时间，很多高校开设了关于TRIZ的创新类课程，国内每年举办全国"TRIZ"杯大学生创新方法大赛，很多企业和研究所也进行了与TRIZ相关的技术培训。在各种发明创造中，机械创新设计与TRIZ结合的应用相对较多。各种产品都离不开机械的支持，只要有实物就有机构或结构的参与，可以说一个实际产品的出现必然体现着机械创新设计的成果。因此，本书将TRIZ与机械创新设计紧密结合，以TRIZ的思维方法和理论方法指导机械创新设计，为创新教育和创新人才培养提供一定的帮助。

本书介绍了TRIZ理论的创新思维方法，包括打破思维定式、最终理想解、九屏幕法等，对分析问题和解决问题有极大的启发作用，比常规思维和试错法等更加快捷，使设计人员少走弯路，可节省大量的思考时间，并获得最佳的解决方案。传统的机械创新设计方法如设问法、类比法、组合法等也是常用的、非常有效的创新技法，本书也对这些常用创新技法给以说明和介绍。为便于理解，本书对每种思维方法都给出实际案例，使读者能快速掌握其运用方法。在TRIZ创造性思维的基础上，本书介绍了TRIZ理论知识体系和主要工具，包括系统进化法则、40个发明原理、技术矛盾与矛盾矩阵、物理矛盾与分离原理、物-场模型分析等。还对功能分析与裁剪、因果分析法进行了介绍。另外，阐述了机械创新设计基本方法，主要包括机构创新设计和机械结构创新设计，除机构、结构的组合和变异等常用方法之外，还介绍了增力、增程、自锁、抓取、伸缩、分选、整列等实用机构。最后，给出了一些基于TRIZ的创新设计实例，详细介绍了应用TRIZ方法进行创新设计的过程，以提高TRIZ发明创新理论的实用性和可操作性。书末附有测试题和参考答案，便于读者自我检验学习效果和进行基本技能的训练与提高。

本书以创新思维和创新理论为主线，结合大量实际案例，内容翔实，图文并茂，对读者有一定的启发和示范作用，对创新意识和创新能力的培养具有一定的指导意义。

本书由潘承怡、姜金刚、解宝成共同编著完成。潘承怡编写第1章，第2章的2.2.4~2.2.7节，第3章的3.4、3.5、3.6.4、3.8~3.10节，第6章，第7章，附录A和附录B；姜金刚编写第2章的2.1、2.2.1~2.2.3节，第3章的3.1~3.3、3.6.1~3.6.3、3.7节，第8章的8.1~8.4节；解宝成编写第4章、第5章和第8章的8.5~8.8节。

书中采用的创新设计实例为作者指导学生在全国"TRIZ"杯大学生创新方法大赛中的获奖作品，均申请了专利，在此对参与设计的学生们表示感谢。同时也感谢哈尔滨理工大学教务处和机械动力工程学院的大力支持！

限于编著者水平，书中难免有不足之处，欢迎读者批评指正。

编著者

目 录

第1章 绪论 　1

1.1 思维的概念与分类 　1
1.1.1 思维的概念 　1
1.1.2 思维的分类 　2
1.2 创新设计与创造力 　3
1.2.1 创新设计的概念 　3
1.2.2 创新设计的特点 　3
1.2.3 创造力的构成要素 　4
1.3 创新人才的培养 　5
1.3.1 创新人才的特点 　5
1.3.2 培养创新人才的注意事项 　6

第2章 创造性思维与常用创新技法 　9

2.1 创造性思维 　9
2.1.1 创造性思维的特点和类型 　9
2.1.2 创造性思维形成的过程和方式 　11
2.2 常用创新技法 　13
2.2.1 头脑风暴法 　13
2.2.2 设问法 　18
2.2.3 焦点客体法 　23
2.2.4 类比法 　24
2.2.5 组合法 　27
2.2.6 逆向转换法 　29
2.2.7 信息联想法 　31

第3章 TRIZ 理论及其应用 　34

3.1 TRIZ 理论概述 　34
3.1.1 TRIZ 理论的概念 　34
3.1.2 TRIZ 理论的基本内容与解题模式 　35
3.1.3 创新的等级 　37
3.2 TRIZ 理论的思维方法 　38
3.2.1 打破思维惯性 　38
3.2.2 最终理想解 　41
3.2.3 九屏幕法 　44
3.2.4 小矮人模型法 　47

- 3.2.5 STC 算子方法 ······ 48
- 3.2.6 金鱼法 ······ 49
- 3.2.7 资源分析法 ······ 50

3.3 技术系统进化法则 ······ 53
- 3.3.1 技术系统进化的 S-曲线 ······ 53
- 3.3.2 经典 TRIZ 的技术系统进化法则 ······ 55
- 3.3.3 技术系统进化法则的应用 ······ 59

3.4 40 个发明原理 ······ 60
- 3.4.1 40 个发明原理的概念与案例 ······ 61
- 3.4.2 40 个发明原理的应用技巧 ······ 80
- 3.4.3 40 个发明原理的增补原理 ······ 82
- 3.4.4 40 个发明原理应用实例 ······ 82

3.5 技术矛盾与阿奇舒勒矛盾矩阵 ······ 86
- 3.5.1 技术矛盾的相关概念 ······ 87
- 3.5.2 39 个通用工程参数 ······ 88
- 3.5.3 阿奇舒勒矛盾矩阵的概念与应用步骤 ······ 92
- 3.5.4 阿奇舒勒矛盾矩阵应用实例 ······ 93

3.6 物理矛盾与分离原理 ······ 96
- 3.6.1 物理矛盾的意义 ······ 96
- 3.6.2 分离方法与分离原理简介 ······ 97
- 3.6.3 分离原理与 40 个发明原理的关系 ······ 102
- 3.6.4 分离原理应用实例 ······ 104

3.7 物-场模型分析 ······ 108
- 3.7.1 物-场模型的类型 ······ 108
- 3.7.2 物-场模型分析的一般解法 ······ 110
- 3.7.3 物-场模型分析一般解法应用实例 ······ 113

3.8 科学效应和现象 ······ 114
- 3.8.1 TRIZ 理论中的科学效应 ······ 114
- 3.8.2 科学效应和现象应用步骤与实例 ······ 115

3.9 发明问题的标准解法 ······ 117
- 3.9.1 标准解法的分级与构成 ······ 117
- 3.9.2 标准解法应用实例 ······ 123

3.10 ARIZ 算法简介 ······ 124
- 3.10.1 ARIZ 算法的主导思想 ······ 124
- 3.10.2 ARIZ 算法应用实例 ······ 125

第 4 章 功能分析与裁剪 · 127

4.1 功能的定义和表达 ······ 128
4.2 功能的分类 ······ 131
4.3 功能分析与功能模型 ······ 133
- 4.3.1 组件分析 ······ 134

  4.3.2 功能模型的建立 …………………………………………… 138
  4.3.3 功能模型的应用 …………………………………………… 142
 4.4 功能裁剪与裁剪模型 ……………………………………………… 144
  4.4.1 裁剪对象的选择 …………………………………………… 144
  4.4.2 裁剪规则 …………………………………………………… 147
  4.4.3 裁剪模型的应用 …………………………………………… 149

第5章　因果分析方法　152

 5.1 因果轴分析 ……………………………………………………… 152
  5.1.1 因果轴分析相关概念 ……………………………………… 152
  5.1.2 因果轴分析步骤 …………………………………………… 153
  5.1.3 因果轴分析实例 …………………………………………… 159
 5.2 鱼骨图分析法 …………………………………………………… 161
  5.2.1 鱼骨图的类型与画法 ……………………………………… 161
  5.2.2 鱼骨图的评价与实例 ……………………………………… 165
 5.3 5W分析法 ……………………………………………………… 167
  5.3.1 5W分析法的特点与步骤 ………………………………… 168
  5.3.2 5W分析法实例 …………………………………………… 169
 5.4 因果矩阵分析简介 ……………………………………………… 169

第6章　机构创新设计　172

 6.1 常见机构的运动及性能特点 …………………………………… 172
 6.2 机构的变异与演化 ……………………………………………… 173
  6.2.1 运动副的变异与演化 ……………………………………… 173
  6.2.2 构件的变异与演化 ………………………………………… 176
  6.2.3 机架变换与演化 …………………………………………… 177
 6.3 机构的组合方法 ………………………………………………… 180
  6.3.1 串联式组合 ………………………………………………… 180
  6.3.2 并联式组合 ………………………………………………… 182
  6.3.3 叠加式组合 ………………………………………………… 184
  6.3.4 封闭式组合 ………………………………………………… 186
  6.3.5 混合式组合 ………………………………………………… 188
 6.4 机械创新设计中的实用机构 …………………………………… 189
  6.4.1 增力机构 …………………………………………………… 189
  6.4.2 增程机构 …………………………………………………… 191
  6.4.3 调节（减程）机构 ………………………………………… 193
  6.4.4 快速夹紧机构 ……………………………………………… 194
  6.4.5 自锁机构 …………………………………………………… 194
  6.4.6 抓取机构 …………………………………………………… 196
  6.4.7 伸缩机构 …………………………………………………… 199
  6.4.8 送料机构 …………………………………………………… 201

| | | 6.4.9 分选和分流机构 …………………………………………… 206 |
| | | 6.4.10 整列机构 ……………………………………………… 208 |

第7章 机械结构创新设计　　211

7.1 机械结构设计的概念与步骤 ……………………………………… 211
7.2 机械结构元素的变异 ……………………………………………… 212
7.2.1 杆状构件结构元素变异 ………………………………… 212
7.2.2 螺纹紧固件结构元素变异 ……………………………… 214
7.2.3 齿轮结构元素变异 ……………………………………… 214
7.2.4 棘轮结构元素变异 ……………………………………… 215
7.2.5 轴毂连接结构元素变异 ………………………………… 216
7.2.6 滚动轴承结构元素变异 ………………………………… 216
7.3 机械结构创新设计的基本要求 …………………………………… 217
7.3.1 实现功能要求 …………………………………………… 217
7.3.2 满足使用要求 …………………………………………… 219
7.3.3 满足结构工艺性要求 …………………………………… 223
7.3.4 满足人机学要求 ………………………………………… 228
7.4 机械结构创新设计发展方向 ……………………………………… 229

第8章 创新设计实例　　233

8.1 正畸矫治器摩擦力测量装置的创新设计 ………………………… 233
8.2 多功能直尺的创新设计 …………………………………………… 243
8.3 钥匙引导器的创新设计 …………………………………………… 248
8.4 中国象棋对弈机器人的创新设计 ………………………………… 251
8.5 自行车刹车储能装置的创新设计 ………………………………… 253
8.6 五轮爬楼高空自动清扫机的创新设计 …………………………… 257
8.7 宿舍床铺伸缩梯的创新设计 ……………………………………… 262
8.8 家庭服务机器人球头阵列机械手的创新设计 …………………… 268

参考文献　　279

附录A 阿奇舒勒矛盾矩阵　　插页

附录B 测试题及参考答案　　281

第1章 绪论

1.1 思维的概念与分类

思维方法是创新设计的基础,一切创新活动的过程和最终目的的达成都离不开思维方法的支持。因此,思维是创新设计的重要组成部分,其与创新技法及创新理论相结合,使创新设计的质量得到保证和提高。

1.1.1 思维的概念

对于思维的概念,不同的人群有不同的理解。观察的角度不同,思维的含义就不同,医学、心理学、哲学和思维科学等不同学科对思维的定义也不尽相同。神经学家认为,人的大脑由数以兆计的神经细胞进行连接,以此传递、控制神经网络中信息流的化学物质,思维是一种生理机制,是人类的基本功能和本质属性。在现代心理学中,有人认为"思维是人脑对客观现实的概括和间接的反映,它反映的是事物的本质和内部规律"。恩格斯从哲学角度提出了思维是物质运动形式的论点。列宁则认为,人的认识活动在客观上存在着3个要素,即认识的主体(人脑)、认识的对象(自然)和认识的工具(思维方式),思维的本质就是思维的主体、思维的对象和思维方式三要素在认识客观世界时的有机结合。在思维科学中,有人把思维看作"发生在人脑中的信息交换"。尽管不同学科对思维含义的表述各不相同,但综合起来,思维可定义为:思维是人脑对所接受和已存储的来自客观世界的信息进行有意识或无意识、直接或间接的加工处理,从而产生新信息的过程。思维是由复杂的脑机制所赋予的。思维对客观的关系、联系进行着多层加工,意在揭露事物内在的、本质的特征,是认识的高级形式,也是一种高级的心理活动。

人类的思维能力不断进化和发展,推动了社会的进步,并为产生创新和设计灵感提供必要的前提条件。思维具有如下特性。

(1) 思维的间接性和概括性

思维的结果之一是反映客观事物的本质属性或内部联系,这就需要思维具有间接性和概括性的特点。思维的间接性指的是凭借其他信息的触发,借助于已有知识和信息,去认识那些没有直接感知过的或根本不能感知到的事物,以及预见和推知事物的发展进程。例如,一个水分子由两个氢原子和一个氧原子构成，该知识凭感觉和知觉是不能获得的，人们需凭借已有知识，通过思维把它揭示出来，这就是思维的间接性。思维的概括性指的是它能略去不同类型事物的具体差异，而抽取其共同本质或特征加以反映。例如，机器人本质上就是具有较强自动功能的机械，所以并不是只有类似人形的自动机器才是机器人，生产线上的自动机械手臂、物流集散中心的运输小车等都属于机器人。

(2) 思维的自觉性和创造性

首先，对同一事物，不同人之间在思维的效能上有一定的差异，原因在于自主思维的差异；其次，从人脑对事物的认识、感知来说，只要给人脑一定的外部触发，其生理机能、大脑神经网络会在无意之中，如在休闲放松时，甚至在梦中，灵光乍现，产生新的信息，解决某一悬而未决的问题，实现从感性认识到理性认识的飞跃；最后，思维的结果可以产生未曾有过的新信息，因而具有创造性。例如，科学家笛卡尔是躺在床上休息时看见房间顶棚墙角蜘蛛结网而获得了启发，想到了建立三维直角坐标系，即后来人们所说的笛卡尔坐标系。

(3) 思维的多层性和变异性

从思维的定义可知，思维是多层次的，有低级和高级、简单和复杂之分，有对客观实体的表象认识，也有对事物的本质及内部规律的深刻认识，还有能产生新的客观实体的认识。对同一事物，不同年龄段、不同性别、不同生活地域、不同受教育程度和拥有不同经历的人的看法都是不一样的。例如，对于日常用的曲别针，一般人想到的是它可以用于别纸张、别文件、别胸卡等，而思维活跃的人却可以从钩、挂、别、连等多种角度去发现它的用途，艺术家可能想到用它制作工艺品，科学家可能想到利用其金属成分进行再制造等。另外，思维是灵活多变的，具有变异性，人们本能地会对同一事物产生不止一种思考和设想，并自然地在脑海中对它们进行比较和判断，这种特性非常有利于获得更好的结果和进行创新。

1.1.2 思维的分类

(1) 按思维的方式分类

① 直观行动思维，也称动作思维，指通过直接的动作或操作过程而进行的思维。

② 形象思维，指借助于具体形象，从整体上综合反映和认识客观世界的思维形式。

③ 逻辑思维，也称抽象思维，是指以概念、判断、推理的方式抽象地反映和认识客观世界而进行的思维。

④ 辩证思维，指按照辩证规律进行的思维，它注重从矛盾性、发展性、过程性方面考察对象，并从多样性、统一性方面把握对象。

(2) 按思考方向或角度分类

① 单一思维，指从某一角度、沿着某一方向所进行的思维，如正向思维、逆向思维。

② 系统思维，指从多角度、沿多方向、在多层次上进行的思维，如扩散思维、集中思维、侧向思维、转向思维等。

(3) 按思维的过程和结果分类

① 常规思维，指利用已有知识或使用现有的方案和程序进行的一种重复思维，其结果不具有新颖性，也称再现性思维。

② 创造性思维，指思维的结果具有新颖性，或者说是产生新思想的思维。

1.2 创新设计与创造力

创新设计不是简单的模仿、测绘,而是要革新和创造,把创造性贯穿于设计过程。所以,设计人员必须具有一定的创造力。

1.2.1 创新设计的概念

创新设计是指在设计中采用新的技术手段、技术原理和非常规的方法进行设计,以满足市场需求,提高产品的竞争力。

创新设计在当代社会生产中起着非常重要的作用。首先,当前国际经济竞争非常激烈,关键是看能否生产出适销对路的新产品,这就要求设计者必须打破常规,充分发挥自己的创造力;其次,大量新产品的问世,进一步刺激了人们的需求,不仅丰富了人们对商品的选择,同时也使需求层次不断提高。高新技术产品的生产大多具有小批量、多品种、多规格、生产工艺复杂、工作条件或环境特殊等特点。因而对高新技术产品的设计往往不能沿用传统产品设计的老方法,需要有针对性地进行创新性设计,使产品具有竞争优势。所谓竞争优势,就是一种综合优势,不是指所有技术都最新、最好。应该认识到,任何单项技术的好坏都是有条件的、相对的,"优势设计"正是要建立一种综合优势,即各项技术恰到好处地组合,形成总体最佳的效果。

充分发挥人的创造潜力,用创造性的方法求解问题,或者至少在求解主要问题上获得成功,可能获得始料未及的成果。在当前生产迅速发展,国内外市场竞争日趋激烈的形势下,技术创新是企业保持旺盛生命力的根本保证。任何一个企业都必须抓紧老产品的改进、新产品的开发以争取市场,这样就给设计人员提出了创新设计的要求。创造性设计方法是提出新方案、探求新解法、提高设计质量、开发创新产品的重要基础。除此之外,创新的组织形式、生产管理和销售手段也是企业满足市场需求、提高竞争力的有力保证。

1.2.2 创新设计的特点

创新设计必须具有独创性和实用性,取得创新方案的基本方法是多方案选优。

(1) 独创性

创新设计必须具有独创性和新颖性。设计者应追求与前人、众人不同的方案,打破一般思维的常规惯例,提出新功能、新原理、新机构、新材料,在求异和突破中体现创新。

(2) 实用性

创新设计必须具有实用性,"纸上谈兵"无法体现真正的创新。发明创造成果只是一种潜在的财富,只有将它们转化为现实生产力或商品,才能真正为经济发展和社会进步服务。设计的实用化主要表现为市场的适应性和可生产性两方面。市场适应性指创新设计必须针对社会的需要,满足用户对产品的需求。可生产性要求创新设计有较好的加工工艺性和装配工艺性,能以市场可接受的价格加工成产品,并投入使用。

(3) 多方案选优

创新设计从多方面、多角度、多层次寻求解决问题的多种途径,在多方案比较中求新、求异、选优。以发散性思维探求多种方案,再通过收敛评价取得最佳方案,这是创新设计方案的特点。

1.2.3 创造力的构成要素

综合众多创新工作经验和研究成果，可以认为影响科研人员和工程技术人员以及管理人员等的创造力的因素包括内部因素和外部因素两方面。内部因素指人自身的智力因素、非智力因素和知识因素等，外部因素包括使用的思维类型与创新技法、设计技术和所处环境等。

(1) 内部因素

① 智力因素。智力因素是充分发挥创造力的必要条件，将影响个体对问题情景的感知、定义和再定义以及选择解决问题的策略的过程，即影响信息的输入、转译、加工和输出。

② 非智力因素。非智力因素也称为情感智力或情商。它是良好的道德情操、乐观向上的品性，是面对并克服困难的勇气，是自我激励、持之以恒的韧性，是同情与关心他人的善良，是善于与人协调相处、把握自己和他人情感的能力，等等。科学史上许多创造性成果的取得都离不开非智力因素的影响。现在越来越多的人认识到，向着成功艰难跋涉的历程中，情商有时比智商更重要。

③ 知识因素。知识因素是创造性思维的基础，也是创造力发展的基础。对于工程技术人员，其学科基础知识、专业知识和经验是从事工程创造发明的前提。知识给创造性思维提供加工的信息，知识结构是综合新信息的奠基石。

(2) 外部因素

① 思维类型与创新技法。创新设计过程中所使用的思维类型不同将直接影响创造能力的外部表现，可以认为创造力是物化创造性思维并形成创新成果的能力，思维类型不同则获得的创新结果不同，创新的层次也不同，体现出人员的创造力就不同。创造技法是根据创造性思维的形式和特点，在创造实践中总结提炼出来的，可使创造者在进行创造发明时有规律可循、有步骤可依、有技巧可用、有方法可行。因此，创造技法也是构成创造力的重要因素之一。

② 设计技术。设计技术因素包括创新设计过程中设计者所采用的各种技术工具、表达方式和方法以及运用能力。设计人员必须要掌握和运用一定的设计技术，如设计领域内的常规设计技术、现代设计方法、计算机和软件等。其次，设计过程中可使用的分析和评价的表达方法也有很多种，包括各种图表等。另外，设计技术因素还包括使用的仪器和设备是否先进、使用者使用设备和仪器进行试验的能力等。对于工程技术人员来讲，设计技术高意味着他对科学技术的掌握和综合运用能力强，是一个人的创造力的直观体现。

③ 环境和信息因素。环境因素指的是创造主体和创造对象之外的客观存在，有宏观环境和微观环境之分。宏观环境主要指创造主体所处环境的社会制度、国家政策、社会道德规范和观点等。微观环境指创造主体进行创造活动时的工作环境、家庭环境等。美国把保护知识产权看作保持国家创造力和高端竞争力的核心，这使其近百年始终在科技领域处于领先地位。环境因素是影响创造力发展的因素之一，环境不同，输入大脑的信息不同，对大脑皮层的刺激就不一样，大脑神经网络的反应及相应的输出也就不一样。

信息因素是指对创造活动、创造主体、创造性思维产生影响的媒介输入及获取信息的能力，如外语能力、语言表达能力等。信息因素是创造力发展的关键因素，新颖有效的信息是创造性思维活动的开端，也是创造活动顿悟、明朗阶段的奠基石。

1.3 创新人才的培养

1.3.1 创新人才的特点

随着时代的进步和世界科技的快速发展,近年来我国把自主创新和创新创业提到重要位置。各行各业的技术提高都必须依赖于人才,国际经济的激烈竞争也显示出人才的重要性,培养创新人才对企业和高校以及科研院所都是一项重要工作。在培养创新人才时,应根据创新人才应具备的特点进行工作的开展,鼓励和激发技术人员的创新潜力,树立其信心和勇气,达到创新人才培养的目的。通常来说,创新人才具有如下特点。

(1) 具有如饥似渴汲取知识的欲望以及浓厚的探究兴趣

必须具有如饥似渴汲取知识的欲望以及浓厚的探究兴趣,才能容易发现问题、提出问题、解决问题,并形成新的概念,作出新的判断,产生新见解。1930年诺贝尔医学奖获得者芬森就是一例。

丹麦科学家芬森到阳台乘凉,却看见猫在晒太阳,猫随着阳光的移动而不断调整自己的位置。这样热的天,猫为什么晒太阳?一定有问题!带着浓厚的探究兴趣,他来到猫身前观察,发现猫身体上有一处化脓的伤口。他想:难道阳光里有什么东西对猫的伤口有治疗作用?于是他就对阳光进行了深入的研究和试验,最终找到了答案——紫外线,一种具有杀菌作用、肉眼看不见的光线,从此紫外线就被广泛地应用在医疗事业上。

(2) 具备强烈的创新意识与动机和坚持创新的热情与兴趣

必须具备强烈的创新意识与动机和坚持创新的热情与兴趣,才能把握机遇、深入钻研、紧追不舍,并确立新的目标、制定新的方案、构思新的计划。因为创新的一个重要特征就是社会的价值性,即创新是为社会进步与人们生活的方便而进行的工作。许多科学家正是带着这种强烈的责任感与使命感,作出了重要的贡献。法国的细菌学家卡莫德和介兰,为了战胜结核病,经历了13年的艰苦试验,成功地培育了第230代才被驯服的结核杆菌疫苗——卡介苗。

(3) 具有较高的智商但不一定都是天才

具有较高的智商,这是创新的先决条件之一,但创新人才不一定都是天才。有时过高的智商反而会影响创新,这是因为在常规教育中成绩出类拔萃者往往容易自负,听不进不同意见,妨碍他去寻求更多的新知识,生活中这样的例子屡见不鲜。所以,历史上很多的发明家,在常规教育中并不是成绩超群者。

(4) 不惧权威与不谋权威

只有不惧权威与不谋权威,才能对权威的观点提出挑战。不谋自我形象和权威地位,这是创新型人才可持续发展和成功的重要特征,因为仅仅满足于以往的成就、不思进取往往成为发挥创新作用的主要障碍。

(5) 具备创新思维能力和开拓进取的魄力

必须具备创新思维能力和开拓进取的魄力,才能高瞻远瞩、求实创新、改革奋进,并开辟新的思路、提出新的理论、建立新的方法。

(6) 具备百折不挠的韧劲、敢冒风险的勇气和意志

必须具备百折不挠的韧劲、敢冒风险的勇气和意志,才能蔑视困难、正视困难、重视困难,并开创出新的道路、迎接新的挑战、获取新的成果。

1.3.2 培养创新人才的注意事项

1）培养创新意识

(1) 培养坚定的创新信心

首先应该相信人人都具有创新能力，只有相信自己，才能充满自信地、不受任何羁绊地、大胆地去想、去做，才有可能进行创新。其实，创新能力是每个正常人都具有的一种自然属性，有人认为"创新是少数聪明人的事，我是普通人，和我没多大关系"，这种想法是一种极大的误解。心理学研究也表明，一切正常人都具有创新能力，这一论断是20世纪心理学研究的重大成果之一。同时，研究也发现，人的创新能力是可以通过教育和训练得到提高的。

心理学家认为，以下方法有助于创新意识的培养。

① 培养广泛的兴趣、爱好，这是创新的基础。
② 增强对周围事物的敏感度，训练挑毛病、找缺陷的能力。
③ 消除埋怨情绪，鼓励积极进取的批判性和建设性的意见。
④ 表扬为追求科学真理不避险阻、不怕挫折的冒险求索精神。
⑤ 奖励各种新颖、独特的创造性行为和成果。
⑥ 经常做分析、归纳、分类、移置、颠倒、重组、类比等练习，提高思维的灵活性。
⑦ 培养开朗的性格，敢于表明见解，乐于接受真理，勇于摒弃错误。
⑧ 不要讥笑看起来似乎荒谬怪诞的观点，这种观点往往是创造性思考的开端。
⑨ 鼓励大胆尝试，勇于实践，不怕失败，认真总结经验。
⑩ 多了解一些名家发明创造的过程，从中学到如何灵活地运用知识以进行创新。

(2) 培养善于观察事物、发现问题的能力

具有强烈的好奇心，对所见到的事物善于观察、善于提问，对培养创新意识是非常有益的。许多常人看来很平常的事被科学家、发明家注意并提出问题，导致了很多重大发现和创新。

当然，发现问题的能力不仅仅在于发现，而更应注重对所发现问题的各种信息的融会贯通，厘清它们的来龙去脉，为解决问题提供重要信息。历史和实践表明，科学上的突破、技术上的革新、艺术上的创作，无一不从发现问题、提出问题开始。爱因斯坦认为，发现问题可能要比解答问题更重要。

(3) 培养良好的创造心理

创造力受智力与非智力因素的影响。一般来说，智力因素是由人的认识活动产生的，主要表现在观察力、记忆力、想象力、思考力、表达力、自控力等方面；非智力因素是由人的意向活动产生的。从广义来说，凡智力因素以外的心理活动因素都可以称为非智力因素；从狭义来说，非智力因素主要表现为人的兴趣、情感、意志、性格、信念等。

在创新教育过程中，除智力能力的培养外，还应注意非智力因素的培养。非智力因素在创新能力的培养中有重要作用。教育者应充分运用非智力因素，开发与调动受教育者内在的积极因素，使他们通过对非智力因素的培养，促进智力因素的发展与提高。

2）注意排除影响创新的障碍

(1) 认知障碍

首先，认知障碍体现在思维定式上。美国心理学家贝尔纳认为，"构成我们学习的最大

障碍是已知的东西,而不是未知的东西"。很多人习惯用现有的知识、经验以及固定的模式,去机械地套用,墨守成规,这样十分不利于新点子的产生。有些人如饥似渴地学习知识、积累知识,但运用知识时,却难以突破原有知识的框架,不敢越雷池半步。思维定式极大地影响创新思维的形成,是进行创新必须克服的首要障碍。

其次,认知障碍还体现在对事物、产品功能的固定看法以及对结构设想的僵化处理上。例如,杯子的功能就只有用来喝水吗?是否还可以用来画圆、作量具?再者,杯子的结构形状又有哪些呢?只有最常见的圆口玻璃杯一种吗?当然不是,我们可以想象出很多种不同样貌的杯子。当然,结构不同的杯子功能和特点也就不一样了。在进行创新时,功能和结构的设计是很多情况下都要用到的,所以,克服在这方面的认知障碍非常重要。

(2) 心理障碍

心理障碍常体现在从众心理与保守心理方面。

从众心理是指个人自觉或不自觉地愿意与他人或多数人保持一致的个性特征,是求同思维极度发展的产物,俗称"随大流"。一般来说,普通人从10岁以后,开始出现从众心理,会有意无意地同周围人尽量保持一致。从心理学角度来讲,当与别人一致时,感到安全;而当与别人不一致时,则感到恐慌。从众倾向比较强烈的人,在认知、判定时,往往附和多数,人云亦云,缺乏自信,缺乏勇敢精神,也缺乏独立思考能力和创新观念。

保守心理指个性上对新事物反感和反抗的心理状态。有这种个性特征的人在看待任何事物时,往往是先入为主,在头脑里形成对问题的固定看法,用先前的经验抵制后来的经验,对逐渐出现的变化反应迟钝,不愿意接受新事物,安于现状,过于循规蹈矩,不喜欢改变,在思维上具有封闭性与懒惰性。

从众心理与保守心理从根本观念上形成了创新的障碍,必须克服。

(3) 获取信息的障碍

创新的质量和效率在很大程度上受对先进信息的获取是否及时和丰富等因素的影响。当今世界,科技发展迅速,信息获取的重要性不可小觑。信息不灵通可能导致创新的方向错误,也可能导致重复已有的发明,白白浪费时间。因此,平时应经常查阅相关信息、资料,掌握技术情报,了解专利信息,尤其要充分利用网络信息,避免消息封闭,跟不上时代的步伐。

(4) 环境障碍

环境障碍包括外部环境障碍和内部环境障碍两种。

外部环境障碍包括自然环境障碍和社会环境障碍,其中以社会环境障碍为主。社会环境障碍包括文化条件障碍与社会制度障碍。

内部环境障碍包括人的心理、认知、信息、情感、文化等不利的个人因素。

3) 学习一些创新思维方法与创新技法

创新思维是进行创新的前提和保证,没有创新思维就无法创新,而创新技法是创新的有力工具,因此,掌握一些创新思维方法与技法能使创新的进程少走弯路,提高效率。

创新思维是一种高层次的思维活动,它是建立在各类一般思维基础上的,是人脑机能在外界信息刺激下,自觉综合主观和客观信息而产生新的客观实体的思维活动和思维过程。人们在日常生活和工作过程中经常交替进行的各种思维中,都存在着创新思维的因素,只是创新成分上有所差异而已。

创新技法是在创新活动中运用创新思维和创造学原理进行创新的具体技巧。在解决各种实际问题时,若借助于一些创新技法,将比只采用传统设计方法获得更广阔的研究视野、更高的观点水平、更多的思考角度,就更容易产生新的突破,获得意想不到的收获。

做任何事情都要有好的方法,方法好则事半功倍,反之则事倍功半。因此,学习一些创新思维方法与技法是非常必要的。创新思维方法与技法很多,TRIZ 理论是近年来传播迅速并被广为认可的一种创新方法,这些内容将在本书后面章节进行介绍。

4) 加强创新实践

企业、高校等除了可以通过培训和开设课程等进行创新人才培养,还应设置一系列的实践环节,进行实践性的创新活动训练。比如,美国通用电气公司在对有关科技人员开设创新课程的同时,还进行一些创新实践的训练,两年后取得了很好的效果:按专利量计,人的创造力提高了 5 倍。在各类学校里,开设创新设计类课程、开设创新设计实验室、开发创新设计实验,以及建立创新训练项目组,为学生创造良好的创新实践环境,对培养和塑造具有创新能力的高素质人才是非常有效的。另外,大学生的各种科技竞赛也是很好的创新实践活动,对提高学生的创新能力很有帮助。

第2章 创造性思维与常用创新技法

2.1 创造性思维

创造性思维是指人们在认知世界的过程中，在创造具有独创性成果的过程中，表现出来的特殊的认识事物的方式，是人们运用已有知识和经验增长开拓新领域的思维能力，即在人们的思维领域中追求最佳、最新知识的独创的思维。如爱因斯坦所说："创造性思维只是一种新颖而有价值的，非传统的，具有高度机动性和坚持性，而且能清楚地勾画和解决问题的思维能力。"创造性思维不是天生就有的，它是通过人们的学习和实践而不断培养和发展起来的。

既然创造性思维是为解决实践问题而进行的具有社会价值的新颖而独特的思维活动，那么也可以说，创造性思维是以新颖独特的方式对已有信息进行加工、改造、重组从而获得有效创意的思维活动和方法，所以创造性思维的客观依据是事物属性的多样性、联系的复杂多样性和事物变化的多种可能性——无穷复无穷：无穷多的数量、无穷多的属性、无穷多的变化，所以有无穷多的视角、无穷多的组合、无穷多的方法。

2.1.1 创造性思维的特点和类型

1) 创造性思维的特点

要更好地开发创造性思维，首先应当对创造性思维的主要特点和本质特征有一个明确的认识和准确的把握。创造性思维的特点主要有以下几点。

① 开拓性和独创性。创造性思维在思路的探索上、思维的方法上或者在思维的结论上，具有"前无古人"的独到之处，能从人们"司空见惯"或认为"完美无缺"的事物中提出疑问，发表新的创见，提出新的发现，实现新的突破，具有在一定范围内的独创性和开拓性。创造性思维不同于常规思维，其探索的方向是客观世界中尚未认知的事物的规律，所要解决的是实践中不断出现的新情况和新问题，从而为人们的实践活动开辟新领域、新天地。

② 灵活性和发散性。创造性思维活动是一种开放的、灵活多变的思维活动，它的发生伴随着"想象""直觉""灵感"等非常规性的思维活动，因而具有极大的随机性、灵活性，不能完全用逻辑来推理。创造性思维不局限于某种固定的思维模式、程序和方法，表现为可

以灵活地从一个思路转向另一个思路，从一个意境进入另一个意境，多方位地试探解决问题的办法，因而具有多方向发散和立体型特征。

③ 探索性和风险性。创造性思维的显著特点是在发展上求创新、求突破，是一种探索未知的活动。它是在探索中发现和解决问题的，没有成功的经验可以借鉴，没有现成的方法可以套用。因此，创造性思维的过程是极其艰苦的探索过程，其结果也不能保证每次都取得成功，有时可能毫无成效，甚至可能得出错误的结论。这就是它本身所具有的风险性。但是，无论它取得什么样的结果，在认识论和方法论范畴内都具有重要的意义。即使是它的不成功结果，也能帮助人们以后少走弯路。

④ 开放性和伸展性。创造性思维的空间里，拥有着面向现代化、面向世界、面向未来的思维聚集点，充满着与世界对接的宽阔领域，充分展示着广阔性、开放性，不自我封闭，不墨守成规，不简单定论。在思维的时空上，扩大比较的参照系，从多项比较中寻求最佳突破口。在判断是非的标准上，不唯书，不唯上，也不唯经验，而是从没有确定的标准中寻求新的标准，创造有生命力的新事物。

⑤ 综合性和概括性。创造性思维的综合性和概括性是指善于选取前人智慧宝库中的精华，通过巧妙结合，形成新的成果，能把大量的概念、事实和观察材料综合在一起，加以抽象总结，形成科学的结论和体系；能对占有的材料进行深入分析，把握其中的个性特点，然后从这些特点中概括出事物的规律。没有综合，也就没有创新。创造性思维的综合性，首先表现为"智慧杂交能力"，就是善于选取前人智慧宝库的精华，经过巧妙结合，形成新的富有创造性的成果；其次表现为"思维统摄能力"，把获取的大量概念、信息、事实、资料综合在一起，进行科学的概括整理，形成能够准确反映客观真理的概念和系统；最后表现为"辩证分析能力"，即对客观事物经过细微观察之后，进行深入分析，准确把握最能反映其本质属性的个性特点，从中概括出事物发展的规律。

另外，创造性思维还具有突发性、突变性等特点，这里不再详细介绍。

2）创造性思维的主要类型

（1）发散思维

发散思维也叫扩散思维，它就是充分地想，由一点向四面八方想，找出的解决问题的方法越多越好。衡量发散思维能力的强弱、大小的标准不仅仅是想出方案的数量，一般衡量的标准有三个，即流畅度、变通度和独特度。

现在我问："一个盆有什么用？"如果回答和面、洗菜、泡茶、盛水、装菜，说了5个，很流畅，但是没有变通，不独特，这5个答案都把盆作为容器。如果这时你再说出烧水、煮饭，不但增加了2个作用，关键是有变通了，它又成了烹饪用具。还有人说可以做面点模，盆又作为模具了。又有人说可以做盾，它又成了防御工具。风沙很大时拿个盆挡着，此时它是防护类工具，可能别人看着很怪，但这就叫独特。

我们在工作、学习、生活中需要经常发挥发散思维的作用，需要注意的就是不能仅仅追求数量，要从流畅度、变通度和独特度三个方面下手。不但要流畅，还要有变通，特别是要新颖独特。

（2）收敛思维

收敛思维与发散思维不同，二者的区别可用图2.1和图2.2形象地表示出来。

收敛思维也叫集中思维，它是以某个思考对象为中心，从不同的方向和不同的角度，将思维指向这个中心点，达到解决问题的目的。收敛思维和发散思维是相对应的。发散思维是

图 2.1　发散思维　　　　　　　　图 2.2　收敛思维

由一点指向四面八方，收敛思维是由四面八方指向一点。所指向的中心的这一点就是要解决的问题。收敛思维是有目的、方向和范围的，它是封闭性、集中性的思维模式。

实践应用中，往往是先发散思维，越充分越好，在发散思维的基础上，再收敛思维，从多个方案中选出一个最佳方案。同时，再把其他方案中的优点补充进来，让选出的方案更加完善。这就是人们常说的"从量求质"的一个策略。

（3）变通思维

所谓变通思维，就是能以不同类别或不同方式进行思维，能从某个思想转换到另一个思想，或者能以一种新方法去看一个问题。我们经常用到的词句，如"随机应变""举一反三""穷则变，变则通"，说的就是变通思维的作用。

（4）辩证逻辑思维

辩证逻辑思维就是用辩证的方法研究事物的内在矛盾，研究矛盾的各个方面及其性质，研究矛盾各方面的力量及其相互作用，矛盾发展的方向、趋势和结果，指导人们把认识不断推向前进，从而获得新的规律性认识。辩证逻辑思维居于指挥、统帅和协调的位置。

创造性思维还有很多种类型，比如逆向思维、形象思维、联想思维、多维思维、变异思维、超前思维和综合思维等，我们不一一赘述了。

2.1.2　创造性思维形成的过程和方式

我国现代著名学者王国维在谈及作诗和做学问时，曾谈到过三种境界："古今之成大事业、大学问者，必经过三种境界：'昨夜西风凋碧树，独上高楼，望尽天涯路。'此第一境也。'衣带渐宽终不悔，为伊消得人憔悴。'此第二境也。'众里寻他千百度，回头蓦见（当作'蓦然回首'），那人正（当作'却'）在灯火阑珊处。'此第三境也。"在这里，王国维巧妙地借用了宋代词人晏殊、柳永、辛弃疾的三句词，形象地解释了作诗与做学问的三种境界。这种类比对我国今天推行的创新教育、培养学生的创造性思维能力有着重要的启发意义。

创造性思维是指创新主体在创新的动力因素（理想、信念、欲望、热情）的驱动下，运用创新的智能因素（观察力、注意力、记忆力、想象力、发现能力及操作能力），去探索与揭示客体的本质及其联系，并在此基础上形成新颖的、有别于前人的思维活动与思维成果的一种特殊的思维形式。创造性思维能力是人类思维活动的最高表现形式，它是各种思维形式系统综合作用的结晶。下面从三种境界看创造性思维的产生过程。

首先，我们用图 2.3 与图 2.4 分别表示三种境界与创造性思维的产生过程。

图 2.3　三种境界

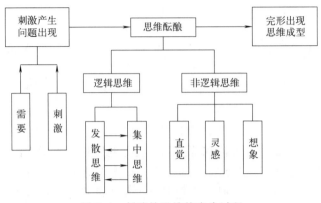

图 2.4 创造性思维的产生过程

由此可见，王国维先生提到的三种境界与创造性思维的产生似乎有着某种类似的过程，而三种境界则让我们能更清楚、更直观地认识与掌握它。

第一阶段：刺激产生，问题出现（"独上高楼，望尽天涯路"）。

在这一阶段，创新主体在创造动机的驱动下，开始产生创新的欲望。一般说来，创造动机的产生源于两个因素：一是主体的主观因素，即内在需要；二是外在的客观因素，即外在刺激。在这两种动机的驱动下，主体开始用逆向思维分析与对待传统的思维定式，对现有的习惯性看法与解决问题的方式、方法产生了不满足。这样，主体的创造动机得以激发，问题出现。问题的出现，是创造性思维的开始。日本创造学家高桥浩在其所著的《怎样进行创造性思维》中指出："发现问题的意识是创造性思维的力量源泉。"美国心理学家阿瑞提在《创造的秘密》中，把"对一种需求或难点的观察""强调某个问题"列为创造过程的开始。由此可见：只有发现问题，创造主体才有可能调动其所有的知识与经验来围绕这一核心去努力探求解决问题的方法。

第二阶段：思维酝酿（"衣带渐宽终不悔，为伊消得人憔悴"）。

提出问题、明确了目标之后，创新主体开始有意识、有目的地收集与积累和问题相关的资料与信息，通过各种途径弥补有关知识的缺陷，构想出假定的解决问题的多种方案。这一过程是创造性思维能否最终获得成功的决定性阶段。主体运用发散思维与集中思维等多种思维方式，时而分解，时而组合，时而发散，时而集中，大胆尝试，小心求证。在发散思维中，主体围绕思维的指向点，从不同的角度、不同的方向去寻求思维的最佳组合，主体可以不受原有的知识、常识与思维定式的限制，在方向上"异想天开""海阔天空"，对问题的思考可以突破常规、标新立异。主体运用集中思维，在大量的创造性设想的基础上，通过科学的比较与分析、合理的归纳与演绎、高度的抽象与概括，使其设想条理化、系统化与理论化。这一过程通常要经过从发散思维到集中思维，再从集中思维到发散思维的多次循环往复，才能最终形成。与此同时，创新主体由于对问题的百思不解而产生的焦虑、对问题出师不利或久攻不克而产生的烦恼，也使这一过程成了主体在情感上最痛苦的过程。为了寻找答案，主体一旦投入其中，就会乐此不疲，废寝忘食，如痴如醉，即使因此而日渐消瘦也决不止步。正是主体这种全心全意的心理状态，使创造性思维得以最终成形。

在这一阶段，还有一点不能忽视，那就是主体"直觉""灵感"与"想象"等非逻辑思维的参与。创造性思维由于具有极大的特殊性、随机性与技巧性，不存在普遍适用的、固定而规范化的方法与程序，因而必须重视直觉与灵感在创造性思维中的重要作用。无数创造者在成功实践后均深有体会地谈到灵感的创造性是成功的关键所在,直觉在创造活动中有助于人们在变幻莫测的环境中迅速确定目标而获得创造性成果。当然,直觉与灵感不是"神赐"或"天启"的,也不是什么"心血来潮",而是经过长期积累、艰苦探索和在创造性思维中做出积极努力的一种必然性与偶然性的统一。

第三阶段:完形出现,思维成形(蓦然回首,"那人"却在灯火阑珊处)。

在痛苦的思索与徘徊之中,创新主体无不在努力寻找出路,以求得创造性思维的最终成形。这一过程,可以用古典格式塔心理学派的观点来诠释。格式塔学派认为学习是有机体不断地对环境发生组织与再组织,不断形成一个又一个完形的过程。他们认为学习是因为出现了"完形",出现了对情境的顿悟才得以成功的,因而认为顿悟在学习中起着决定性的作用。创造性思维也是创新主体通过不断的分解与组合,运用多种思维模式,通过对各种情境的不断组织与再组织,而在一种类似于"顿悟"的情境中最终得以产生的。虽然这一过程是一个艰难探索的过程,但其结果却往往带有偶然性,很多时候,它的出现可谓"忽如一夜春风来,千树万树梨花开",又如"山重水复疑无路,柳暗花明又一村"。从最终结果来看,创造性思维是在既往知识与经验的基础上,寻求现有事物的新功能组合,而最终产生新知识与新经验的过程。从认识论的角度来看,创造性思维的成形,就是对客观事物的认识产生了飞跃,从而在新的层次上认识事物与把握规律。这一飞跃的过程是长期而艰苦的,但结果在很多时候却往往表现出随机性与偶然性的特点。

2.2 常用创新技法

2.2.1 头脑风暴法

1) 头脑风暴法简介

头脑风暴法出自"头脑风暴"一词。所谓头脑风暴(brain-storming),最早是精神病理学上的用语,是对精神病患者的精神错乱状态而言的。而现在则成为无限制地自由联想和讨论的代名词,其目的在于产生新观念或激发创新设想。

头脑风暴法是由美国创造学家 A. F. 奥斯本于 1939 年首次提出、1953 年正式发表的一种激发性思维的方法,也称作脑力激荡法、思维共振法。此法经各国创造学研究者的实践和发展,至今已经形成了一个发明技法群,如奥斯本智力激励法、默写式智力激励法、卡片式智力激励法,等等。

在群体决策中,群体成员由于心理相互作用影响,易屈于权威或大多数人意见,形成所谓的"群体思维"。群体思维削弱了群体的批判精神和创造力,损害了决策的质量。为了保证群体决策的创造性,提高决策质量,管理上发展了一系列改善群体决策的方法,头脑风暴法是较为典型的一个。

头脑风暴法可分为直接头脑风暴法(通常简称为头脑风暴法)和质疑头脑风暴法(也称反头脑风暴法)。前者是在专家群体决策中尽可能激发创造性,产生尽可能多的设想的方法;后者则是对前者提出的设想、方案逐一质疑,分析其现实可行性的方法。

采用头脑风暴法组织群体决策时,要集中有关专家召开专题会议,主持者以明确的方式向所有参与者阐明问题,说明会议的规则,尽力创造融洽轻松的会议气氛。主持者一般不发表意见,以免影响会议的自由气氛。由专家们"自由"提出尽可能多的方案。

2) 头脑风暴法的激发机理

头脑风暴法何以能激发创新思维？根据 A.F. 奥斯本本人及其他研究者的看法，主要有以下几点。

第一，联想反应。联想是产生新观念的基本过程。在集体讨论问题的过程中，每提出一个新的观念，都能引发他人的联想。相继产生一连串的新观念，产生连锁反应，形成新观念堆，为创造性地解决问题提供了更多的可能性。

第二，热情感染。在不受任何限制的情况下，集体讨论问题能激发人的热情。人人自由发言、相互影响、相互感染，能形成热潮，突破固有观念的束缚，最大限度地发挥创造性的思维能力。

第三，竞争意识。在有竞争意识的情况下，人人争先恐后，竞相发言，不断地开动思维机器，力求有独到见解、新奇观念。心理学的原理告诉我们，人类有争强好胜心理，在有竞争意识的情况下，人的心理活动效率可增加 50% 或更多。

第四，个人欲望。在集体讨论解决问题的过程中，个人的表达自由、不受任何干扰和控制是非常重要的。头脑风暴法有一条原则，即不得批评仓促的发言，甚至不许有任何怀疑的表情、动作、神色。这就能使每个人畅所欲言，提出大量的新观念。

3) 头脑风暴法的要求

（1）组织形式

参加人数一般为 5~10 人（课堂教学也可以班为单位），最好由不同专业或不同岗位者组成。

会议时间控制在 1 小时左右；设主持人一名，主持人只主持会议，对设想不作评论。设记录员 1 或 2 人，要求认真将与会者每一设想（不论好坏）都完整地记录下来。

（2）会议类型

设想开发型：这是为获取大量的设想、为课题寻找多种解题思路而召开的会议。因此，要求参与者要善于想象，语言表达能力要强。

设想论证型：这是为将众多的设想归纳转换成实用型方案而召开的会议。要求与会者善于归纳、善于分析判断。

（3）会前准备工作

会议要明确主题。会议主题提前通报给与会人员，让与会者有一定准备。

选好主持人。主持人要熟悉并掌握该技法的要点和操作要素，摸清主题现状和发展趋势。

参与者要有一定的训练基础，懂得该会议提倡的原则和方法。

会前可进行柔化训练，即对缺乏创新锻炼者进行打破常规思考、转变思维角度的训练活动，以减少思维惯性，从单调、紧张的工作环境中解放出来，以饱满的创造热情投入激励设想活动。

（4）会议原则

为使与会者畅所欲言，互相启发和激励，达到较高效率，必须严格遵守下列原则。

第一，禁止批评和评论，也不要自谦。对别人提出的任何想法都不能批判、不得阻拦。即使自己认为是幼稚的、错误的，甚至是荒诞离奇的设想，亦不得予以驳斥；同时也不允许自我批判。在心理上调动每一个与会者的积极性，彻底防止出现一些"扼杀性语句"和"自我扼杀语句"。诸如"这根本行不通""你这想法太陈旧了""这是不可能的""这不符合某某定律"以及"我提一个不成熟的看法""我有一个不一定行得通的想法"等语句,禁止在会议上出现。只有这样,与会者才可能在充分放松的心境下,在别人设想的激励下,集中全部精力开拓自己的思路。

第二,目标集中,追求设想数量,越多越好。在智力激励法实施会上,只强制大家提设想,越多越好。会议以谋取设想的数量为目标。

第三,鼓励巧妙地利用和改善他人的设想。这是激励的关键所在。每个与会者都要从他人的设想中激励自己,从中得到启示,或补充他人的设想,或将他人的若干设想综合起来提出新的设想等。

第四,与会人员一律平等,各种设想全部记录下来。与会人员,不论是该方面的专家、员工、还是其他领域的学者,一律平等;各种设想,不论大小,即使是最荒诞的设想,记录人员也要认真地将其完整地记录下来。

第五,主张独立思考,不允许私下交谈,以免干扰别人的思维。

第六,提倡自由发言,畅所欲言,任意思考。会议提倡自由奔放、随便思考、任意想象、尽量发挥,主意越新、越怪越好,因为它能启发人们推导出好的观念。

第七,不强调个人的成绩,应以小组的整体利益为重,注意和理解别人的贡献,人人创造民主环境,不以多数人的意见阻碍个人新的观点的产生,激发个人追求更多更好的主意。

(5) 会议实施步骤

会前准备:与会者、主持人和课题任务三落实,必要时可进行柔性训练。

设想开发:由主持人公布会议主题并介绍与主题相关的参考情况;突破思维惯性,大胆进行联想;主持人控制好时间,力争在有限的时间内获得尽可能多的创意性设想。

设想的分类与整理:一般分为实用型和幻想型两类。前者是指目前技术工艺可以实现的设想,后者指目前的技术工艺还不能完成的设想。

完善实用型设想:对实用型设想,再用头脑风暴法去进行论证、进行二次开发,进一步扩大设想的实现范围。

幻想型设想再开发:对幻想型设想,再用头脑风暴法进行开发,通过进一步开发,就有可能将创意的萌芽转化为成熟的实用型设想。这是头脑风暴法的一个关键步骤,也是该方法质量的明显标志。

(6) 主持人技巧

主持人应懂得各种创造思维和技法,会前要向与会者重申会议应严守的原则和纪律,善于激发成员思考,使场面轻松活跃而又不失头脑风暴的规则。

可轮流发言,每轮每人简明扼要地说清楚一个创意设想,避免形成辩论会和发言不均。

要以赏识激励的词句语气和微笑点头的行为语言鼓励与会者多出设想,比如:"对,就是这样!""太棒了!""好主意!这一点对开阔思路很有好处!"等。

禁止使用下面的话语:"这点别人已说过了!""实际情况会怎样呢?""请解释一下你的意思。""就这一点有用。""我不赞赏那种观点。"等。

经常强调设想的数量,比如平均3分钟内要发表10个设想。

遇到人人皆计穷智短,出现暂时停滞时,可采取一些措施,如休息几分钟,自选休息方法,如散步、唱歌、喝水等,再进行几轮头脑风暴。或发给每人一张与问题无关的图画,要求讲出从图画中所获得的灵感。

根据课题和实际情况需要,引导大家掀起一次又一次头脑风暴的"激波"。如课题是某产品的进一步开发,可以从产品改进配方思考作为第一激波、从降低成本思考作为第二激波、从扩大销售思考作为第三激波等。又如,对某一问题解决方案的讨论,引导大家掀起"设想开发"的激波,及时抓住"拐点",适时引导进入"设想论证"的激波。

要掌握好时间,会议持续 1 小时左右,形成的设想应不少于 100 种。但最好的设想往往是会议要结束时提出的,因此,预定结束的时间到了后可以根据情况再延长 5 分钟,这是人们容易提出好的设想的时候。在 1 分钟时间里再没有新主意、新观点出现时,智力激励会议可宣布结束或告一段落。

4)头脑风暴法的原则

头脑风暴法应遵守如下原则。

① 庭外判决原则。对各种意见、方案的评判必须放到最后阶段,此前不能对别人的意见提出批评和评价。认真对待任何一种设想,而不管其是否适当和可行。

② 欢迎各抒己见,自由鸣放。创造一种自由的气氛,激励与会者提出各种各样的想法。

③ 追求数量。意见越多,产生好意见的可能性越大。

④ 探索取长补短和改进办法。除提出自己的意见外,鼓励与会者对他人已经提出的设想进行补充、改进和综合。

⑤ 循环进行。

⑥ 每人每次只提一个建议。

⑦ 没有建议时说"过"。

⑧ 不要相互指责。

⑨ 要耐心。

⑩ 可以使用适当的幽默。

⑪ 鼓励创造性。

⑫ 结合并改进其他人的建议。

5)头脑风暴法中的专家小组

为便于提供一个良好的创造性思维环境,应该确定专家会议的最佳人数和会议进行的时间。经验证明,专家小组规模以 10~15 人为宜,会议时间一般以 20~60 分钟效果最佳。专家的人选应严格限制,便于参加者把注意力集中于所涉及的问题。

具体应按照下述三个原则选取。

① 如果参加者相互认识,要从同一职位(职称或级别)的人员中选取。领导人员不应参加,否则可能对参加者造成某种压力。

② 如果参加者互不认识,可从不同职位(职称或级别)的人员中选取。这时不应宣布参加人员的职称,不论成员的职称或级别的高低,都应同等对待。

③ 参加者的专业应力求与所论及的决策问题相一致,这并不是专家组成员的必要条件。但是,专家中最好包括一些学识渊博,对所论及问题有较深理解的其他领域的专家。

头脑风暴法专家小组应由下列人员组成:①方法论学者——专家会议的主持者;②设想产生者——专业领域的专家;③分析者——专业领域的高级专家;④演绎者——具有较高逻辑思维能力的专家。

头脑风暴法的所有参加者,都应具备较高的联想思维能力。在进行"头脑风暴"(即思维共振)时,应尽可能提供一个有助于把注意力高度集中于所讨论问题的环境。有时某个人提出的设想,可能正是其他准备发言的人已经思考过的设想。其中一些最有价值的设想,往往是在已提出设想的基础之上，经过"思维共振"迅速发展起来的设想，以及对两个或多个设想的综合设想。因此，头脑风暴法产生的结果，应当认为是专家成员集体创造的成果，是专家组这个宏观智能结构互相感染的总体效应。

6) 头脑风暴法中的主持人

头脑风暴法的主持工作，最好由对决策问题的背景比较了解并熟悉头脑风暴法的处理程序和处理方法的人担任。头脑风暴主持者的发言应能激起参加者的思维"灵感"，促使参加者感到急需回答会议提出的问题。通常在"头脑风暴"开始时，主持者需要采取询问的做法，这是因为主持者很少能在会议开始5~10分钟内创造一个自由交换意见的气氛，并激起参加者踊跃发言。主持者的主动活动也只局限于会议开始之时，一旦参加者被鼓励起来，新的设想就会源源不断地涌现出来。这时，主持者只需根据"头脑风暴"的原则进行适当引导即可。应当指出，发言量越大，意见越多种多样，所论问题越广越深，出现有价值设想的概率就越大。

7) 头脑风暴法中的记录工作

会议提出的设想应由专人简要记载下来或录在磁盘上，以便由分析组对会议产生的设想进行系统化处理，供下一阶段（质疑）使用。

8) 头脑风暴法结果的处理

系统化处理程序如下：①对所有提出的设想编制名称一览表；②用通用术语说明每一设想的要点；③找出重复的和互为补充的设想，并在此基础上形成综合设想；④提出对设想进行评价的准则；⑤分组编制设想一览表；⑥进入质疑头脑风暴法阶段。

在决策过程中，对上述直接头脑风暴法提出的系统化的方案和设想，还经常采用质疑头脑风暴法进行质疑和完善。这是头脑风暴法中对设想或方案的现实可行性进行估价的一个专门程序。在这一程序中：

第一阶段，就是要求参加者对每一个提出的设想都要质疑，并进行全面评论。评论的重点是研究有碍设想实现的所有限制性因素。在质疑过程中，可能产生一些可行的新设想。这些新设想，包括对已提出的设想无法实现的原因的论证、存在的限制因素，以及排除限制因素的建议。其结构通常是："××设想是不可行的，因为……如要使其可行，必须……"

第二阶段，是对每一组或每一个设想，编制一个评论意见一览表，以及可行设想一览表。质疑头脑风暴法应遵守的原则与直接头脑风暴法一样，只是禁止对已有的设想提出肯定意见，而鼓励提出批评和新的可行设想。在进行质疑头脑风暴法时，主持者应首先简明介绍所讨论问题的内容，扼要介绍各种系统化的设想和方案，以便把参加者的注意力集中于对所讨论问题进行全面评价上。质疑过程一直进行到没有问题可以质疑为止。质疑中抽出的所有评价意见和可行设想，应专门记录。

第三个阶段，是对质疑过程中抽出的评价意见进行估价，以便形成一个对解决所讨论问题实际可行的最终设想一览表。对于评价意见的估价，与对所讨论设想进行质疑一样重要。这是因为在质疑阶段，重点是研究有碍设想实施的所有限制因素，而这些限制因素即使在设想产生阶段也是放在重要地位予以考虑的。

由分析组负责处理和分析质疑结果。分析组要吸收一些有能力对设想实施做出较准确判断的专家参加。如果必须在很短时间就重大问题做出决策，吸收这些专家参加尤为重要。

9) 对头脑风暴法的评价

实践经验表明，头脑风暴法可以排除折中方案，对所讨论问题通过客观、连续的分析，找到一组切实可行的方案,因而头脑风暴法在军事决策和民用决策中得到了较广泛的应用。例如美国国防部在制订长远科技规划过程中,曾邀请50名专家采取头脑风暴法开了两周会议。参加者的任务是对事先提出的长远规划提出异议。通过讨论,得到一个使原规划文件变得协调一致的报告,原规划文件中的意见只有25%～30%得到保留。由此可以看到头脑风暴法的价值。

当然,头脑风暴法实施的成本(时间、费用等)是很高的。另外,头脑风暴法要求参与者有较高的素质。这些因素是否满足会影响头脑风暴法实施的效果。

2.2.2 设问法

发明、创造、创新的关键是能够发现问题,提出问题。设问法就是对任何事物都多问几个为什么,提出一张提问的单子,通过各种假设式的提问寻找解决问题的途径。

如何提问?常见方法有奥斯本检核表法、5W2H提问法、和田十二法等。下面逐一进行介绍。

1) 奥斯本检核表法

所谓的检核表法,是根据需要研究的对象之特点列出有关问题,形成检核表,然后一个一个地来核对讨论,从而发掘出解决问题的大量设想。它引导人们根据检核项目的一条条思路来求解问题,以力求提交周密的思考。

奥斯本检核表是针对某种特定要求制定的检核表,主要用于新产品的研制开发。奥斯本检核表法是指以该技法的发明者奥斯本命名,引导主体在创造过程中对照九个方面的问题进行思考,以便启迪思路、开拓思维想象的空间、促进人们产生新设想与新方案的方法。包含九个方面的问题,如表2.1所示。这九组问题对于任何领域创造性地解决问题都是适用的。

表 2.1 奥斯本检核表

检核项目	含义
1. 能否他用	现有的事物有无其他的用途 保持不变能否扩大用途 稍加改变有无其他用途
2. 能否借用	能否引入其他的创造性设想 能否模仿别的东西 能否从其他领域、产品、方案中引入新的元素、材料、造型、原理、工艺、思路
3. 能否改变	现有事物能否做些改变(如:颜色、声音、味道、式样、花色、品种、意义、制造方法) 改变后效果如何
4. 能否扩大	现有事物能否扩大适用范围 能否增加使用功能 能否添加零部件 能否延长它的使用寿命,增加长度、厚度、强度、频率、速度、数量、价值
5. 能否缩小	现有事物能否体积变小、长度变短、重量变轻、厚度变薄以及拆分或省略某些部分(简单化) 能否浓缩化、省力化、方便化、短路化
6. 能否替代	现有事物能否用其他材料、元件、结构、力、设备、方法、符号、声音等代替
7. 能否调整	现有事物能否变换排列顺序、位置、时间、速度、计划、型号 内部元件能否交换
8. 能否颠倒	现有的事物能否从里外、上下、左右、前后、横竖、主次、正负、因果等相反的角度颠倒过来用
9. 能否组合	能否进行原理组合、材料组合、部件组合、形状组合、功能组合、目的组合

奥斯本检核表法是一种产生创意的方法。在众多的创造技法中,这种方法是一种效果比较理想的技法。由于突出的效果,它被誉为"创造之母"。人们运用这种方法,产生了很多

杰出的创意，以及大量的发明创造。

奥斯本检核表法的核心是改进，或者说关键词是改进。通过变化来改进。

其基本做法是：首先选定一个要改进的产品或方案；然后，面对一个需要改进的产品或方案，或者面对一个问题，从九个角度提出一系列问题，并由此产生大量的思路；最后，根据第二步提出的思路，进行筛选和进一步思考、完善。

利用奥斯本检核表法，可以产生大量的原始思路和原始创意，它对人们的发散思维有很大的启发作用。当然，运用此方法时，还要注意几个问题：①它还要和具体的知识、经验相结合。奥斯本检核表法只是提示了思考的一般角度和思路，思路的发展还要依赖人们的具体思考。②运用此方法，还要结合改进对象（方案或产品）来进行思考。③运用此方法，还可以自行设计大量的问题来提问。提出的问题越新颖，得到的主意越有创意。

奥斯本检核表法的优点很突出，它使思考问题的角度具体化了。它也有缺点，它是改进型的创意产生方法，你必须先选定一个有待改进的对象，然后在此基础上设法加以改进。它不是原创型的，但有时候，也能够产生原创型的创意。比如，把一个产品的原理引入另一个领域，就可能产生原创型的创意。

奥斯本检核表法属于横向思维方法，以直观、直接的方式激发思维活动，操作十分方便，效果也相当好。

奥斯本检核表法细分为以下共 9 大类 75 个问题。这 75 个问题不是奥斯本凭空想象的，而是他在研究和总结大量近现代科学发现、发明、创造事例的基础上归纳出来的。

第一类：①有无新的用途？②是否有新的使用方法？③可否改变现有的使用方法？

第二类：④有无类似的东西？⑤利用类比能否产生新观念？⑥过去有无类似的问题？⑦可否模仿？⑧能否超过？

第三类：⑨可否改变功能？⑩可否改变颜色？⑪可否改变形状？⑫可否改变运动？⑬可否改变气味？⑭可否改变音响？⑮可否改变外形？⑯是否还有其他改变的可能性？

第四类：⑰可否增加些什么？⑱可否附加些什么？⑲可否增加使用时间？⑳可否增加频率？㉑可否增加尺寸？㉒可否增加强度？㉓可否提高性能？㉔可否增加新成分？㉕可否加倍？㉖可否扩大若干倍？㉗可否放大？㉘可否夸大？

第五类：㉙可否减少些什么？㉚可否密集？㉛可否压缩？㉜可否浓缩？㉝可否聚合？㉞可否微型化？㉟可否缩短？㊱可否变窄？㊲可否去掉？㊳可否分割？㊴可否减轻？㊵可否变成流线型？

第六类：㊶可否代替？㊷用什么代替？㊸还有什么别的排列？㊹还有什么别的成分？㊺还有什么别的材料？㊻还有什么别的过程？㊼还有什么别的能源？㊽还有什么别的颜色？㊾还有什么别的音响？㊿还有什么别的照明？

第七类：(51)可否变换？(52)有无可互换的成分？(53)可否变换模式？(54)可否变换布置顺序？(55)可否变换操作工序？(56)可否变换因果关系？(57)可否变换速度或频率？(58)可否变换工作规范？

第八类：(59)可否颠倒里外？(60)可否颠倒正负？(61)可否颠倒正反？(62)可否头尾颠倒？(63)可否上下颠倒？(64)可否颠倒位置？(65)可否颠倒作用？

第九类：(66)可否重新组合？(67)可否尝试混合？(68)可否尝试合成？(69)可否尝试配合？(70)可否尝试协调？(71)可否尝试配套？(72)可否把物体组合？(73)可否把目的组合？(74)可否把特性组合？(75)可否把观念组合？

应用奥斯本检核表是一种强制性思考过程，有利于人们突破不愿提问的心理障碍。很多时候，善于提问本身就是一种创造。

2）5W2H 提问法

5W2H 提问法又叫七何分析法，如图 2.5 所示，由第二次世界大战中美国陆军兵器修理部首创。它简单、方便，易于理解、使用，富有启发意义，广泛用于企业管理和技术活动，对于决策和执行性的活动措施也非常有帮助，也有助于弥补考虑问题的疏漏。

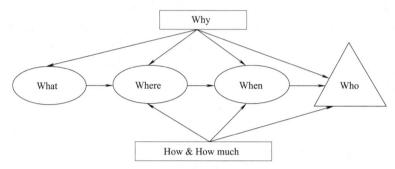

图 2.5　5W2H 提问法图解

发明者用五个以 W 开头的英语单词和两个以 H 开头的英语单词进行设问，发现解决问题的线索，寻找发明思路，进行设计构思，从而搞出新的发明项目，这就叫作 5W2H 提问法。

① 什么（What）：哪一部分工作要做？条件是什么？目的是什么？重点是什么？与什么有关系？功能是什么？规范是什么？工作对象是什么？

② 怎样（How）：怎样做省力？怎样做最快？怎样做效率最高？怎样改进？怎样得到？怎样避免失败？怎样求发展？怎样增加销路？怎样达到效率要求？怎样才能使产品更加美观大方？怎样使产品用起来方便？

③ 为什么（Why）：为什么采用这个技术参数？为什么不能有响声？为什么停用？为什么变成某一颜色？为什么要做成这个形状？为什么采用机器代替人力？为什么产品的制造要经过这么多环节？为什么非做不可？

④ 何时（When）：何时要完成？何时安装？何时销售？何时是最佳营业时间？何时工作人员容易疲劳？何时产量最高？何时完成最为适宜？需要几天才算合理？

⑤ 何地（Where）：何地最适宜某物生长？何处生产最经济？从何处买？还有什么地方可以作销售点？安装在什么地方最合适？何地有资源？

⑥ 谁（Who）：谁来办最方便？谁会生产？谁可以办？谁是顾客？谁被忽略了？谁是决策人？谁会受益？

⑦ 多少（How much）：功能指标达到多少？销售多少？成本多少？输出功率多少？效率多高？尺寸多少？重量多少？

提出疑问对于发现问题和解决问题是极其重要的。创造力高的人，都具有善于提问题的能力。众所周知，提出一个好的问题，很多时候就意味着问题解决了一半。提问题的技巧高，可以充分发挥人的想象力。相反，有些不当的问题提出来，反而挫伤我们的想象力。发明者在设计新产品时，常常提出：为什么（Why）？做什么（What）？何人做（Who）？何时（When）？何地（Where）？如何（How）？多少（How much）？这就构成了 5W2H 法的总框架。如果提问中常有"假如……""如果……""是否……"这样的虚构，就是一种设问，设问需要更高的想象力。

在发明设计中，对问题不敏感、看不出毛病是与平时不善于提问有密切关系的。对一个问题刨根问底，有可能发现新的知识和新的问题。所以从根本上说，学会发明首先要学会提问，善于提问。阻碍提问的因素，一是怕提问多，被别人看成什么也不懂的傻瓜；二是随着年龄和知识的增长，提问欲望渐渐淡薄。如果提问得不到答复和鼓励，反而遭人讥讽，结果在人的潜意识中就形成了这种看法，即好提问、好挑毛病的人是扰乱别人的讨厌鬼，最好紧闭嘴唇，不看、不闻、不问，但是这恰恰阻碍了人的创造性的发挥。

5W2H法的优势包括：

① 可以准确界定、清晰表述问题，提高工作效率；

② 有效掌控事件的本质，完全地抓住了事件的主骨架，把事件打回原形思考；

③ 简单、方便，易于理解、使用，富有启发意义；

④ 有助于思路的条理化，杜绝盲目性。有助于全面思考问题，从而避免在流程设计中遗漏项目。

3）和田十二法

和田十二法，又叫和田创新法则或和田创新十二法，指人们在观察、认识一个事物时，可以考虑是否能从十二个方面提出问题并加以解决。和田十二法是我国学者许立言、张福奎在奥斯本检核表法的基础上，借用其基本原理，加以创造而提出的一种思维技法。它既是对奥斯本检核表法的一种继承，又是一种大胆的创新。比如，其中的"联一联""定一定"等，就是一种新发展。同时，这些技法更通俗易懂，简便易行，便于推广。

和田十二法提出的问题包括：

① 加一加：加高、加厚、加多、组合等；

② 减一减：减轻、减少、省略等；

③ 扩一扩：放大、扩大、提高功效等；

④ 变一变：改变形状、颜色、气味、音响、次序等；

⑤ 改一改：改正缺点与不便、不足之处；

⑥ 缩一缩：压缩、缩小、微型化；

⑦ 联一联：思考原因和结果有何联系，把某些东西联系起来；

⑧ 学一学：模仿形状、结构、方法，学习先进；

⑨ 代一代：用别的材料代替，用别的方法代替；

⑩ 搬一搬：移作他用；

⑪ 反一反：看能否颠倒一下；

⑫ 定一定：定个界限、标准，能提高工作效率。

按这十二个"一"的顺序进行核对和思考，就能从中得到启发，诱发人们的创造性设想。所以，和田十二法、奥斯本检核表法，都是一种打开人们创造思路，从而获得创造性设想的"思路提示法"。

和田十二法由于简洁、实用，深受中小学生及劳动人民的欢迎，我国普及这种方法以来已取得了丰硕的成果，下面以实例进行说明。

【案例2-1】 和田十二法应用实例。

（1）加一加

小学生丛小郁发现，上图画课时，既要带调色盘，又要带装水用的瓶子，很不方便。她想，要是将调色盘和水杯"加一加"，变成一样东西就好了。于是，她提出了将可伸缩的旅行水杯和调色盘组合在一起的设想,并将调色盘的中间与水杯底部刻上螺纹,这样,可涮笔的调色盘便产生了。

(2) 减一减

少年于实明见爸爸装门扣时要拧六颗螺钉,觉得很麻烦。他想减少螺钉数目,提出了这样的设想:将锁扣的两边条弯成卷角朝下,只要在中间拧上一颗螺钉便可固定。这样的门扣只要两颗螺钉便可固定了。

(3) 扩一扩

在烈日下,母亲抱着孩子还要打伞,实在不方便。能不能特制一种母亲专用的长舌太阳帽,这种长舌太阳帽的长舌扩大到足够为母子二人遮阳使用呢?现在已经有人发明了这种长舌太阳帽,很受母亲们的欢迎。

(4) 缩一缩

中学生王学青发现地球仪携带不方便,便想到:如果地球仪不用时能把它压缩、变小,携带就方便了。他想,若应用制作塑料球的办法制作地球仪,就可以解决这个问题。用塑料薄膜制的地球仪,用的时候把气吹足,放在支架上,可以转动;不用的时候把气放掉,一下子就缩得很小,携带很方便了。

(5) 变一变

中学生王岩看到瓶口的漏斗灌水时常常被气泡憋住,使得水流不畅。若将漏斗下端口由圆变方,那么往瓶里灌水时就能流得很畅快,也用不着总提起漏斗了。

(6) 改一改

一般的水壶在倒水时,由于壶身倾斜,壶盖易掉,而使水蒸气溢出烫伤手,中学生田波想了个办法克服水壶的这个缺点。他将一块铝片铆在水壶柄后端,但又不太紧,使铝片另一端可前后摆动。灌水时,壶身前倾,壶柄后端的铝片也随着向前摆,而顶住了壶盖,使它不能掀开。水灌完后,水壶平放,铝片随之后摆,壶盖又能方便地打开了。

(7) 联一联

澳大利亚曾发生过这样一件事:在收获季节里,有人发现一片甘蔗田里的甘蔗产量提高了50%。这是由于甘蔗栽种前一个月,有一些水泥洒落在这块田地里。科学家们分析后认为,是水泥中的硅酸钙改良了土壤的酸碱性,而导致甘蔗的增产。这种将结果与原因联系起来的分析方法经常能使我们发现一些新的现象与原理,从而引出发明。由于硅酸钙可以改良土壤的酸碱性,于是人们研制出了改良酸性土壤的"水泥肥料"。

(8) 学一学

传说鲁班从茅草的锯齿形叶片划破手掌得到启发,进而模仿草叶边缘的形态发明了新的工具——锯。现代的很多仿生机械产品都是学一学的典型实例,如仿生鱼可以完成水下探测和海上垃圾清理等,仿生无人机可以进行空中拍摄和军事侦察等。

(9) 代一代

小学生张大东发明的按扣开关正是用"代一代"的方法发明的。张大东发现家中有许多用电池作电源的电器没有开关,使用时很不方便。他想出一个"用按扣代替开关"的办法:他找来旧衣服和鞋上面无用的两片按扣,分别焊上两根电线头。按上按扣,电源就接通了;掰开按扣,电源又切断了。

(10) 搬一搬

中学生刘学凡在参加夏令营时,感到带饭盒不方便,他很想发明一种新式的便于携带的饭盒。他看到家中能伸缩的旅行茶杯，又想到了充气可变大，放气可缩小的塑料用品。他想，按照这些物品制造的原理，可设计一个旅行杯式的饭盒，或者充气饭盒。可是，他又觉得这些设想还不够新颖。他陷入了冥思苦想之中。一天，他偶然看到一个铁皮匣子，是由十字状铁皮将四壁向上围成的。他想，可以将五块薄板封在双层塑料布中，用时将相邻两角用揿钮揿上，五块板就围成了一个斗状饭盒。这样，一个新颖的折叠式旅行饭盒就创造出来了。

（11）反一反

反一反为逆向思考法，与前面奥斯本设问法中的"能否颠倒"类似。吸尘器的发明就是成功的一例：起初人们是想发明一种利用气流吹尘的清洁工具，试用时发现导致尘土飞扬，效果很差，结果反其道而行之，发明了吸尘器。

（12）定一定

例如在药水瓶印上刻度，贴上标签，注明每天服用几次，什么时间服用，服几格；城市十字路口的交通信号灯，红灯停、绿灯行；学校里规定上课时学生发言必须先举手，得到教师允许才能起立发言。这些都是一些规定，有了这些规定，我们的行为才能准确而有序。我们可以运用"定一定"的方法发现一些有益的规定及执行"规定"。

简单的十二个字"加""减""扩""缩""变""改""联""学""代""搬""反""定"，概括了解决发明问题的12条思路。

2.2.3 焦点客体法

焦点客体法是美国人温丁格特于1953年提出的，目的在于创造具有新本质特征的客体。这种方法的主要想法是：克服与研究客体有关的心理惯性，将研究客体与各种偶然客体建立起一种联想关系。

焦点客体法的具体工作程序是：

① 选择需要完善的客体（即焦点客体）；
② 制定完善客体的目标；
③ 借助于任何书籍、字典或其他资料来选择偶然词（客体）；
④ 分出所选偶然客体的特征（性质）；
⑤ 将所选出的特征（性质）转向被研究客体；
⑥ 记下研究客体与偶然客体特征结合后得到的想法；
⑦ 分析得到的结合点，选择最合适的想法。

用此方法解决问题，使用表格形式是比较方便的。

【案例 2-2】 我们要提高锅的使用性能，就可以通过书随便选择几个偶然词，如树、灯和香烟，利用焦点客体法进行创新设计。表 2.2 为焦点客体法使用的汇总资料。

表 2.2 焦点客体法综合资料及得到的想法

焦点客体——锅		完善目的——增加品种	
偶然客体	偶然客体特征	焦点客体及特征	得到的想法
树木	高、裸露、软木、带根	高壁锅、软木锅、带根的锅	底部有支架、有高保温壁的锅
灯	有电、有裂痕、发光	电锅、有裂痕的锅、发光的锅	电子加热锅、分成几部分的锅、有辅助照明的锅
香烟	冒烟、带过滤嘴、放盒里	冒烟锅、带过滤网锅、双壁锅	有气味显示器、内有笊篱与绝缘盖的锅

根据对所获得想法的分析结果，可以建议厂家生产带电子加热、有支架、有高绝缘壁、内分几部分且每一部分可放笊篱的锅。

有这样一个例子也可以说明焦点客体法的应用过程。有一个发明家想要设计一款新式的按摩椅子，他苦思冥想了很多天也没有好的主意。有一天，他去附近公园散步，偶然看到小刺猬在森林草丛间蹦跳嬉戏，他马上把小刺猬与自己设计的按摩椅联想到一起并产生了设计思路。这里，偶然客体是刺猬，偶然客体最主要的特征是身上有刺，完善的客体（即焦点客体）是按摩椅子，完善目的是要增加按摩椅子的新颖性和有用功能，发明家将其所选出的刺猬特征转向被研究客体，于是就给自己所要设计的按摩椅子上增加了一些小的橡胶刺棒，不仅如此，还要达到给这些橡胶刺棒通电之后让它们热起来并振动起来的效果。这样的设计，就使需要按摩的人在坐上此椅后感到格外舒服惬意，从而达到了按摩放松的目的。

2.2.4 类比法

比较、分析两个对象之间某些相同或相似之处，从而认识事物或解决问题的方法，称为类比法。

类比法以比较为基础，将陌生与熟悉、未知与已知相对比，这样由此物及彼物，由此类及彼类，可以启发思路，提供线索，触类旁通。

采用类比法的关键是本质的类似，但是要注意在分析事物间本质的类似时，还要认识到它们之间的差别，避免生搬硬套，牵强附会。

类比法需借助原有的知识，但又不能受之束缚，应善于异中求同，同中求异，实现创新。

1) 基本类比法

（1）拟人类比

拟人类比就是让机械模仿人的某些动作，实现其特定的功能。应用拟人类比时，需要将自身思维与创新对象融为一体，将创作对象拟人化，把非生命对象生命化进而感觉、体验问题，设身处地想象，探讨在要求条件下的感觉或动作，从而得到有益的启示。

例如，机械手模仿人的手臂弯曲和手的功能；挖掘机模仿人使用铁锹的动作。图2.6所示的和面机中，搅面棒的 M 点能模仿人手搅面时的动作，同时容器绕 Z 轴不断旋转，从而使容器内的面粉得到充分的搅拌。

（2）直接类比

直接类比是将创新对象直接与相似的事物或现象比较。类比对象的本质特征越接近，则成功率越大。直接类比具有简单、快速及可靠性强的优点。

例如，在开发某种水上汽艇的控制系统时，可与已经存在的汽车控制系统相类比；在开发某种高速行驶的水翼艇的动力装置时，可与已经存在的航空发动机相类比。又如，照相机中的光圈机构是一种改变面积的机构，如图2.7所示。与之相类比，将其在机械工程中应用时有必要改变截面积的机械部分，如果使用呆板的机械零件组成放大或缩小的结构，就很难实现，而巧妙的照相机光圈机构简单、灵活、结构紧凑，非常实用。

（3）象征类比

象征类比是借助事物形象和象征符号比喻某种抽象的概念或思想感情的方法。象征类比是直觉感知的，针对需要解决的问题，用具体形象的东西作类比描述，使问题关键显现并简化。象征类比在文学作品、建筑设计中应用广泛，对于其领域的创新很有启发作用。

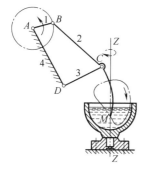
图 2.6 和面机

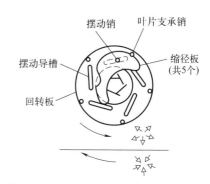
图 2.7 光圈的变径（面积可改变相机）

例如，玫瑰花象征爱情，绿色象征春天，钢铁比喻坚强；纪念碑要赋予"宏伟""庄严"的象征格调，音乐厅、茶室要赋予"艺术""优雅"的象征格调；世博会和奥运会等的建筑、装修以及吉祥物等的设计都要与本国的文化特色有关。

（4）幻想类比

幻想类比即运用在现实中难以存在或根本不存在的幻想中的事物、现象作类比，以探求新观念和新解法的方法。

例如，在一株植物上获得两种果实过去只能是童话中的幻想，但德国的一位科学家用基因拼接技术培育出马铃薯番茄，这种新的植物在地面上的茎上结番茄，而地下土壤中生长马铃薯块茎，可谓一株双收，事半功倍。

2）仿生法

从自然界获得灵感，再将其用于人造产品中的方法称为仿生法。漫长的进化使形形色色的生物具有复杂的结构和奇妙的功能，赐予人类无穷无尽的创新思路和发明设想。自然界不愧为发明家的老师、探索者的课堂。

（1）原理仿生

原理仿生是模仿生物的生理原理而创造新事物的方法。

例如，蝙蝠用超声波辨别物体位置的原理使人类大开眼界。经过研究发现，蝙蝠的喉内能发出频率十几万赫兹的超声波脉冲，这种超声波发出后，遇到物体就会反射回来，产生报警回波，蝙蝠根据回波的时间确定障碍物的距离，根据回波到达左右耳的微小时间差确定障碍物的方位。人们利用这种原理发明了雷达等探测设备。

南极终年冰天雪地，行走十分困难，汽车也很难通行。科学家们发现平时走路很慢的企鹅，在紧急关头一反常态，将其腹部紧贴在雪地上，双脚快速蹬动，在雪地上飞速前进。他们由此受到启发，仿效企鹅动作原理，设计了一种极地汽车，使其宽阔的底部贴在雪地上，用轮勺推动，这种汽车能在雪地上快速行驶，速度可达每小时 50 多公里。

（2）结构仿生

结构仿生是模仿生物结构而创造新事物的方法。

例如，18世纪初，蜂房独特精确的结构引起人们的注意。人们发现，每间巢房的体积几乎都是 $0.25cm^3$，壁厚都精确保持在（0.073 ± 0.002）mm 范围内，巢房正面均为正六边形［图 2.8（a）］，背面的尖顶处由 3 个完全相同的菱形拼接而成。经数学计算证明，蜂房的这一特殊结构具有同样容积下最省材料的特点。经研究，人们还发现蜂房单薄的结构还具有很高的强度，若用几张一定厚度的纸按蜂巢结构做成拱形板，竟能承受一个成人的体重。

据此，人们发明了各种质量小、强度高、隔音和隔热等性能良好的蜂窝结构材料，广泛用于飞机、火箭及建筑上。图 2.8（b）所示为飞机机翼剖面，它是用树脂胶黏剂在加热加压的条件下，将铝制蜂窝状物体胶接到外壳上构成。

图 2.8　蜂房与飞机机翼剖面

（3）外形仿生

外形仿生是模仿生物外部形状的创新方法。

例如，从猫、虎的爪子想到运动员钉子鞋；从鲍鱼想到吸盘；传统交通工具的滚动式结构难以穿越沙漠，而苏联科学家模仿袋鼠行走方式，发明了跳跃运行的汽车，作为一种沙漠运输的运载工具；对爬越 45°以上的陡坡来说，坦克也只能望洋兴叹，而美国科学家模仿蝗虫行走方式研制出六腿行走式机器人，它以六条腿代替传统的履带，可以轻松地行进在崎岖山路之中。

（4）信息仿生

信息仿生是通过研究生物的感觉、语言、智能等信息及其存储、提取、传输等方面的机理，构思出新的信息系统的仿生方法。

例如，在狂风暴雨到来之前，海上还风平浪静时，浅水处的水母就会纷纷游向深海躲避。科学家研究发现，水母的"耳"腔内有一带小柄的球，当暴风产生的频率为 8～13Hz 的声波传来时，便振动并刺激起"耳"神经，于是水母能比人类更早感受到即将来临的风暴。由此，人们发明了风暴预警器，可提前 15 小时预报风暴。又如，人们研制的"电鼻子"模仿狗鼻子，但其灵敏度可达狗鼻子的 1000 倍。它是集智能传感技术、人工智能专家系统技术及并行处理技术等高科技成果于一体的高度自动化仿生系统，用于寻找藏于地下的地雷、光缆、电缆及易燃易爆品和毒品等。

3）移植法

移植法是将某个学科领域中已经发现的新原理、新技术和新方法，移植、应用或渗透到其他技术领域中去，用以创造新事物的创新方法。移植法也称渗透法。从思维的角度看，移植法可以说是一种侧向思维方法。

移植法的实质是借用已有的创新成果进行新的再创造。事物之间的相关性、相似性所构成的普遍联系，为学科间的移植、渗透提供了客观基础。移植法的运用多数要在类比的前提下进行，所类比的事物属性越接近目标，移植成功的可能性就越大。

（1）原理移植

原理移植是指将某种科学技术原理向新的领域类推或外推。

例如，二进制原理用于电子学（计算机）、机械学（二进制液压油缸、二进制二位识别器等）；超声波原理用于探测器、洗衣机、盲人拐杖等；激光技术用于医学的外科手术上产生了激光手术刀，用于加工技术上产生了激光切割机，用于测量技术上产生了激光测距仪等。

（2）结构移植

结构移植是指结构形式或结构特征的移植。

例如，滚动轴承的结构移植到移动导轨上产生了滚动导轨，移植到螺旋传动上产生了滚动丝杠；积木玩具的模块化结构特点移植到机床上产生了组合机床，移植到家具上产生了组合家具等。

（3）方法移植

方法移植是指操作手段与技术方案的移植。

例如，密码锁或密码箱可以阻止其他人进入房间或打开箱子，将这种方法移植到电子信箱或网上银行，就是进入电子信箱或网上银行时必须先输入正确密码方可进入。另外的例子还有将金属电镀方法移植到塑料电镀上。

（4）材料移植

材料移植是指将某一领域使用的传统材料向新的领域转移，并产生新的变革，物质产品的使用功能和使用价值，除了取决于技术创造的原理功能和结构功能外，也取决于物质材料。在材料工业迅速发展、各种新材料不断涌现的今天，利用移植材料进行创新设计更有广阔天地。

例如，在新型发动机设计中，设计者以高温陶瓷支承燃气涡轮叶片、燃烧室等部件，或以陶瓷部件取代传统发动机中的气缸内衬、活塞帽、预燃室、增压器等。新设计的陶瓷发动机具有耐高温的性能，可以省去传统的水冷系统，减轻了发动机的自重，因而大幅度地节省能耗和增大功效。

2.2.5 组合法

组合法是按照一定的技术需要，将两个或两个以上的技术因素通过巧妙的结合，获得具有统一整体功能的新技术产品的方法。这里所说的技术因素是广义的，既包括相对独立的技术原理、技术手段、工艺方法，也包括材料、形态、动力形式和控制方式等表征技术性能的条件因素。组合法的特点是易于普及、形式多样、应用性强。常用的组合形式有以下几种。

（1）功能组合

功能组合是将具有不同功能的产品组合到一起，使之形成一个技术性能更优或具有多功能的技术实体的方法。

例如，马路上行驶的混凝土搅拌车（图2.9），把搅拌功能和运输功能组合在一起，在运输的路上进行搅拌，到达工地后立即使用搅拌好的水泥，工作效率高，机动性强，减少了装卸料工序。又如智能手表集手表、电话、音乐播放器、电子邮箱等多功能于一体，使用和携带非常方便（图2.10）。

图2.9 混凝土搅拌车

图2.10 多功能智能手表

（2）同类组合

同类组合是将若干相同事物进行组合，主要是通过数量上的变化来弥补功能上的不足，或得到新的功能。

例如，利用多楔带可以克服在一个带轮上采用多根 V 带的受力不均问题，提高了带的承载能力（图 2.11）。图 2.12 所示的立体组合插座，共有 12 组插孔，结构紧凑，不占空间，最大电流 16A，额定功率 2500W，为国际万能插座，可插接各种规格插头和电源适配器（变压器），即使插满也互相不挤碰。

图 2.11 多楔带

图 2.12 立体组合插座

（3）异类组合

异类组合是将至少两个异类事物进行组合，使参与组合的各类事物能从意义、原理、结构、成分、功能等任何一个方面或多个方面进行相互渗透，从而使事物的整体发生变化，产生新的事物，获得创新。

例如，将 U 盘组合到笔上，获得新型笔，携带方便，如图 2.13 所示。将拐杖与椅子组合，既能作拐杖，又能随时变形成椅子便于老年人休息，如图 2.14 所示。

图 2.13 带 U 盘的笔

图 2.14 拐杖椅子

（4）技术组合

技术组合是将现有的不同技术、工艺、设备等加以组合，以此形成解决新问题的技术手段。随着人类实践活动的发展，在生产、生活领域里的需求也越来越复杂，很多需求都不能只通过一种技术手段而得到满足，通常需要使用多种技术手段的组合，才能实现一种新的复杂技术。

例如，超声波技术与焊接技术组合就形成了超声波焊接技术；计算机技术、网络技术与各种机床组合就形成了网络集成化制造技术；视频识别技术、自动控制技术与医疗机械结合就形成了智能手术机器人技术。

（5）材料组合

材料组合是通过某些特殊工艺将多种材料加以适当组合，以制造出满足特殊需要的材料。

例如，通过锡与铅的组合得到了比锡和铅熔点更低的低熔点合金；由锡、铅、锑、铜组成的轴承合金，以锡或铅为基体，悬浮锑锡及铜锡的硬晶粒，硬晶粒起耐磨作用，软基体则增加材料的塑性，硬晶粒受重载时可以嵌陷到软基体里，使载荷由更大的面积承担，常用于滑动轴承。此外，通过材料组合还可得到具有高磁感应强度的永磁材料、具有高温超导特性的超导材料、耐腐蚀的不锈钢材料。

2.2.6 逆向转换法

逆向转换法就是为了达到某一目标而向事物的相反方向进行求索，也就是人们常说的"反过来想一想"的意思，即为了某一目标，不按正常的思路，而以悖逆常理或常识的方式去寻找解决问题的新途径。逆向转换实质上是一种逆向思维。

（1）原理逆向法

原理逆向法是从事物生成原理相反方向进行思考，从而产生新技术或新产品。

例如，1877年，爱迪生在进行试验改进电话时发现，传话器里的音膜随着声音能发生有规律的振动。那么，同样的振动是不是能转换成原来的声音呢？根据这一想法，爱迪生发明了人类第一台会说话的机器——留声机。

又如，法拉第在发明了电动机后，经过逆向思考，利用电磁感应原理又发明了世界上第一台发电机。

（2）过程逆向法

过程逆向法是指对事物过程进行逆向思考。

例如，生产线上的输送带将工件自动输送到工人所在工位，而工人不需要再像以前一样主动去搬运和拿取，就属于运用了过程逆向的创新方法。

又如，通常桌子上积了灰尘，可以用"吹"的方式清除。1901年以前的除尘器只有"吹"的功能，但如果地面上积了灰尘也用"吹"的办法清除，则势必要弄得尘土飞扬，于是英国人赫伯·布斯想："吹"不行那就反过来改为"吸"是否可行？于是发明了吸尘器。

再如，希望家用游泳池长度小，同时还要满足人能不停游动的使用要求，所以有人发明了水能够流动的游泳池［图2.15（a）］，利用涡轮机使水循环流动，人游动方向与水流方向相反［图2.15（b）］，使人虽然不断游动，却能一直保持在游泳池的中间，这样极大节省了空间。类似的还有健身用的跑步机（图2.16）、商场里的自动扶梯（图2.17）等。

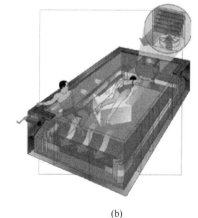

(a)   (b)

图2.15 逆向水流游泳池

图 2.16 跑步机

图 2.17 自动扶梯

(3) 结构或位置逆向法

将某些已被人们普遍接受的事物中各结构要素或相互位置颠倒,有时可以收到意想不到的效果,在适当条件下,这种新方法可能解决常规方法不能解决的问题。

例如,人们用火加热食物时总是将食物放在火的上面,夏普公司生产的一种煎鱼锅开始也是这样设计的,但是在使用中发现,鱼被加热过程中鱼体内的油滴到下面的热源后会产生大量的烟雾。后来,改变热源和鱼的相对位置关系,把热源放在鱼的上方,即煎鱼锅的盖子上,下落的鱼油不接触热源,也就不会产生烟雾了。

又如,为了使人们观看海洋动物时能身临其境,人们发明了海洋世界水下观光通道,如图 2.18 所示。

再如,直接饮水器从下向上喷水以便于人们的饮用,如图 2.19 所示。

图 2.18 海洋世界水下观光通道

图 2.19 直接饮水器

(4) 缺点逆用法

事物都有两重性,缺点和有问题的一面可以向有利和好的方面转化。利用事物的缺点反向思考,通过改变一些相关条件而由原来的缺点生成意想不到的新的优点,从而达到变害为利的目的。

例如,常用的套筒滚子链,当链节数为奇数时,则必须加一个过渡链节[图 2.20 (a)],但过渡链节的链板受附加弯矩,最好不用,因此链传动应尽量设计成偶数个链节。然而过渡链节的这个缺点在特殊情况下却可以逆向演变成优点,即在重载、冲击、反向等繁重条件下工作时,采用全部由过渡链节构成的链,柔性好,能减轻冲击和振动,如图 2.20 (b) 所示。

又如,市政建设后留在公园的废弃管道,又大又占地方,如果专门找运输车运走也比较费力,可就近放到旁边的游览区树林中,装饰成美观的创意型管道旅馆,如图 2.21 所示,别有一番情趣。

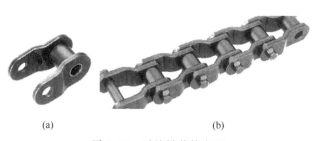

图 2.20 过渡链节的应用

图 2.21 利用废弃的管道建造的创意旅馆

（5）功能逆向法

功能逆向法是按事物或产品现有的功能进行相反的思考，以形成新的功能。

例如，消防队员使用的风力灭火器。原理是风吹过去，温度降低，空气稀薄，火就被吹灭了。一般情况下，风是助火势的，特别是当火比较大的时候，但在一定情况下风可以使小的火熄灭，而且相当有效。又如，保温瓶可以保热，反过来也可以保冷。

（6）顺序或方向逆向法

顺序或方向逆向法是指颠倒已有事物的构成顺序、排列位置而进行思考的方法。

例如，变仰焊为俯焊。最初的船体装焊时都是在同一固定的状态下进行的，这样一来，有很多部位必须做仰焊，但仰焊的强度大，质量不易保障。后来改变了焊接顺序，在船体分段结构装焊时对需要仰焊的部分暂不施工，待其他部分焊好后，将船体分段翻个身，变仰焊为俯焊，这样装焊的质量与速度都有了保证。

（7）因果逆向法

在某些自然过程中，一种自然现象可以是另一种自然现象发生的原因，而在另一个自然过程中，这种因果关系可能会颠倒。探索这些自然现象之间的联系及其规律是自然科学研究的任务。

例如，数学运算中从结果倒推回来以检查运算过程和已知条件，即反证法。

2.2.7 信息联想法

随着科学技术的突飞猛进，每天都有大量新信息通过各种媒体进行传播，人们将自己每天耳闻目睹的大量信息加以筛选，从中挑出新奇的、与技术有关的科学发现和技术发明，通过思维加以联想，往往可以提出一个新的创新选题。因此，信息已经成为人类创新的重要资源。广泛收集并充分利用各种信息，可以使自己在发明的道路上少走弯路。

信息联想法主要包括相似联想、接近联想、信息组合联想和强制联想等。

（1）相似联想

相似联想是指从一种事物联想到与其有类似特点的另一事物。

例如，为了减少车轮的振动，一开始人们在车轮上直接裹上橡胶，但不论橡胶是硬的还是软的，人在车上都感到不舒服，因而效果不理想。英国医生邓禄普受到足球充气的启发，联想到对橡胶轮胎充气，于是对传统方法进行彻底改革，设计出了现代的充气轮胎。

美国工程师杜里埃认为要提高汽油在气缸中的燃烧效率，必须使汽油与空气均匀混合。一天，他看到用喷雾器喷洒香水时形成均匀雾状的现象，从而联想到汽油雾化后就可与空气均匀混合，最终发明了汽车化油器。

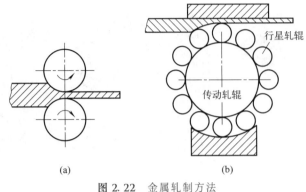

传统的金属轧制方法如图2.22(a)所示,两轧辊反向同速转动,板材一次成形。采用这种方法时,由于一次压下量过大,钢板在轧制过程中极易产生裂纹。日本的一个技术员看到用擀面杖擀面时,由其连续渐进、逐渐擀薄的过程产生联想,从而发明了行星轧辊,如图2.22(b)所示,使金属的延展分为多次进行,避免钢材轧制时产生裂纹。

图2.22 金属轧制方法

(2) 接近联想

接近联想是从某一事物想到与它有接近关系的事物。这种接近关系可能是原理上的、功能上的、用途上的,还可能是结构、形态或时间、空间上的等。

例如,美国发明家乔治·威斯汀豪斯曾寻求一种同时作用于整列火车车轮的制动装置。当他看到在挖掘隧道时,驱动风钻的压缩空气是用橡胶软管从数百米之外的空气压缩站送来的现象时,运用联想,脑海里立刻涌现出气动制动的创意,从而发明了现代火车的气动制动装置。这种装置将压缩空气沿管道迅速送到各节车厢的气缸里,通过气缸的活塞将制动闸瓦抱紧在车轮上,从而大大提高了火车运行的安全性,至今仍被广泛采用。

又如,俄国化学家门捷列夫在1869年编制的化学元素周期表仅有63个元素。他将其按质量排列后,看到了空间位置的空缺。其空间位置的接近性使他产生了联想,进而推断出空缺的空间位置有尚未被发现的新元素,并给出了元素基本化学属性。后来的发现证明,该联想给出的基本化学属性是正确的。

图2.23(a)所示的拖地拖鞋将人们擦地用的拖布和日常穿的拖鞋联系到一起。因为发明者想到既然二者在时间和空间上是同时存在的,即相互联系在一起的,所以将二者联想到一起并设计出了这种新产品。为了清洗方便,人们还发明了拖地鞋套[图2.23(b)]。

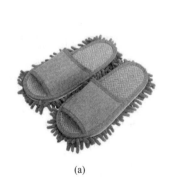

图2.23 拖地拖鞋和鞋套

(3) 信息组合联想

信息组合联想是指在打算创新设计的事物上用组合其他信息元素的方法进行分析和方案设计。常用作图的方法来进行表示。构成联想组合的图形可以是二维的,也可以是多维的;组合的元素可以是同一组,也可以是不同组。

例如，图 2.24 所示为家具与家用电器的二维组合联想，纵横交叉的点即为可供选择的组合方案，如床与沙发组合联想成为沙发床，柜子与桌子成为组合柜，电视与镜子组合成为反画面电视等。

又如，图 2.25 所示为公园游船设计中的三维组合联想，三组元素分别代表船体的外形、船的推进动力和船的材料。其中，船体外形可以选择的方案有龙、鱼、鹅、画舫、飞碟、飞船等，船的推进动力可以选择的方案有手划桨、脚踏桨、喷水、内燃机、电动螺旋桨等，船体材料可以选择的方案有木、钢、水泥、塑料、玻璃钢、铝合金等。每组元素任取一项即可组合成一种游船设计方案，供设计者选择。由此可见，信息组合法能够迅速提供大量的组合方案，可以为新产品开发提供线索。

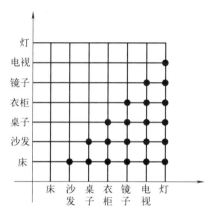

图 2.24 家具与家用电器的组合联想

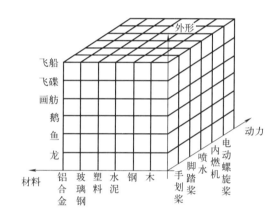

图 2.25 游船的组合联想

（4）强制联想

强制联想法是综合运用联想方法而形成的一种非逻辑型创造技法，是由完全无关或关系较远的多个事物强制联系在一起的方法。

强制联想有利于克服思维定式，特别是有利于发散思维，罗列众多事物，再通过收敛思维分析事物的属性、结构，将创造对象与众多事物的特点强行结合，能够产生众多奇妙的联想。

例如，椅子和面包之间的强制联想，能引发出像面包一样软乎乎的沙发、像面包一样热的保健椅（如按摩椅、远红外保健椅）等联想。

又如，英国 Keytools 公司推出了一款"脚鼠标"，如图 2.26 所示。这种用脚操作的鼠标和普通的鼠标工作原理相同。它拥有一个控制踏板，可以让用户轻松进行左击、右击和滚动滚轮的操作。只要穿上一只特制的"拖鞋"，就可以通过脚部的动作来控制电脑屏幕上鼠标指针的走向。该产品将鼠标

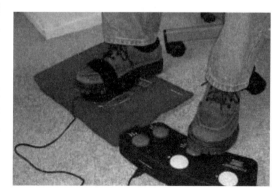

图 2.26 用脚操作的鼠标

与关联性较远的脚操作联想到一起，原本主要是针对双手行动不便的残疾人用户群体，但是由于目前人们长时间使用电脑导致大量颈椎病、腰椎病的出现，以及手腕和手指的酸痛等，此产品的受众范围将会大大扩展。

第3章 TRIZ理论及其应用

3.1 TRIZ理论概述

3.1.1 TRIZ理论的概念

划时代的"发明问题解决理论"——TRIZ（the theory of inventive problem solving）的出现为人们提供了一套全新的创新理论，揭开了人类创新发明史的新篇章。TRIZ是苏联发明家根里奇·阿奇舒勒（G. S. Altshuller）带领一批学者从1946年开始，对世界上250多万件专利文献加以搜集、研究、整理、归纳、提炼，建立的一整套具有系统性、实用性的解决发明问题的理论、方法和体系。阿奇舒勒以新颖的方式对专利进行分类，特别研究专利发明家解决发明问题的思路和方法，从而发现250多万份专利中只有4万份是发明专利，其他都是某种程度的改进与完善。经过研究，他们发现：技术系统的发展不是随机的，而是遵循同样的一些进化规律，人们根据这些进化规律就可以预测技术系统未来的发展方向。他们还发现：技术创新所面临的基本问题和矛盾是相似的，而大量发明创新过程都有相似的解决问题的思路。因此，阿奇舒勒等指出，创新所寻求的科学原理和法则是客观存在的，大量发明创新都依据同样的创新原理，并会在后来的一次次发明创新中被反复应用，只是被使用的技术领域不同而已。所以发明创新是有理论根据的，是完全有规律可以遵循的。

TRIZ是一门科学的创造方法学。它是基于本体论、认识论和自然辩证法产生的，也是基于技术系统演变的内在客观规律来对问题进行逻辑分析和方案综合的。它可以定向一步一步地引导人们去创新，而不是盲目的、随意的。它提供了一系列的工具，包括解决技术矛盾的40个发明原理和矛盾矩阵，解决物理矛盾的4个分离原理和11个方法，76个发明问题的标准解法和发明问题解决算法（ARIZ），以及消除心理惯性的工具和资源-时间-成本算子等。它使人们可以按照解决问题的不同方法，针对不同问题、在不同阶段和不同时间去操作和执行，因此发明就可以被量化进行，也可被控制，而不是仅凭灵感和悟性来完成。

重要的是，借助TRIZ理论，人们能够打破思维定式、拓宽思路、正确地发现产品或系统中存在的问题，激发创新思维，找到具有创新性的解决方案。同时，TRIZ可以有效地消除不同学科、工程领域和创造性训练之间的界限，从而使问题得到发明创新性的解决。

TRIZ已运用于各行各业，世界500强企业中的多数企业都已经成功地运用TRIZ获得了发明成果。所有这一切都证明了TRIZ在广泛的学科领域和问题解决中的有效性。

TRIZ理论发源于苏联，发展于欧美。通常将1985年之前的阶段称为"经典TRIZ理论"发展阶段，之后的阶段称为"后经典TRIZ理论"发展阶段。

TRIZ理论的来源及内容如图3.1所示。

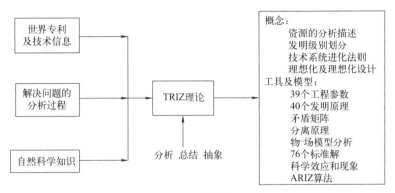

图3.1 TRIZ理论的来源及内容

目前，TRIZ理论主要应用于技术领域的创新，实践已经证明了其在创新发明中的强大威力和作用。而它在非技术领域的应用尚需时日，这并不是说TRIZ理论本身具有无法克服的局限性，而是因为任何一种理论都有一个产生、发展和完善的过程。TRIZ理论目前仍处于"婴儿期"，还远没有达到纯粹科学的水平，称之为方法学是合适的。它的成熟还需要一个比较漫长的过程，就像一座摩天大厦，基本的构架已经建立起来，但还需要进一步加工和装修。其实就经典TRIZ理论而言，它的法则、原理、工具和方法都是具有"普适"意义的，例如我们完全可以应用其40个发明原理解决现实生活中遇到的许多"非技术性"的问题。

TRIZ理论作为知识系统，最大的优点在于：其基础理论不会过时，不会随时间而变化。

由于TRIZ理论本身还远没有达到"成熟期"，其未来的发展空间是巨大的，归纳起来主要有5个发展方向：

① 技术起源和技术演化理论；
② 克服思维惯性的技术；
③ 分析、明确描述和解决发明问题的技术；
④ 指导建立技术功能和特定设计方法、技术和自然知识之间的关系；
⑤ 先进技术领域的发展和延伸。

此外，TRIZ理论与其他方法相结合，以弥补TRIZ理论的不足，已经成为设计领域的重要研究方向。

需要重点说明的是，TRIZ理论在非技术领域应用研究的前景是十分广阔的。我们认为，只有达到了解决非技术问题的工具水平，TRIZ理论才是真正地进入了"成熟期"。

3.1.2 TRIZ理论的基本内容与解题模式

TRIZ理论建立在辩证唯物主义观点之上，是辩证唯物主义在工程技术领域的最好诠释。其核心的观点就是技术系统在产生和解决矛盾中不断进化。

（1）TRIZ理论的基本内容

概括地说，TRIZ理论包括以下九项基本内容：

① 进化法则：预测技术系统的进化方向和路径；

② 最终理想解（IFR）：系统的进化过程就是创新的过程，即系统总是向着更理想化的方向发展，最终理想解是进化的顶峰；

③ 40个发明原理：浓缩250万份专利背后所隐藏的共性发明原理；

④ 39个工程参数和矛盾矩阵：直接解决技术矛盾（参数间矛盾）的发明工具；

⑤ 物理矛盾的分离原理：解决参数内矛盾的发明原理；

⑥ 物-场模型：用于建立与已存在系统或新技术系统问题相联系的功能模型；

⑦ 标准解法：分5级，18个子级，共76个标准解法，可以将标准问题在一两步中快速进行解决；

⑧ 发明问题解决算法（ARIZ）：针对非标准问题而提出的一套解决算法；

⑨ 知识效应库：将解决方案、物理现象和效应应用在问题解决过程中。

TRIZ理论认为所有实际问题都可以被浓缩为三种不同的类型，即管理问题、技术问题、物理问题，并表现为三种相应的结构模型。

管理问题即问题的情境是通过指出缺点或目标的形式给出的，其中缺点应该克服，目标应当达到，而与此同时，却并不指出产生缺点的原因以及消除缺点的方法和达到所需目标的方法。

技术问题即问题的情境是通过指出不兼容的系统功能或功能属性给出的，其中一个功能（或属性）促进全系统的主要有益功能（系统目标）的实现，而第二个功能（或属性）阻碍其实现。

物理问题即问题的情境是通过指出系统某个组分的一个属性或整个系统的物理属性的形式给出的，该属性的某一个值对于达到系统的某项特定功能来说是必须的，而其另一个值则是针对另一个功能的。但是，与此同时，这两个值又是不兼容的，对于各自的改善来说，它们都具有相互反方向排斥的属性。

针对每种问题，TRIZ理论都给出了精确的功能-结构模型，即管理模型、技术模型、物理矛盾模型。其中技术模型和物理矛盾模型具有最好的结构性，因为它们的解决直接得到了TRIZ理论这一工具的支持。管理模型要么通过跟TRIZ理论没有直接关系的其他方法解决，要么就要求转化为其他两种结构模型后再解决。

所有已知的建立在转化基础上的解决方案都可以归结为四类：①解决技术矛盾的直接模型；②解决物理矛盾的直接模型；③物-场模型；④知识效应库。

（2）TRIZ理论的解题模式

用TRIZ理论解决问题的一般步骤是：在进化法则的指导下，分析原始问题，确定最终理想解，然后将问题转化为TRIZ理论的标准问题模型（问题建模），再应用相应的TRIZ工具获得解决方案模型，经类比应用得到解决方案，最后对方案进行验证。

为了更好地理解TRIZ理论的解题过程，让我们首先分析一个简单的乘法运算的例子，如图3.2所示。这个简单的例子告诉我们，数学问题解题的一般过程是：具体的问题首先要转化为标准的数学模型（算式），然后再应用数学的运算工具（如乘法表）得出结果，再将结果转换成具体问题的答案。数学模型（运算的过程）是固定的，不依赖于具体的问题。任何具体问题只要转换为标准的数学模型，就可以通过数学的方法得到需要的结果。

与此类似，TRIZ 的理论、方法、工具是从实践中总结出来的，具有"普适性"。千差万别的创新问题正是"标准化"为 TRIZ 理论问题后，才能通过"通用的"TRIZ 工具获得解的模型，最后再转化为具体的解决方案。TRIZ 理论的解题模式如图 3.3 所示。

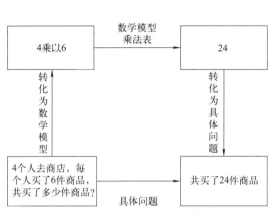

图 3.2　数学问题的解题模式

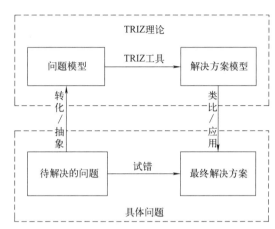

图 3.3　TRIZ 理论的解题模式

3.1.3　创新的等级

创新是人类社会发展进程中永恒不变的主题。任何现代技术系统都经历了成百上千的发明才最终确立，甚至像铅笔这样的"系统"都有 20000 多个专利和发明证书。

当 TRIZ 理论的创始人根里奇·阿奇舒勒对 250 万个专利进行研究时，发现各国不同的发明专利内部蕴涵的科学知识、技术水平具有很大的差异。以往，在没有分清这些发明专利的具体内容时，很难区分出不同发明专利的知识含量、技术水平、应用范围、重要性、对人类贡献大小等问题。因此，把发明依据其对科学的贡献程度、技术应用范围及社会经济效益等情况划分一定的等级加以区别，以便判断、识别及更好地加以推广应用。

根据创新程度的不同，TRIZ 理论将这些专利技术解决方法分为以下五个"创新等级"：

第 1 级：技术系统的简单改进；

第 2 级：包含技术矛盾解决方法的小型发明；

第 3 级：包含物理矛盾解决方法的中型发明；

第 4 级：包含突破性解决方法的大型发明（新技术）；

第 5 级：新现象的发现。

各创新等级的特征指标详见表 3.1，其中最具概括性的特征指标是新颖性。

表 3.1　创新等级及特征指标

创新等级	第 1 级 简单改进	第 2 级 小型发明	第 3 级 中型发明	第 4 级 大型发明	第 5 级 新发现
初始条件	明确的单参数问题	多参数问题；有直接的结构类似模型	问题结构复杂；只有功能的类似模型	众多因素未知；无类似功能结构模型	主要目标要素未知；无类似模型
问题复杂度	无矛盾问题	标准问题	非标准问题	极端问题	独一无二的问题

续表

创新等级	第1级 简单改进	第2级 小型发明	第3级 中型发明	第4级 大型发明	第5级 新发现
转化标准	工程优化	包含技术矛盾，建立在典型（标准）模型基础上的工程问题	包含物理矛盾，建立在复合方法上的发明	建立在整合科学技术"效应"基础上的发明	科技发现
解决问题的资源	资源可见并易于获取	资源虽不可见，但存在于系统中	资源常常取自其他系统或水平分类	资源来自不同知识门类	资源不详且（或）其应用方法不详
知识范围	所要求技术在系统相关的某行业范围内	要求系统相关的不同行业知识	要求系统相关行业以外的知识	要求不同科学领域知识	要求超强的创造动力
新颖性水平	组分发生细微的参数变化	不改变功能原理的独创性功能结构解决方案	"强大的"发明，并伴有功能原理替代的系统效应①	出色的发明，并伴有显著改变周围系统功能的系统效应	最大型发明，并伴有彻底改变文明的系统效应
占总专利比重	32%	45%	18%	4%	1%

① 系统效应是指发明产生前未知的，与发明所包含的原始系统矛盾的解决直接关联的一种结果，反映在具体发明上即为创新点。

由表3.1可知：有95%的发明专利是应用了行业内的知识，只有少于5%的发明专利应用了行业外及整个社会的知识。发明创造的级别越高，所需的知识就越多，这些知识所涉及的领域就越宽，搜索有用知识的时间就越长。同时，随着社会的发展、科学技术水平的提高，原来高级的发明创造会逐渐成为人们熟悉和了解的知识，其等级就会随时间而不断降低。

对于第1级，阿奇舒勒认为不算是创新，而对于第5级，他认为：如果一个人在旧的系统还没有完全失去发展希望时，就选择一个完全新的技术系统，则成功之路和被社会接受的道路是艰难而又漫长的。因此发明几种在原来基础上改进的系统是更好的策略。他建议将这两个等级排除在外，TRIZ理论工具对于其他三个等级创新作用更大。一般来说，等级2、3称为"革新（innovative）"，等级4称为"创新（inventive）"。

3.2 TRIZ理论的思维方法

3.2.1 打破思维惯性

1）什么是思维惯性

物体有保持原有运动状态的性质，这在物理学上称为惯性。人的思维也是如此，总是沿着前人已经开辟的思维道路去思考问题，这种沿用固定观念去思考问题的现象，我们称之为思维惯性，又称思维定式。

所谓思维惯性，是指当人的思想在一种环境下进入注意力集中的状态时，环境突然变化，却不会使思想意识一下子进入新的环境状态。就好比短跑运动员冲过终点后，仍然会向前冲一样。虽然已经更换了所处的环境，但却没有根据环境做出改变，而是保持在上一个环境中。

思维惯性是人们在长期的生活环境中形成的。例如有人问：如果把平底煎锅绑在狗的尾巴上，那么狗以什么样的速度奔跑才能听不到锅的撞击声？很多人想到的是只有足够快的速度才会让声音落在后面。事实上只要狗奔跑就一定能听到锅的撞击声。

2）思维惯性的表现形式

思维惯性有多种表现形式，常见的表现形式有以下几种。

（1）功能惯性

有些东西一直用于某项功能，大家就习惯于使用它的这一项功能而忽略其他功能，就会产生功能思维惯性和功能趋向思维惯性。例如，我们手中的手机，除了接打电话和收发短信外，还具备照相、摄像、照明、收听广播等大量功能。

（2）术语惯性

术语惯性是一种典型的思维惯性。专业性很强的术语，如 F-117；工程通用术语，如传感器、对流器；功能术语，如支撑物、切割器、储存罐；日常生活术语，如锅、棍子、绳子。这些术语是在某个领域的实践中总结出来的，提到这些术语就会使思维局限在相应领域，或者局限在该领域的某个方向。

（3）外表、形象惯性

人们往往根据一个人的外貌来判断他的好坏，这就是外表、形象惯性。物体外表、形象惯性，体现为总是通过物体的外形来判定物体的作用原理。为解决与该物体有关的问题，可以改变已被人们习惯了的物体外表、形状。

（4）特性、状态、参数惯性

任何一个物体都有一些固有的能反映其内在本质的特性，比如重力、导热性、电阻、磁导率、尺寸等特性。物体的每个参数都有对应的意义。解决问题时，如果有必要，要验证每个参数，也可以改变每个物体主要的或显而易见的特性、参数及潜在的（隐性的）特性。解决创新问题时需要找出其隐性的特性。

（5）作用、领域知识的惯性

新知识领域专家的相关建议，可以将问题引到一个新的领域对物体进行功能分析和技术系统分析。理想的技术系统经常需要在领先的领域中寻找技术功能。

（6）物质不可变惯性

物质不可变惯性，往往使人忽略物质的动态性和协调性。

（7）物质组件惯性

物质组件惯性，认为系统中一定要具备某个组件或者技术系统的组件不可更改，这都带来了很大的思维惯性。

（8）维数惯性

人们总是习惯于由点到线、面再到体，这样也形成了一种思维定式——维数惯性。比如传统打印机打印出的文字都是二维的，人们已经习惯了二维的思维；但是，随着快速成形技术的发展，三维打印技术迅速发展起来，人们可以通过三维打印机得到实物，这对人类社会的进步起到了至关重要的作用。

（9）非实质性禁止惯性

例如，外在禁止："所有人都知道，这样做是不行的"；客户禁止："人所共知，这不可能""人人皆知，不能这样做"；内在禁止："我确信，这样不行"。

（10）作用惯性

作用惯性，指人对触觉、行动（操作）和习惯的作用（操作）次序及记忆等的思维惯性，总是认为只有这一种方法能够实现目标。其实，创新是不能局限在一种解决方案上的，每一种结构或工艺都可以继续完善。

（11）物质价值惯性

物质价值惯性，认为与物质相关的某个元素或特性是最主要的、最重要的物质，习惯地认为它是最有价值的，始终都具有不可替代的作用。

（12）传统应用条件惯性

传统应用条件惯性，也称为生命周期阶段思维惯性，认为如果产品的设计、制造、调试、生产、包装、运输、储存、应用和废品回收的整个生产链条中的一个环节停滞，就会严重地影响到其他环节。

（13）类似方案惯性

类似方案惯性，使已解决问题的方案仅仅是被解决问题的类比，思维陷入已解决问题的方案中，不能突破和创新。

3）打破思维惯性的方法

（1）棒喝自己，保持警觉

思维惯性是一种格式化的东西，具有隐蔽性、持续性、顽固性等特征。思维惯性一经形成，就会如影随形，紧紧地把你粘住。因此，要打破思维定式，就要充分认识其危害，以使自己时时保持对它的警觉。

思维惯性形成之后，人在思考问题时，便会陷入知其然而不知其所以然的怪圈，难以看到事物的本来面目。这时候，你所有的聪明才智都会化为泡影。你不仅日渐丧失了分析问题的能力，甚至已不再愿意去对问题进行分析……

（2）解放思想，更新观念

如果我说"天下乌鸦一般黑"，您没有异议吧？"没错，打小儿我爷爷就这样告诉我啦。""对呀，文学作品中也是这样描述的。"事情真是这样吗？最近国内外有许多报刊报道说，在世界不少地方都发现了白乌鸦。"这是千真万确的吗？为什么直到现在才发现白乌鸦？"是呀，为什么直到现在才发现白乌鸦？究其原因，就在于"爷爷告诉的""书本上写的"等旧观念束缚了世人的头脑。因此，要打破思维定式，就需从怀疑旧观念、发现新事物开始。

（3）独立思考，坚持己见

思维惯性是怎样形成的？这个问题十分复杂，但一个不争的原因是，自身感知受了他人感知的影响。因此，要打破思维惯性，一个十分关键的环节就是培育这样一种意志品质：勇于独立思考，敢于坚持己见。必要的时候，即使是独木桥，也要坚定地走下去；即使是万丈渊，也要坚定地跳过去。也就是说，作为思维的主体，要努力克服自己的从众心理。美国学者所罗门·阿希通过调查，得出这样一个结论：人类有许多不幸，其中有33%在于错误地遵从别人。因此，唯有不"跟风"，不人云亦云，不盲目从众，自己的创新思维能力才能得到充分的释放和发挥。

独立思考，坚持己见，说起来容易做起来难。除了要防止盲目从众之外，还要不唯书、不唯上、不迷信权威、不盲目信奉既有的知识和经验。在教材《创新思维导论》"创新思维训练"一节中，著者不仅要求人们"防止盲目从众"，而且要求人们"全面看待权威""正确对待书本""避免固守经验"，讲的正是这个道理。

（4）保持自信，永不言败

思维惯性有利于我们的常规思考。早晨起来穿衣服、刷牙洗脸、吃早饭，天天如此，人人如此，不须打破思维惯性。按思维惯性行事，反而快捷、有效率。所以，我们最需要打破思维惯性的时候，往往是遇到挫折和困难的时候。然而，人类的顽疾在于惰性十足。人在遇到挫折和困难的时候，也最容易灰心丧气。特别是经过努力和探索，最终还是失败，更容易使我们产生放弃的念头。因此，要打破思维惯性，就必须勇往直前，无所畏惧。

为此，我们必须保持高度的自信。体育界的"大腕"戴伟克·杜根说："你认为自己被打倒，那你就是被打倒了；你认为自己屹立不倒，你就会屹立不倒……生活中，强者不一定是胜利者，但是，胜利迟早都属于有信心的人。"

3.2.2 最终理想解

TRIZ 理论在解决问题之初，首先抛开各种客观限制条件，通过理想化来定义问题的最终理想解，以明确理想解所在的方向和位置，保证在问题解决过程中向着此目标前进并获得最终理想解，从而避免了传统创新设计方法中缺乏目标的弊端，提升了创新设计的效率。不是永远都能达到最终理想解，但是它能给问题的解决指明方向，也有助于克服思维惯性。

1) 最终理想解的概念

TRIZ 理论的一个基本观点是：技术系统是沿着提高其理想度的路径，向最理想的系统方向进化——系统的质量、体积、面积消耗趋于零，实现的有用功能数量趋近于无穷大（其实质是：降低成本，增加有用功能）。尽管在产品进化的某个阶段，不同产品进化的方向各异，但如果将所有产品作为一个整体，低成本、高功能、高可靠性、无污染等是产品的理想状态。产品处于理想状态的解称为理想化的最终结果，即最终理想解（ideal final result, IFR）。IFR 来源于发明问题解决算法（ARIZ）。IFR 的作用是：指明通往解决方案之路；使问题尖锐化，不走折中之路。

阿奇舒勒对 IFR 做过这样的比喻："可以把最终理想结果比作绳子，登山运动员只有抓住它才能沿着陡峭的山坡向上爬。绳子不会向上拉他，但是可以为其提供支撑，不让他滑下去。只要松开绳子，肯定会掉下来。"

2) 理想化

理想化是科学研究中创造性思维的基本方法之一。它主要是在大脑之中设立理想的模型，通过思想实验的方法来研究客体运动的规律。一般的操作程序为：首先要对经验事实进行抽象，形成一个理想客体，然后通过想象，在观念中模拟其实验过程，把客体的现实运动过程简化和升华为一种理想化状态，使其更接近理想指标的要求。

理想化方法最为关键的部分是思想实验，或称理想实验。它是从一定的原理出发，在观念中按照实验的模型展开的思维活动，模型的运转完全是在思维中进行操作的，然后运用推理得出符合逻辑的实验结论。思想实验是形象思维和逻辑思维共同作用的结果，同时也体现了理想化和现实性的对立统一。

诚然，思想实验还不是科学实践活动，它的结论还需要科学实验等实践活动来检验，但这并不能否认思想实验在理论创新中的地位和作用。新的理论往往与常识相距甚远，人们常常为传统观念所束缚，不易走向理论创新，因此，借助于思想实验来进行理论创新以及对新理论加以认同，不失为一种有效的手段。

理想化方法的另一个关键部分是设立理想模型。理想模型建立的根本指导思想是最优化原则，即在经验的基础上设计最优的模型结构，同时也要充分考虑到现实存在的各种变量的容忍程度，把理想化与现实性结合起来。理想中的优化模型往往具有超前性，这是创新的天然标志。但是,超前行为只有在现实条件所容许的情况下,其模型的构造才具有可行性。应当指出的是,理想模型的设计并不一定非要迁就现实的条件,有时候也需要改造现实,改变现实中存在的不合理之处,特别是需要彻底扭转人们传统的、落后的思维方式和生活方式,为理想模型的建立和实施创造条件。

3) TRIZ 理论中的理想化

技术系统理想化状态包括以下三个方面内容。

① 系统的主要目的是提供一定的功能。传统思想认为,为了实现系统的某种功能,必须建立相应的装置或设备;而 TRIZ 理论则认为,为了实现系统的某种功能,有时不必引入新的装置和设备,而只需对实现该功能的方法和手段进行调整和优化。

② 任何系统都是朝着理想化方向发展的,也就是向着更可靠、更简单有效的方向发展。系统的理想状态在现实中一般是不存在的,但系统越接近理想状态,结构就越简单、成本就越低、效率就越高。

③ 理想化意味着系统或子系统中现有资源的最优利用。

TRIZ 理论通过建立各种理想模型,即最优的模型结构,来分析问题,并以取得最终理想解作为终极追求目标。

理想化模型包含所要解决的问题中所涉及的所有要素,可以是理想系统、理想过程、理想资源、理想方法、理想机器、理想物质等。

理想系统没有实体,没有物质,也不消耗能源,但能实现所有需要的功能。

理想过程就是只有过程的结果,而无过程本身,是突然就获得了结果。

理想资源就是存在无穷无尽的资源,供随意使用,而且不必付费。

理想方法不消耗能量及时间,但通过自身调节,能够获得所需的功能。

理想机器没有质量、体积,但能完成所需要的工作。

理想物质就是没有物质,但能实现物质的功能。

理想化模型指明了目标所在的方向,突出了主要矛盾,简化了分析问题的过程,降低了解决问题的难度。如:数学中"点""线"都是理想的模型,它们没有大小,没有质量,只有我们需要的最突出的属性;中国古代杰出的军事家孙武在《孙子兵法》中给出了战争的理想化结果——"不战而屈人之兵",战争的过程是空的,但战争的功能存在,不需要战争的过程就获得战胜敌人的结果,这是兵法的最高境界,是战争的最终理想解。

理想化模型的建立有时需要充分发挥我们的想象力,甚至是"不切实际"的幻想。比如,教师上课用的教鞭需要有一定的长度,但是,太长就不方便携带了,如果像孙悟空的如意金箍棒一样就好了。如意金箍棒?那只是幻想小说里的东西,现实生活中是没有的,但它给了我们什么启示?现在使用的拉杆式教鞭是不是和如意金箍棒有相似之处?再进一步发展教鞭的理想化模型:没有长度,但可实现任意长的功能。这可能吗?当然——激光教鞭!你可以站在讲台前使用,也可以站在教室的任意位置使用。

因为理想化包含多种要素,系统的理想化程度需要进行衡量,于是就引出了一个参数——系统的理想化水平。

我们知道,技术系统是功能的实现,同一功能存在多种技术实现方式,任何系统在完成人们所期望的功能中,亦可能带来不希望的功能。TRIZ 理论中,用正反两面的功能比较来衡量系统的理想化水平。

理想化水平衡量公式:

$$I = \Sigma U_\text{F} / \Sigma H_\text{F} \tag{3.1}$$

式中　I——理想化水平；

ΣU_F——有用功能之和；

ΣH_F——有害功能之和。

从理想化水平衡量公式可知：技术系统的理想化水平与有用功能之和成正比，与有害功能之和成反比。理想化水平越高，产品的竞争能力越强。创新中以理想化水平增加的方向作为设计的目标。

4）理想化的方法

TRIZ 理论中的系统理想化按照理想化涉及的范围大小，分为部分理想化和全部理想化两种方法。技术系统创新设计中，首先考虑部分理想化，当所有的部分理想化尝试失败后，才考虑系统的全部理想化。

（1）部分理想化

部分理想化是指在选定的原理上，考虑通过各种不同的实现方式使系统理想化，部分理想化是创新设计中最常用的理想化方法，贯穿于整个设计过程中。部分理想化常用到以下 6 种模式。

① 加强有用功能。通过优化提升系统参数、应用高一级进化形态的材料和零部件、给系统引入调节装置或反馈系统，让系统向更高级进化，获得有用功能作用的加强。

② 降低有害功能。通过对有害功能的预防、减少或消除，降低能量的损失、浪费等，或采用更便宜的材料、标准件等。

③ 功能通用化。应用多功能技术增加有用功能的数量。功能通用化后，系统获得理想化提升。

④ 增加集成度。集成有害功能，使其不再有害或有害性降低，甚至变害为利，以减少有害功能的数量，节约资源。

⑤ 个别功能专用化。功能分解：划分功能的主次，突出主要功能，将次要功能分解出去。比如，近年来专用制造划分越来越细，元器件、零部件交给专业厂家生产，汽车厂家只进行开发设计和组装。

⑥ 增加柔性。系统柔性的增加，可提高其适用范围，有效降低系统对资源的消耗和空间的占用。比如，以柔性设备为主的生产线越来越多，以适应当前市场变化和个性化定制的需求。

（2）全部理想化

全部理想化是指对同一功能，通过选择不同的原理使系统理想化。全部理想化是在部分理想化尝试无效后才考虑使用的。全部理想化主要有以下 4 种模式。

① 功能的剪切。在不影响主要功能的条件下，剪切系统中存在的中性功能及辅助的功能，让系统简单化。

② 系统的剪切。如果能够通过利用内部和外部可用的或免费的资源来省掉辅助子系统，则能够大大降低系统的成本。

③ 原理的改变。为简化系统或使得过程更加方便，如果通过改变已有系统的工作原理可达到目的，则改变系统的原理，获得全新的系统。

④ 系统换代。依据产品进化法则，当系统进入第 4 个阶段——衰退期，需要考虑用下一代产品来替代当前产品，完成更新换代。

5) 最终理想解的确定

最终理想解有 4 个特点：保持了原系统的优点；消除了原系统的不足；没有使系统变得更复杂；没有引入新的缺陷。

当确定了待设计产品或系统的最终理想解之后，可用这 4 个特点检查其有无不符合之处，并进行系统优化，直至确认达到或接近 IFR 为止。

最终理想解确定的步骤如下。

① 确定设计的最终目的是什么。

② 确定理想解是什么。

③ 确定达到理想解的障碍是什么。

④ 确定出现这种障碍的结果是什么。

⑤ 确定不出现这种障碍的条件是什么，以及创造这些条件存在的可用资源是什么。

【案例 3-1】 某农场主有一大片农场，放养大量的兔子。兔子需要吃到新鲜的青草，农场主不希望兔子走得太远而照看不到。现在的难题是，农场主不愿意也不可能花费大量的资源割草运回来喂兔子。这难题如何解决？

应用上面的 5 个步骤，分析并提出最终理想解。

① 设计的最终目的是什么？兔子能够吃到新鲜的青草。

② 理想解是什么？兔子永远自己吃到青草。

③ 达到理想解的障碍是什么？为防止兔子走得太远而照看不到，农场主用笼子养兔子，这样，放兔子的笼子不能移动。

④ 出现这种障碍的结果是什么？由于笼子不能移动，可被兔子吃到的笼下草地面积有限，短时间内草被吃光了。

⑤ 不出现这种障碍的条件是什么？创造这些条件存在的可用资源是什么？当兔子吃光笼子下的青草时，笼子移动到另一块有青草的草地上；可用资源是兔子。

解决方案：给笼子装上轮子，兔子自己推着笼子移动，去不断地获得青草。

3.2.3 九屏幕法

九屏幕法（多屏操作）是系统思维的方法之一，是 TRIZ 理论用于系统分析的重要工具，可以很好地帮助使用者进行超常规思维，克服思维惯性，被阿奇舒勒称为"天才思维九屏图"。

九屏幕法能够帮助人们从结构、时间以及因果关系等多维度对问题进行全面、系统的分析，使用该方法分析和解决问题时，不仅要考虑当前系统，还要考虑它的超系统和子系统；不仅要考虑当前系统的过去和未来，还要考虑超系统和子系统的过去和未来。简单地说，九屏幕法就是以空间为纵轴，来考察"当前系统"及其"组成（子系统）"和"系统的环境与归属（超系统）"；以时间为横轴，来考察上述 3 种状态的"过去""现在"和"未来"。这样就构成了被考察系统的至少有 9 个屏幕的图解模型，如图 3.4 所示。

当前系统是指正在发生当前问题的系统（或指当前正在普遍应用的系统）。当前系统的子系统是构成技术系统的低层次系统，任何技术系统都包含一个或多个子系统。底层的子系统在上级系统的约束下起作用，底层的子系统一旦发生改变，就会引起上级系统的改变。当前系统的超系统是指技术系统之外的高层次系统。

当前系统的过去是指当前问题之前该系统的状况，包括系统之前运行的状况、其生命周

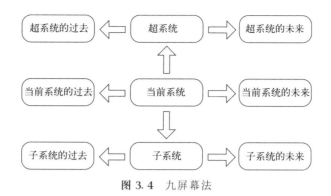

图 3.4 九屏幕法

期各阶段的情况等。通过对过去事情的分析,来找到当前问题的解决办法,以及如何防止问题发生或减少当前问题的有害作用。

当前系统的未来是指发现当前系统有这样的问题之后该系统将来可能存在的状况,根据将来的状况,寻找当前问题的解决办法或者减少、消除其有害作用。

当前系统的"超系统的过去"和"超系统的未来"是指分析问题发生之前和之后超系统的状况,并分析如何改变这些状况来防止或减弱问题的有害作用。

当前系统的"子系统的过去"和"子系统的未来"是指分析问题发生之前和之后子系统的状况,并分析如何改变这些状况来防止或减弱问题的有害作用。如图 3.5 所示,九屏幕法的操作按下列步骤进行:

	过去	现在	未来
超系统		3	
系统	4	1	5
子系统		2	

图 3.5 九屏幕法操作步骤示意图

① 画出三横三纵的表格,将要研究的技术系统填入格 1;
② 考虑技术系统的子系统和超系统,分别填入格 2 和 3;
③ 考虑技术系统的过去和未来,分别填入格 4 和 5;
④ 考虑超系统和子系统的过去和未来,填入剩下格中;
⑤ 针对每个格子,考虑可用的各种类型资源;
⑥ 利用资源规律,选择要解决的技术问题。

【案例 3-2】 应用九屏幕法分析汽车系统。
汽车系统的九屏幕图如图 3.6 所示。

【案例 3-3】 应用九屏幕法分析白炽灯系统。
白炽灯系统的九屏幕图如图 3.7 所示。

九屏幕法突破原有思维的惯性,从时间和系统两个维度看问题,根据现有资源,发现新的思路和解决办法。但值得注意的是,九屏幕法只是一种分析问题的手段,并非一种解决问题的手段。它体现了更好地理解问题的思维方法,确定了解决问题的新途径。

另外,各个屏幕显示的信息并不一定都能引出解决问题的新方法。如果实在找不出来,

第 3 章 TRIZ 理论及其应用 | 45

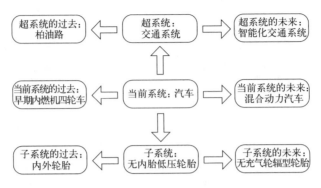

图 3.6　汽车系统九屏幕图

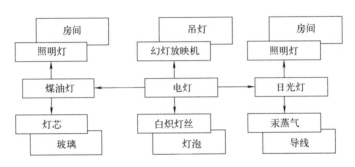

图 3.7　白炽灯系统的九屏幕图

就暂时空着，但对每个屏幕的问题都进行综合的总体把握，这对将来解决问题都是有益的。练习九屏幕思维方式可以锻炼人们的创造能力和在系统水平上解决问题的能力。

为了更好地应用九屏幕法，可以在上述系统的基础上进行改进，不仅考虑当前系统，也可以同时考虑当前系统的反系统、反系统的过去和将来、反系统的超系统和子系统及它们的过去和将来。如图 3.8 所示，当有 9 个以上的屏幕时，会对问题有更深入的理解。反系统可以理解为一个功能与原先的技术系统刚好相反的技术系统。例如，为了改进铅笔的特性，不仅需要考察铅笔的九屏幕方案，而且还要考察橡皮的九屏幕方案，如图 3.9 所示。用这种方法获得的信息有助于找出十分有效的解决方案。

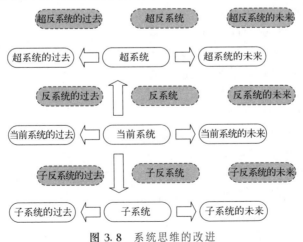

图 3.8　系统思维的改进

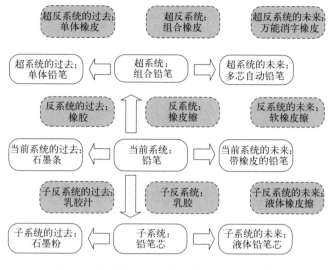

图 3.9　铅笔及其反系统（橡皮）的九屏幕图

3.2.4　小矮人模型法

应用 TRIZ 理论于自身发展的一个例子就是小矮人模型法。阿奇舒勒注意到西涅科金克·戈尔顿的移情方法（把自己比作变化的客体）存在的矛盾：优点是包括了用于促进想象力的幻想、感官，而缺点是对一些经常遇到的分解客体，如分割、溶解、卷曲、爆破、冷凝、压缩、加热等的转换，该方法存在原则上的局限性。所以移情既应该存在，也不该存在。理想的解决方案是复制原理，让这个作用被模型化，但不是由发明者本人，而是由具备某种条件的模型——小人来模型化，而且，最好用任何数量和任何出乎意料的幻想性能的"小人"群来模型化。

在一些创造性地解决问题的方法中，有很多都是基于"小人"法。在麦克斯韦思维实验中，需要从一个含有气体的容器中，把高能气体部分传送到另一个容器中。麦克斯韦创意地用一个带有"小门"的管子把两个容器连接起来，在高能快速气体来临时"小门"打开，而在低速气体来临时把门关闭。

创新科学家通过总结科学家们的研究经验，说明了在发现和发明过程中偶然性的作用，而通过麦克斯韦实验则可见想象力的重要性。同时，阿奇舒勒把这些事实转化成方法，并给他起了一个名字：小矮人模型法。许多年以前，人们用情感上比较中性化的词"小矮人"代替"小人"一词。在下面关于"小矮人"的概念中，他们会完成我们想象的任何任务，能够积极工作，类似于象棋子或漫画中的人物。

我们所说的是在一定条件下的"小矮人"，而不是分子或者微生物。问题在于，为了思维模型化，需要能够"看见"和"理解"的小粒子，并让它们能够集体行动！应用小矮人模型，发明家同样使用移情方法，但不是本人，而是小矮人替他做这件事情。而发明家仿佛是木偶的操作者或者漫画家，控制这些小矮人，并亲自观察它们行动。这样做没有移情缺点的存在，却保留了移情的优点。小矮人模型建立的步骤列于表 3.2 中。

表 3.2 小矮人模型建立的步骤

步骤	思维活动
1	在物体中划分出不能完成的非兼容的要求解决的部分,假设用许多小矮人表示这部分
2	根据情况把小矮人分成若干组。在这步需要描绘现有的或者曾经有过的情况
3	分析原始情况和重建(物体)模型,使模型符合所需的理想功能,并且使原始的矛盾被消除。在这步需要描绘出应有情况
4	转向实际应用的技术解释和寻找实施手段

【案例 3-4】 适应性抛光轮问题：使用普通抛光轮很难抛光复杂形状表面,因为当轮的厚度较大时,圆柱不能进入制品的窄缝中,而当轮的厚度较小时,抛光的效率下降。如何解决这一问题呢？

应用小矮人模型,可以描述如下。

第一步：假设抛光轮由两部分组成,其中一部分与制成品密切接触,应该有所变化,而另一部分不需要变化［见图3.10（a）］。

第二步：画出许多小矮人,代替希望改变［见图3.10（b）］轮的圆柱形表面,而且让小矮人自己抛光零件,而让其他小矮人把住这些抛光的小矮人。

第三步：给出一个复杂形状表面的零件,当抛光轮旋转时,小矮人压向零件,但只限于在与轮相接触的位置上。当与零件脱离接触后,小矮人集合成组,使轮获得旋转体的习惯形状。一切符合最大理想功能模型,抛光轮自动获得零件形状。

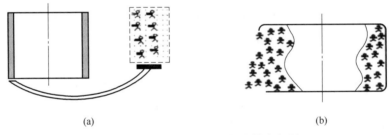

图 3.10 应用小矮人模型解决抛光问题

第四步：明确抛光轮应该这样设计,使它的外部工作部分动力化,并能够适应零件表面形状。

第一种实现的技术：轮的外部由许多薄片组成。但是结构太复杂,而且会存在薄片的均匀磨损,得不到我们所需要的结果。

第二种实现的技术：抛光轮外表面由磁性抛光粉组成动力部分,而轮中心作为磁体。这时磁性抛光微粒将像小矮人一样是移动的,能适应零件的所有形状,并且磁性抛光微粒是坚硬的、独立的抛光部分。轮旋转时,非工作区段微粒根据抑制微粒内部磁场结构快速分布。

小矮人模型抑制了与形象概念和事物理解相关的惰性。所以,非常重要的是所画物体要足够大,使物体中模型化的力用一群小矮人表现出来,这些小矮人不是小画面的拥挤线条,而是活生生的理想形象。

3.2.5 STC 算子方法

STC算子方法就是通过对一个系统自身不同特性单独考虑,来进行创新思维的方法。S（size）表示尺寸,T（time）表示时间,C（cost）表示成本,STC字面的意思是单独考虑尺寸、时间、成本中的一个因素,而不考虑其他的两个因素。引申的意思就是一个产品由诸多因素组成,单一考虑相应因素,而不是统一考虑。

STC 算子方法是一种让我们的思维进行有规律的、多维度发散的方法。它比一般的发散思维和头脑风暴法能更快地帮我们得到想要的结果。

【案例 3-5】 摘苹果问题。使用活梯来采摘苹果是常规方法,但劳动量相当大。如何更加方便快捷地摘苹果呢?

为了解决这个问题,我们使用 STC 算子方法,在尺寸、时间和成本这三个角度上来考虑问题,做了 6 个思维的尝试,如图 3.11 所示。

尝试 1:让我们假设苹果树的尺寸趋于零高度。在这种情况下是不需要活梯的。那么其中一种解决方案就是种植低矮的苹果树。

尝试 2:让我们假设苹果树的尺寸趋于无穷高,在折中情况下,可以建造通向苹果树顶部的道路和桥梁。将这种方法转移到常规尺寸

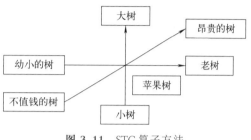

图 3.11 STC 算子方法

的苹果树上,我们就可以得出一个解决方案:将苹果树的树冠变成可以用来够到苹果的形状(比如带有梯子),这样就可以代替活梯。

尝试 3:让我们来假设收获的成本费用必须是不花钱(为零)。那么最廉价的收获方法就是摇晃苹果树。

尝试 4:如果收获的成本费用可以无穷大,没有任何限制,我们就可以使用昂贵的设备。这种情况下的解决方案就是可以发明一台带有电子视觉系统和机械手控制器的智能型摘果机。

尝试 5:如果收获的时间趋于零,则必须保证苹果在同一时间落地。这是可以实现的,如借助于轻微爆破或压缩空气喷射。

尝试 6:让我们来假设收获的时间没有任何限制,在这种情况下,我们没有必要采摘苹果,任由苹果自由落地而无损坏就好了。具体的方案可以是:在果树下铺设草坪或松软的土层,防止苹果落下时摔伤,同时可以让果园的地面具有一定的倾斜角度,足以使苹果在地面滚动至某一位置,然后集中。

透过不同的角度看待问题,有助于我们突破思维习惯的束缚,让许多看似很难、无从下手的问题变得简便。

3.2.6 金鱼法

金鱼法又叫情境幻想分析法。金鱼法源自普希金的童话故事《渔夫和金鱼》,故事中描述了渔夫老伴的愿望通过金鱼变成了现实。这映射到 TRIZ 创新思维法——金鱼法中,则是指从幻想式解决构想中区分现实和幻想的部分,然后再从解决构想的幻想部分分出现实与幻想两部分。通过这样不断地反复进行划分,直到确定问题的解决构想能够实现为止。

金鱼法思维流程为:① 幻想情境 1-现实部分 1=幻想情境 2。②得到了剩余的幻想部分——幻想情境 2,幻想情境 2 中还有没有现实的部分?③幻想情境 2-现实部分 2=幻想情境 3。④得到了幻想情境 3,那么同样一直往下推论,到找不出现实的东西为止。这样就可以集中精力解决幻想部分,只要这个幻想部分解决,整个问题也就迎刃而解。

金鱼法的解题步骤为:①将问题分成现实和幻想两部分。②问题 1:幻想为什么不现

实？③问题2：在什么条件下，幻想部分可变为现实？④列出子系统、系统、超系统的可利用资源。⑤从可利用资源出发，提出可能的构想方案。⑥对于构想中的不现实方案，再次回到第一步，重复。

【案例3-6】 一种可以在雪地和公路上骑行的自行车的设计问题。雪地自行车只能在雪地骑行；普通自行车只能在公路上骑行，而在厚厚的雪地上则会寸步难行。如何将公路自行车与雪地自行车的功能融合为一体，提供一种简易轻巧的两用自行车呢？

步骤1：将问题分为现实和幻想两部分。现实部分：已有公路自行车和雪地自行车；幻想部分：公路自行车在短时间内可以改为雪地自行车。

步骤2：幻想部分为什么不能成为现实？公路自行车有两个轮子，不适合在雪地中骑行；雪地自行车有一个轮子和一个滑板，不适合在公路上行走。

步骤3：在什么情况下，幻想部分可以变为现实？自行车既有轮子又有滑板；在公路上用轮子；在雪地上用滑板；自行车的轮子与滑板装卸方便。

步骤4：列出所有可利用的资源。超系统：公路、雪地、城市街道、乡村小路；系统：公路自行车与雪地自行车（体积、形状、重量、材质）；子系统：螺钉、螺母、轮胎、雪扒（一种类似雪铲的工具）、滑板、履带、支架。

步骤5：利用已有资源，基于之前的构想考虑可能的方案。方案1：滑雪板由硬塑料板改造，雪扒可由铁片、螺钉、螺母制成。雪地骑行时将滑雪板和雪扒安装上，公路骑行时卸下。此方案拆卸方便，适合所有普通自行车的改装。方案2：雪地骑行时将前轮去掉，换成滑雪板，后轮同方案1。此方案涉及轮子的拆卸，比较麻烦。最终方案确定为方案1。

这个案例展示了金鱼法的创造性问题分析原理：它首先从幻想式构想中分离出现实部分，对于不现实部分，通过引入其他资源，一些想法由不现实变为现实，然后继续对不现实部分进行分析，直到全部变为现实。

3.2.7 资源分析法

机械产品创新设计需要充分利用各种资源，TRIZ理论资源分析法是有效开发和利用资源的重要手段。

TRIZ理论解决问题的实质就是对资源的合理利用。任何系统，只要没有达到最终理想解，就应该具有可用的资源使得系统理想化。TRIZ理论要求问题解决者在解决问题时要详细全面地列出系统设计的所有资源，并加以合理利用。

1) 资源的概念与分类

(1) 资源的概念

资源是指系统及其环境中的各种要素，能反映诸如系统作用、功能、组分、组分间的联系结构、信息能量流、物质、形态、空间分布、功能的时间参数、效能以及其他有关功能质量的个别参数。

从技术创新的角度讲，资源是可获得的，但是又是闲置的及（通常是）不可见的物质、能量、性能等在系统中能够用来解决问题的东西。

资源分析就是要寻找并确定各种资源，使这些资源与系统中的元件组合来改善系统的性能，生成通往最终理想解的定向转换。

(2) 资源的分类

设计中的产品是一个系统，任何系统都是超系统中的一部分，超系统又是自然的一部分。系统在特定的空间与时间中存在，要由物质构成，要应用场来完成某种特定的功能。按照自然、空间、时间、系统、物质、能量、信息和功能等，将资源分为七类，分别为物质资源、能量/场资源、信息资源、空间资源、时间资源、功能资源、系统资源，见表 3.3。

表 3.3 资源的分类

类型	定义	实例
物质资源	任何用于有用功能的物质	瓦斯发电、北方冰雪艺术品
能量/场资源	系统自身存在的或能够产生的场或能量流	热电联产、潮汐发电、指南针
信息资源	系统自身存在的或能够产生的信号	加工中心正在加工中的零件的误差用于在线实时补偿
空间资源	位置、次序、系统本身及其超系统	立体车库、高架桥
时间资源	系统启动前、工作后、两个循环之间的时间	采煤机采煤和装运煤同步进行
功能资源	系统或环境能够实现辅助功能的资源	铅笔用于导电线
系统资源	当改变子系统之间的连接、超系统引进新的独立技术时，所获得的有用功能或新技术	连续采煤机将采煤机和装载机的功能结合

资源还可分为内部与外部资源。内部资源是在矛盾发生的时间、区域内存在的资源。外部资源是在矛盾发生的时间、区域外部存在的资源。内部与外部资源又可分为现成资源、派生资源及差动资源三类。

① 现成资源。现成资源是指在当前存在状态下可被应用的资源。如物质、场（能量）、空间和时间资源都是可被多数系统直接应用的现成资源。物质资源：煤可用作燃料；能量资源：汽车发动机既驱动后轮或前轮，又驱动液压泵，使液压系统工作；场资源：地球上的重力场及电磁场；信息资源：汽车运行时发动机排出的废气用于评价发动机的性能。

② 派生资源。通过某种变换，使不能利用的资源成为可利用的资源，这种可利用的资源为派生资源。原材料、废弃物、空气、水等经过处理或变换都可在设计的产品中采用，而变成有用资源。在变成有用资源的过程中，一般需要经物理状态的变化或化学反应。

派生物质资源：对可直接应用的资源如物质或原材料变换或施加作用所得到的物质。

派生能量/场资源：通过对可直接应用的能量/场资源做变化或改变其作用的强度、方向及其他特性所得到的能量/场资源。

派生信息资源：利用各种物理及化学效应将难以接收或处理的信息改造为有用的信息。

派生空间资源：由于几何形状或效应的变化而得到的额外空间。

派生时间资源：由于加速、减速或中断而获得的时间间隔。

派生功能资源：经过合理变化后，系统完成辅助功能的能力。

③ 差动资源。通常，物质与场的不同特性是一种可用于某种技术的资源，这种资源称为差动资源。差动资源分为差动物质资源及差动场资源两类。

a. 差动物质资源：

（a）结构各向异性。各向异性是指物质在不同的方向上物理性能不同。这种特性有时是设计中实现某种功能的需要。物质特性主要包括：光学特性、电特性、声学特性、力学特性、化学性能和几何性能等。例如，光学特性：金刚石只有沿对称面做出的小平面才能显示出其亮度。电特性：石英板只有当其晶体沿某一方向被切断时，才具有电致伸缩的性能。声学特性：一个零件内部由于其结构有所不同，表现出不同的声学性能，使超声探伤成为可能。力学特性：劈木柴时一般是沿最省力的方向劈。化学性能：晶体的腐蚀往往在有缺陷的点处首先发生。

（b）不同的材料特性。不同的材料特性可在设计中用于实现有用功能。例如，对合金碎片的混合物可通过逐步加热到不同合金的居里点，之后用磁性分拣的方法将不同的合金分开。

b. 差动场资源。场在系统中的不均匀可以在设计中实现某些新的功能。

（a）场梯度的利用：在烟囱的帮助下，地球表面与300m高空中的压力差使炉子中的空气流动。

（b）空间不均匀场的利用：为了改善工作条件，工作地点应处于声场强度低的位置。

（c）场的值与标准值的偏差的利用：病人的脉搏与正常人不同，医生通过对这种不同的分析为病人看病。

2）资源的寻找与利用

（1）资源的寻找

可以利用图3.12所示的资源寻找路径寻找可用资源。

（2）资源的利用

设计过程中所用到的资源不一定明显，需要认真挖掘才能成为有用资源。通用的建议如下。

① 将所有的资源首先集中于最重要的动作或子系统。
② 合理地、有效地利用资源，避免资源损失、浪费等。
③ 将资源集中到特定的空间与时间。
④ 利用其他过程中损失的或浪费的资源。
⑤ 与其他子系统分享有用资源，动态地调节这些子系统。
⑥ 根据子系统隐含的功能，利用其他资源。
⑦ 对其他资源进行变换，使其成为有用资源。

不同类型资源的特殊性能帮助设计者克服资源的限制，主要资源类型如下。

类型1，空间资源：

① 选择最重要的子系统，将其他子系统放在空间不十分重要的位置上。
② 最大限度地利用闲置空间。
③ 利用相邻子系统的某些表面或表面的反面。
④ 利用空间中的某些点、线、面或体积。
⑤ 利用紧凑的几何形状，如螺旋线。
⑥ 利用暂时闲置的空间。

类型2，时间资源：

① 在最有价值的工作阶段，最大限度地利用时间。
② 使用过程连续，消除停顿、空行程。
③ 变换顺序动作为并行动作，以节省时间。

类型3，材料资源：

① 利用薄膜、粉末、蒸气，将少量物质扩大到一个较大的空间。
② 利用与子系统混合的环境中的材料。
③ 将环境中的材料，如水、空气等，转变成有用的材料。

类型4，能量资源：

① 尽可能提高核心部件的能量利用率。
② 限制利用成本高的能量，尽可能采用价格低廉的能量。
③ 利用最近的能量。
④ 利用附近系统浪费的能量。
⑤ 利用环境提供的能量。

设计者应将精力集中于特定的子系统、工作区间、特定的空间与时间，在设计中认真考虑各种资源有助于开阔设计者的眼界，使其能跳出问题本身。

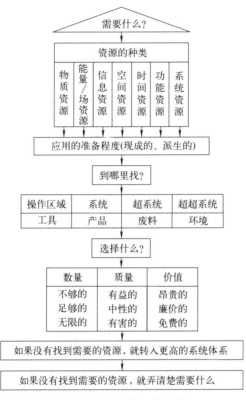

图 3.12 资源的寻找路径

3.3 技术系统进化法则

3.3.1 技术系统进化的 S-曲线

阿奇舒勒通过分析大量的发明专利，发现技术系统的进化和生物系统进化类似，都满足 S-曲线进化规律。S-曲线按时间描述了一个技术系统的完整生命周期，所以也可以认为是技术系统成熟度的预测曲线。一个技术系统的进化过程经历 4 个阶段：婴儿期、成长期、成熟期和衰退期。每个阶段会呈现出不同的特点。如图 3.13 所示，横轴代表时间，纵轴代表技术系统的某个重要的性能参数。TRIZ 理论从性能参数、专利等级、专利数量、经济收益 4 个方面描述技术系统在各个阶段所表现出来的特点，如图 3.14 所示，以帮助人们有效了解和判断一个产品或行业所处的阶段，从而制定有效的产品策略和企业发展战略。

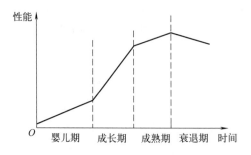

图 3.13 技术系统进化的 S-曲线

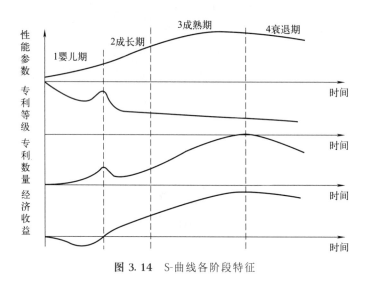

图 3.14 S-曲线各阶段特征

（1）婴儿期

当有一个新的需求，而且这个需求有意义时，一个新的技术系统就会诞生，系统就进入了第一阶段——婴儿期。处于婴儿期的技术系统尽管能够提供新的功能，但该阶段的系统明显处于初级，存在效率低、可靠性差或一些尚未解决的问题。人们对它的未来比较难以把握，而且风险大，只有少数眼光独到者才会进行投资，处于此阶段的系统所能获得的人力、物力上的投入非常有限。

处于婴儿期的系统所呈现的特征是性能的完善非常缓慢，此阶段产生的专利级别很高，但专利数量较少，系统在此阶段的经济收益为负。婴儿期的战略是：充分利用已有技术系统中的部件和资源；与已有的其他先进系统或部件相结合；重点解决阻碍产品进入市场的瓶颈问题。

（2）成长期

进入成长期的技术系统中原来存在的各种问题逐步得到解决，效率和产品可靠性得到较大程度的提升，其价值开始获得社会的广泛认可，发展潜力也开始显现，从而吸引了大量的人力、财力，大量资金的投入会使技术系统获得高速发展。

处于成长期的系统性能得到急速提升，此阶段产生的专利级别开始下降，但专利数量出现上升。系统在此阶段的经济收益快速上升并凸显出来，这时投资者会蜂拥而至，促进技术系统的快速完善。过渡期的战略是：将新产品推向市场，抢占先发优势并不断地拓宽产品的应用领域；不断对新产品进行改进，不断推出基于该核心技术的性能更好的产品，到成长期结束时要使其主要性能指标（性能参数、效率、可靠性等）基本达到最优，对产品的轻微优化可以显著地提高产品的价值；尽可能找到折中和降低劣势的解决方案。

（3）成熟期

在获得大量资源的情况下，系统从成长期会快速进入成熟期，这时技术系统已经趋于完善，所进行的大部分工作只是系统的局部改进和完善。

处于成熟期的系统性能水平达到最佳。这时仍会产生大量的专利，但专利级别会更低，甚至是垃圾专利。处于此阶段的产品已进入大批量生产，并获得巨额的财务收益，此时，需要知道系统将很快进入下一个阶段——衰退期，需要着手布局下一代的产品，制定相应的企业发展战略，以保证本代产品淡出市场时，有新的产品来承担起企业发展的重担。成熟期的战略是：近期和中期战略是降低成本、发展服务组件、提高美观设计；长期战略是产品或其组件通过转变工作原理来克服限制并解决矛盾；发展处于早期阶段的主要性能参数；简化产品，和其他产品或技术相结合。

（4）衰退期

成熟期后系统面临的是衰退期。此时技术系统已达到极限，不会再有新的突破，该系统因不再有需求的支撑而面临市场的淘汰。此阶段系统的性能参数、专利等级、专利数量、经济收益4个方面均呈现快速的下降趋势。衰退期的战略是：寻找新的仍有竞争力的领域，如体育、娱乐等；重点投入资金寻找、选择和研究能够进一步提高产品性能的替代技术；近期和中期战略是降低成本、发展服务组件、提高美观设计；长期战略是产品或其组件通过转变工作原理来克服限制并解决矛盾；深度裁剪，集成替代系统，集成向超系统转移的技术和产品。

当一个技术系统的进化完成4个阶段以后，必然会出现一个新的技术系统来替代它（比如图 3.15 中的系统B、C），如此不断地替代，就形成了 S-曲线跃迁，如图 3.15 所示。

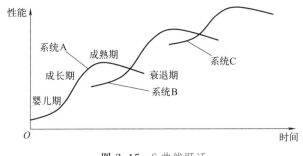

图 3.15 S-曲线跃迁

3.3.2 经典 TRIZ 的技术系统进化法则

技术系统的进化并非随机的，而是遵循着一定的客观进化模式。所有的技术都是向"最终理想解"进化的，系统进化的模式可以在过去的发明中发现，并可以应用于其他系统的开发。TRIZ 理论所具有的辩证思维，使人们可以在不确定的情况下有针对性地寻找解决发明问题的办法。

经典 TRIZ 理论确定的技术系统进化法则是：①系统完备性法则；②系统能量传递法则；③提高理想度法则；④子系统不均衡进化法则；⑤协调性法则；⑥动态性进化法则；⑦向微观级进化法则；⑧向超系统进化法则。

（1）系统完备性法则

为了实现系统功能，系统必须具备最基本的要素，各要素间又存在着不可割裂的联系，而系统具有单独要素所不具备的系统特性。

系统是为实现功能而建立的，履行功能是系统存在的目的。一个完整的系统包括四大基本要素，即动力装置、传动装置、执行装置和控制装置，如图 3.16 所示。这是系统存在的最低配置，缺一不可。它们的目标是使产品能够达到最理想的功能与状态。

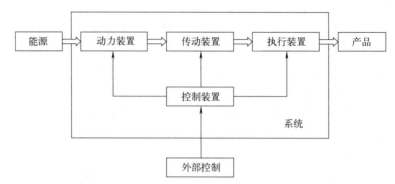

图 3.16　系统的基本要素

① 动力装置：从能量源获取能量，并将能量转换为系统所需要的形式的装置。

② 传动装置：将能量输送到执行装置的装置。

③ 执行装置：直接作用于产品的装置。TRIZ 理论中划分了两个概念："产品"和"工具"。产品，是指系统完成其功能的产物，也称"工件"或"对象"；工具，是指系统直接作用于产品的部分，即执行装置。因此，"工具"与"产品"间相互作用的效率直接影响系统的工作效率。

④ 控制装置：协调和控制系统其他要素的装置。完全自动的系统是不存在的，需要利用系统外部的控制来指挥系统内部的控制装置。

系统的各部分间存在着物质、能量、信息和职能的联系。技术系统从能量源获得能量，并将能量转换，传递到需要能量的部件，作用到对象上，即"能源—动力装置—传动装置—执行装置—产品"的工作路线。控制装置改变系统中的能量流，加强或减弱某个要素，从而协调整个系统。系统如果缺少其中的任一部件，都不能成为一个完整的技术系统；如果系统中的任一部件失效，将导致整个技术系统崩溃；技术系统存在的必要条件是基本要素都存在，并具有最基本的工作能力。

完备性法则有助于确定实现所需技术功能的方法并节约资源，利用它可以对效率低下的技术系统进行简化。

（2）系统能量传递法则

技术系统要实现其功能，必须保证能量能够贯穿系统的所有部分。每个技术系统都是一个能量传递系统，将能量从动力装置经传动装置传递到执行装置。为了实现技术系统的某一部分可控性，必须保证该部分与控制装置之间的能量传导。

技术系统能量传递法则主要表现在两个方面：

① 能量能够从能量源流向技术系统的所有元件。如果技术系统中某个零件不能接收能量，就会影响其发挥作用，整个技术系统就不能执行其有用功能或者有用功能的发挥大打折扣。

② 技术系统的进化应该沿着使能量流动路径缩短的方向发展，以减少能量损失。

掌握"系统能量传递法则"，有助于减少技术系统的能量损失，保证其在特定阶段提供最大的效率。

（3）提高理想度法则

理想化是推动系统进化的主要动力。技术系统向最终理想解的方向进化，趋向更加简单、可靠、有效。TRIZ 理论中最理想的技术系统是：不存在物理实体，也不消耗任何资源，但是却能够实现所有必要的功能。

提高理想度法则是技术系统进化法则的核心，代表着所有技术系统进化法则的最终方向。TRIZ 中理想化的应用包含：理想机器、理想方法、理想过程、理想物质和理想系统等。

技术系统的提高理想度法则包含四方面含义：

① 一个系统在实现功能的同时，必然有两方面的作用，即有益作用和有害作用；

② 理想度是指有益作用和有害作用的比值；

③ 系统改进的一般方向是最大化理想度；

④ 在建立和选择发明解法的同时，需要努力提升理想度水平。

提高系统理想度有三个基本方向：提高有益参数；降低有害参数；提高有益参数的同时降低有害参数。对于复杂系统，理想度的提高依赖于两个相反的过程——展开和收缩。展开即是通过使系统复杂化来提升所执行功能的数量和品质；收缩即是在对系统进行相对简化的同时，提升（保持）所执行功能的数量和品质。

（4）子系统不均衡进化法则

技术系统由多个实现各自功能的子系统（元件）组成，每个子系统以不同的速率进化，因此产生子系统进化不均衡现象。系统越复杂，其各部分的发展就越不均衡，主要表现在：

① 每个子系统都是沿着自己的 S-曲线进化的；

② 不同的子系统将依据自己的时间进度进化；

③ 不同的子系统在不同的时间点到达自己的极限，这将导致子系统间的矛盾出现；

④ 系统中最先达到其极限的子系统将抑制整个系统的进化，系统的进化水平取决于该子系统；

⑤ 需要考虑系统的持续改进来消除矛盾。

通常设计人员容易犯的错误是花费精力专注于系统中已经比较理想的重要子系统，而忽略了"木桶效应"中的短板，结果导致系统的发展缓慢。子系统不均衡进化法则，可以帮助人们及时发现并改进系统中最不理想的子系统，从而实现整个技术系统的进化。

（5）协调性法则

在技术系统的进化过程中，子系统的匹配和不匹配交替出现，以改善性能或补偿不足。技术系统的进化是朝着各子系统之间，以及技术系统和其超系统之间更协调的方向发展。

① 协调。系统的各子系统有节奏的协调，是保持技术系统基本生命力的必要条件。技术系统的协调类型包括：结构上的协调、节奏（频率）上的协调、性能参数的协调以及材料的协调。

a. 结构上的协调。技术系统发展过程中，为了优化功能，系统各部分之间以及系统与同其相互作用的客体之间的结构应相互协调。结构上，同一性协调体现在系统与其相互作用的客体具有相同形式的结构及结构的标准化；补充性协调体现在系统可以对其他客体进行补充以达到一定外形的结构；互补性协调体现在系统可以与其作用的客体很好地结合起来的结构；保证特殊种类的相互作用体现在系统的获得取决于与其作用的客体的性能和行动特点，允许其保证特殊种类相互作用的结构。

b. 节奏（频率）上的协调。技术系统发展过程中，系统工作节奏（频率）和与其相互作用的客体的工作节奏（频率）、性能应相互协调。节奏（频率）上，同一性协调体现在系统和其他客体以共同节拍活动；互补性协调体现在系统在其他客体活动间歇时间活动；保证特殊种类的相互作用体现在系统的获得取决于与其作用的客体的性能和行动特点，允许其保证特殊种类相互作用的节律。

c. 性能参数的协调。技术系统发展过程中，技术系统各部分之间以及技术系统与其超系统之间性能参数相互协调。性能参数上，同一性协调体现在系统各部分之间以及与其子系统之间的同一类型性能参数的协调，参数不一定相等，但它们的值应该协调一致；非同一性协调体现在系统各部分之间以及与其子系统之间的各种类型参数的协调；内部协调体现在技术系统发展过程中自身参数的协调；外部协调体现在技术系统发展过程中系统参数与其他客体参数的协调；直接协调体现在系统参数与其作用客体参数的协调；相对协调体现在系统与不和系统发生相互作用的客体的参数协调。

d. 材料的协调。技术系统发展过程中，系统各部分之间以及技术系统与其超系统之间发生材料协调。材料的协调主要分为：同一性协调、相同性协调、惰性协调、移动性协调、对立性协调。同一性协调体现在系统或其部分可以用与其作用的客体材料生产；相同性协调体现在系统可以用具有其他系统特性的材料生产系统或其部分；惰性协调体现在系统可以用与其相互作用的客体呈惰性的材料生产系统或其部分；移动性协调体现在系统可以用具有其他客体特性，但这些特性具有其他意义的材料生产系统或其部分；对立性协调体现在系统可以用具备与其他客体特征呈对立性特性的物质生产系统或其部分。协调作用体现在系统对其他被开始使用材料的客体的协调作用。

② 失调。在系统进化中协调的下一个阶段，为改善性能或补偿不足，参数发生有针对性的变化，开始出现失调，协调-失调会交替出现，形成动态的协调-失调。提高系统协调性的机制就是提高动态性。

技术系统的失调类型包括：被动失调、专业失调和动态协调-失调。

① 被动失调是指因系统中的一个子系统结构未按期完成任务（或环境、超系统要求发生变化）而失调。

② 专业失调是指为保障取得好的效益而有意识地失调。

③ 动态协调-失调是系统循环进化中的最后阶段，此时系统参数发生可控（自控）变化，以根据工作条件获得最佳值。

（6）动态性进化法则

技术系统的进化是朝着结构柔性、可移动性和可控性方向发展，这就是动态性进化法则。动态性进化法则主要包括：

① 向结构动态化方向进化。技术系统应该朝着结构动态化的方向进化。将整体系统的结构划分为多个工作区域，不同的区域赋予不同的性能，必要时，相互作用重新转向需要的区域。

② 向移动性增强的方向进化。技术系统应该朝着系统整体可移动性增强的方向进化。系统沿着固定的不可移动→部分可移动→整体可移动的路线发展。

③ 向增加自由度的方向进化。技术系统应该朝着系统的自由度增加的方向发展，使系统柔性化。系统沿着刚体→单铰链→多铰链→柔性体→气体/液体→场的路线发展。

④ 系统功能的动态变化。技术系统应该朝着系统功能在数量以及作用客体等方面动态变化的方向进化。

⑤ 向提高可控性的方向进化。技术系统应该朝着系统整体可控性增强的方向进化。系统沿着直接控制→间接控制→反馈控制→自我控制的路线发展。

(7) 向微观级进化法则

技术系统及其子系统在进化发展过程中向着减小原件尺寸的方向发展，技术系统向微观级进化的进化路线包括：

① 规模微观化，即元件从最初的尺寸向原子、基本粒子的尺寸进化，同时能更好地实现系统的功能。

② 增加离散度，通过改变物质的关联性，使物质的分散程度加大，体现在向多孔毛细管物质转变和加大物质中空程度。

③ 引入孔洞，通过引入其他材料或孔洞到单块物体中，然后将孔洞分割成几个部分，孔洞数目增多，重量就会减轻，并且催化物质和场可以引入到孔中，可以提高系统的元件占用空间有效利用率，减轻系统重量并降低成本等。

(8) 向超系统进化法则

当一个系统自身发展到极限时，系统将与其他系统联合，向超系统进化，使原系统突破极限，向更高水平发展。向超系统进化法则是重要且被经常使用的法则，系统在向超系统进化过程中，系统参数的差异性、系统的主要功能、系统的联合深度以及联合系统的数量等均会逐渐增加。

① 系统参数的差异性逐渐增加。系统和与其主要功能相同的系统联合，以增强系统原有的功能；系统和与其功能互补的系统联合，以增加系统的功能；系统与可消除原系统中缺点的系统联合（这个系统没有能力完成主要功能，但能抑制原系统的缺点），以消除系统发展的障碍。沿着相同系统联合→同类差异系统联合→同类竞争系统联合的路线发展。

② 系统的主要功能逐渐增加。有用功能作用客体相近的系统、使用条件相近的系统、工艺流程相近的系统、可以相互利用资源的系统，以及具有相反功能的系统联合组成超系统，使联合系统比原系统具备更多的功能。沿着竞争系统→关联系统→不同系统→相反系统的路线发展。

③ 系统的联合深度逐渐增加。系统的联合深度由零联系向物理联系、逻辑联系逐渐增加，将系统的功能逐渐渗透、转移到超系统中。沿着无连接→有连接→局部简化→完全简化的路线发展。

④ 联合系统的数量逐渐增加。在系统的发展过程中，有的物体不能有效地完成所需的功能，这时就要引入一个或多个物体到系统中。系统沿着单系统→双系统→多系统的路线发展。

3.3.3 技术系统进化法则的应用

技术系统进化法则可以应用到以下几个方面。

(1) 产生市场需求

产品需求的传统获得方法一般是市场调查，调查人员基本聚焦于现有产品和用户的需求，缺乏对产品未来趋势的有效把握，所以问卷的设计和调查对象的确定在范围上非常有限，导致市场调查所获取的结果往往比较主观、不完善。调查分析获得的结论对新产品市场定位的参考意义不足，甚至出现错误的导向。

TRIZ的技术系统进化法则是通过对大量的专利研究得出的，具有客观性的跨行业领域的普适性。技术系统的进化法则可以帮助市场调查人员和设计人员依据进化趋势确定产品的进化路径，引导用户提出基于未来的需求，实现市场需求的创新，从而立足于未来，抢占领先位置，成为行业的引领者。

（2）定性技术预测

技术进化理论不仅能预测技术的发展，而且还能展现预测结果实现的产品可能结构状态，使产品开发具有可预见性，可引导设计者尽快发现新的核心技术，提高产品创新的成功率并缩短发明周期。

针对目前的产品，技术系统的进化法则可为研发部门提出预测。

① 对处于婴儿期和成长期的产品，在结构、参数上进行优化，促使其尽快成熟，为企业带来利润。同时，也应尽快申请专利进行产权保护，以使企业在今后的市场竞争中处于有利的位置。

② 对处于成熟期或衰退期的产品，避免进行改进设计的投入或进入该产品领域，同时应关注开发新的核心技术以替代已有的技术，推出新一代的产品，保持企业的持续发展。

③ 明确符合进化趋势的技术发展方向，避免错误的投入。

④ 定位系统中最需要改进的子系统，以提高整个产品的水平。

⑤ 跨越现系统，从超系统的角度定位产品可能的进化模式。

应用技术系统进化法则进行技术预测的一般步骤为：

① 分析当前系统，确定系统在生命周期 S-曲线中的位置；

② 根据分析结果，作出相应的决策，改进现有系统或者开发新一代系统；

③ 应用系统进化规律预测系统的发展方向，通过解决相关冲突，实现系统的改进或更新。

（3）产生新技术

产品进化过程中，虽然产品的基本功能基本维持不变或略有增加，但其他的功能需求和实现形式一直处于持续的进化和变化中，尤其是一些令顾客喜悦的功能变化得非常快。因此，按照进化理论，可以对当前产品进行分析，以找出更合理的功能实现结构，帮助设计人员完成对系统或子系统基于进化的设计。

（4）专利布局

技术专利首先可以对技术进行保护，同时也可以通过专利来获得高附加的收益。我国企业在走向国际化的道路上，几乎都遇到了国外同行在专利上的阻拦。技术系统的进化法则，可以有效确定未来的技术系统走势，对于当前还没有市场需求的技术，可以预先进行有效的专利布局，以保证企业未来的长久发展空间和专利发放所带来的可观收益。

（5）选择企业战略制定的时机

技术系统进化法则，尤其是 S-曲线对选择一个企业发展战略制定的时机具有积极的指导意义。企业也是一个技术系统，成功的企业战略能够将企业带入一个快速发展的时期，完成一次 S-曲线的完整发展过程。但是当这个战略进入成熟期以后，将面临后续的衰退期，所以企业面临的是下一个战略的制定。

3.4　40个发明原理

阿奇舒勒通过对大量发明专利进行研究发现，很多发明用到的技术是重复的，即发明问题的规律是可以在不同产业领域通用的，如果人们掌握这些规律，就可以使发明问题更具有可预见性,并能提高发明的效率、缩短发明的周期。为此,阿奇舒勒将发明中存在的共同规律归纳成 40 个发明原理。应用这 40 个发明原理,可以有意识地引导创新思维,使创新有规律可循,彻底改变创新靠灵感、靠顿悟、一般人难以做到的状况。

3.4.1　40 个发明原理的概念与案例

TRIZ 理论的 40 个发明原理及其案例分析如下。

原理 1:分离原理

分离原理也称分割原理,即将整体切分。有以下三方面的含义。

① 将物体分成相互独立的部分。

② 将物体分成容易组装和拆卸的部分。

③ 增加物体的分割程度。

案例:自行车、摩托车等的链条是由一个个链节相接而成的,每个链节都是可以取下来的,可以随时调节链的长度;电风扇的三片叶片是三个独立的个体,可方便拆卸和冬天存放;机械产品中尽量选用标准件,如滚动轴承、联轴器、离合器等,这些标准部件作为装配的单元被分离出来,易于组装、拆卸,并有利于提高互换性,如图 3.17 所示。

如图 3.18 所示为精密机械中用于消除齿轮啮合侧隙的齿轮结构。这种结构将原有齿轮沿齿宽方向分割成两个齿轮,两个齿轮通过弹簧连接并可以相对转动,径向通过销钉定位,由于弹簧产生的转矩,两个齿轮分别与相啮合的齿轮的不同齿侧啮合,消除了轮齿的啮合侧隙,并可以及时补偿由磨损造成的齿厚变化,始终保持无侧隙啮合,消除传动系统的空回。这种齿轮传动结构由于实际作用齿宽较小,承载能力较小,通常用于以传递运动为主的较精密的传动系统中。

(a) 滚动轴承

(b) 链式联轴器

图 3.17　标准件的分离结构

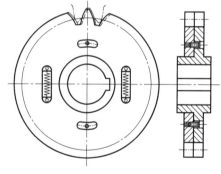

图 3.18　齿轮分割消除侧隙结构

原理 2:抽取原理

抽取原理也称提取原理,即将物体中有用或有害的部分抽取出来,进行相应的处理。有以下两方面的含义。

① 从物体中抽出产生负面影响的部分或属性。

案例:建筑中用隔音材料将噪声吸收或隔离,从而使噪声被分离出我们所处的环境。避雷针将雷电引入地下,减少其危害。空调的压缩机分离出来放在室外,减少噪声对工作和生活环境的干扰。真空压缩保鲜袋将容易引起食物腐败变质的空气抽取出来,延长实物保鲜期,如图 3.19 所示。

② 从物体中抽出必要的部分或属性。

案例：把彩喷打印机中的墨盒分离出来以便更换；用光纤或光波导分离主光源，以增加照明点；用滤波器提取出有效的波形；用红外热成像仪把温度特征提取出来，可侦察人、动物、物体等的行动和轨迹等，如图3.20所示。

图 3.19 真空压缩保鲜袋

图 3.20 红外热成像

原理3：局部质量原理

在物体的特定区域改变其特征，从而获得必要的特性。有以下三方面的含义。

① 从物体或外部介质（外部作用）的一致结构过渡到不一致结构。

② 物体的不同部分应当具有不同的功能。

③ 物体的每一部分均应处于最有利于其工作的条件。

案例：微型涡轮喷气发动机的增压器叶轮安装好后要做动平衡调试，通过计算机测试，把需要调整局部质量的叶片磨去很少一点材料，如图3.21所示，以达到动平衡，避免高速回转时产生振动；采用温度、密度或压力的梯度，而不用恒定的温度、密度或压力，如按摩浴缸不同位置的喷水孔能调节出不同的喷水压力，正反面不同硬度的床垫采用了变密度的海绵；对零件的不同部位采用不同的热处理方式或表面处理方式，使其具有特殊功能特征，以适应设计功能对这个局部的特殊要求，如刀具刃口的局部淬火、金刚石涂层刀具（图3.22）。

图 3.21 叶轮动平衡调试的局部处理

图 3.22 金刚石涂层刀具

原理4：不对称原理

利用不对称性进行创新设计。有以下两方面的含义。

① 将物体的对称形式转为不对称形式。

② 如果物体已经是不对称的，则加强它的不对称程度。

案例：铁道转弯处内外铁轨间有高度差以提供向心力，减少对轨道挤压造成的危害；为增强密封性，将圆形密封圈做成椭圆的。

又如，输送松散物料的漏斗［图 3.23（a）］在工作过程中经常容易发生堵塞，经分析发现，物料的堵塞原因在于轴对称方向上的物料水平分力大小相等、方向相反，因此在水平方向上不能运动，在垂直方向上力和速度分量分别相同，导致物料颗粒之间没有相对运动，易结块，产生堵塞现象。为此，将原来的对称形状改成不对称形状［图 3.23（b）］，使堵塞现象得到缓解。图 3.24 所示的带轮也是用不对称原理解决了轮毂与轴的定位问题。

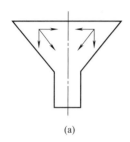
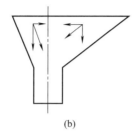
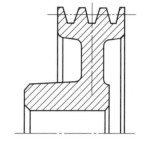

图 3.23　利用不对称原理改进的漏斗结构　　　　　图 3.24　不对称带轮结构

原理 5：组合原理

在不同的物体或同一物体内部的各部分之间建立一种联系，使其有共同的、唯一的结果。有以下两方面的含义。

① 在空间上把相同或相近的物体或操作加以组合。

② 把时间上相同或类似的操作联合起来。

案例：集成电路板上的电子芯片；并行计算的多个 CPU；联合收割机；组合工具；冷热水混合的水龙头；组合插排；计算机反病毒软件在扫描病毒的同时完成隔离、杀毒、移动或复制文件等操作。如图 3.25 所示的利用组合原理设计的冲压机构，将多套相同结构的连杆组组合使用，实现冲压板受力均衡，机构工作平稳。如图 3.26 所示是用组合原理设计的一种集四种功能于一体的厨用工具，最左边的尖角用于挖土豆等的坑窝，左边的刃口用于削皮，中间凸起的半圆孔用于插丝，右边的波浪形刃口用于切波浪形蔬菜丝。

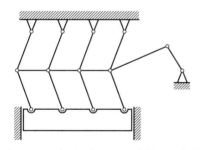
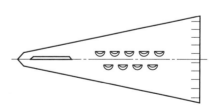

图 3.25　利用组合原理设计的冲压机构　　　　　图 3.26　利用组合原理设计的厨用工具

原理 6：多用性原理

使一个物体能够执行多种不同功能，以取代其他物体的介入。

案例：办公一体机可实现复印、扫描、打印等多种功能；牙刷的柄内装上牙膏；手机集成了照相、摄像、上网等功能；凳子折叠成拐杖，方便老年人的出行和休息；椅子变形成梯子，具有双重功能（图 3.27）；著名的瑞士军刀是一物多用的最典型例子，功能多的有 30 多种用途，如图 3.28 所示。

图 3.27 多功能椅子　　　　　　　图 3.28 多功能瑞士军刀

原理 7：嵌套原理

嵌套原理也称套叠原理，是设法使两个物体内部相契合或置入。有以下两方面的含义。

① 一个物体位于另一物体之内，而后者又位于第三个物体之内，等等。

② 一个物体通过另一个物体的空腔。

案例：收音机天线；教鞭笔（图 3.29）；工程车（图 3.30）；液压起重机；照相机伸缩式镜头；雨伞伞柄；多层伸缩式梯子；可升降的工作台；汽车安全带在闲置状态下将带卷入卷收器中；地铁车厢的车门开启时，门体滑入车厢壁中，不占有多余空间。

图 3.29 教鞭笔　　　　　　　　　图 3.30 工程车

原理 8：重量补偿原理

重量补偿原理也称为巧提重物原理，是对物体重量进行等效补偿，以实现预期目标。有以下两方面的含义。

① 将物体与具有上升力的另一物体结合以抵消其重力。

案例：为电梯配置起重配重和滑轮可以降低对动力及传动装置的工作能力要求；带有螺旋桨的直升机；利用氢气球悬挂广告条幅。对于精密导轨，为了减小导轨的载荷，提高精度，降低摩擦阻力，可采用图 3.31 所示的机械卸载导轨，通过弹性支承的滚子承担大部分载荷，通过精密滑动导轨为零件的直线运动提供精密的引导。

② 将物体与介质（空气动力、流体动力或其他力等）相互作用以抵消其重力。

案例：液压千斤顶用液压油顶起重物；流体动压滑动轴承（图 3.32）利用油膜内部压力将轴托起，用于高速重载场合；磁悬浮列车利用磁场磁力托起车身；潜水艇利用排水实现上浮；风筝利用风产生升力。

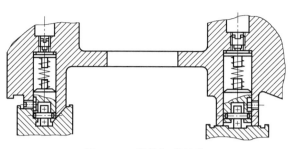
图 3.31 导轨卸载结构

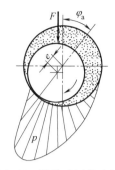
图 3.32 流体动压滑动轴承

原理 9：预先反作用原理

预先了解可能出现的故障，并设法消除、控制故障的发生。有以下两方面的含义。

① 实现施加反作用，用来消除不利影响。

② 如果一个物体处于或即将处于受拉伸状态，预先施加压力。

案例：梁受弯矩作用时，受拉伸的一侧容易被破坏，如果在梁受弯曲应力作用之前对其施加与工作载荷相反的预加载荷，使得梁在受到预加载荷和工作载荷的共同作用时应力较小，则有利于避免梁的失效，如图 3.33 所示。

机床导轨磨损后中部会下凹，为延长导轨使用寿命，通常将导轨做成中部凸起形状。

图 3.33 悬索桥预先施加反作用力

图 3.34 螺栓连接的预紧和防松

原理 10：预先作用原理

在事件发生前执行某种作用，以方便其进行。有以下两方面的含义。

① 预先完成要求的作用（整体的或部分的）。

案例：为防止被连接件在载荷作用下发生松动，在施加载荷之前对螺纹连接进行预紧，对于受振动载荷的情况，在预紧的同时还应采取防松措施，如使用弹性垫圈、止动垫片等（图 3.34）。为提高滚动轴承的支承刚度，可以在工作载荷作用之前对轴承进行预紧；为防止零件受腐蚀，在装配前对零件表面进行防腐处理。

② 预先将物体安放妥当，使它们能在现场和最方便地点立即发挥所需要的作用。

案例：停车场的电子计时表；公路上的指示牌；电话的预存话费；正姿笔握笔处利用人体工学设计的形态。

原理 11：预先防范原理

事先做好准备，做好应急措施，以提高系统的可靠性。

案例：降落伞备用伞包；汽车的安全气囊和备用轮胎；电闸上的保险丝；建筑物中的消

防栓和灭火器；预防疾病的各种疫苗；企业中的安全教育；枕木上涂沥青来防止腐朽等。

组合式蜗轮的轮缘为青铜、轮芯为铸铁或钢，在接合缝处加装 4～6 个紧定螺钉（骑缝螺钉），但为使螺钉安装到正好骑缝的位置，钻孔时不能钻在接合缝上，如图 3.35（a）所示，这是因为轮缘与轮芯硬度相差较大，加工时刀具易偏向材料较软的轮缘一侧，很难实现螺纹孔正好在接合缝处。为此，应将螺纹孔中心由接合缝向材料较硬的轮芯部分偏移 $x = 1\sim 2\text{mm}$，如图 3.35（b）所示。

减速器箱体在放油塞的螺孔加工前要预先用扁铲铲出一个小凹坑，目的是在钻孔时避免偏钻或打刀，如图 3.36 所示。

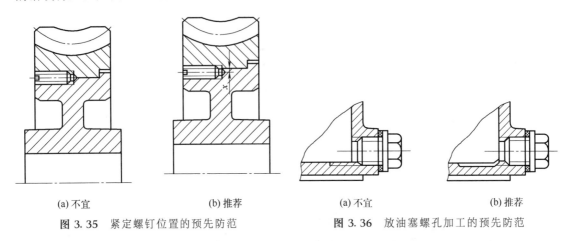

(a) 不宜　　　　　　(b) 推荐　　　　　　　　　(a) 不宜　　　　　　(b) 推荐

图 3.35　紧定螺钉位置的预先防范　　　　　图 3.36　放油塞螺孔加工的预先防范

原理 12：等势原理

在势场内应避免位置的改变，如在重力场中通过改变工作状态以减少物体提升或下降，可以减少不必要的能量损耗。

案例：工厂中的生产线将传送带设计成与操作台等高，避免了将工件搬上搬下；汽车修理厂的升降架可以减少工人多次爬到车底下去维修，如图 3.37 所示。图 3.38 所示为鹤式起重机的机构运动简图，$ABCD$ 为双摇杆机构，主动杆 AB 摆动时从动杆 CD 随之摆动，位于连杆 BC 延长线上的重物悬吊点 E 沿近似水平线移动，不改变重物的势能，避免了重物提升再下降的能量损耗。

 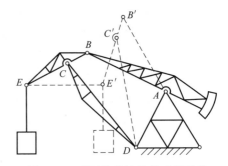

图 3.37　汽车修理厂的升降架　　　　　图 3.38　利用等势法的鹤式起重机

原理 13：反向作用原理

施加相反的作用，或使其在位置、方向上具有相反性。有以下三方面的含义。

① 用与原来相反的动作代替常规动作，达到相同的目的。

案例：冲压模具的制造中，通常采用提高模具硬度的方法减少磨损和提高使用寿命，但是材料硬度的提高使得模具加工困难。为了解决这一矛盾，人们发明了一种新的模具制造方法，即用硬材料制造凸模，用软材料制造凹模，虽然在使用的过程中不可避免地会发生磨损，但软材料的塑性变形会自动补偿由磨损造成的模具间隙变化，可以在很长的使用时间内保持适当的间隙，延长模具的使用寿命。

② 使物体或外部介质的活动部分成为不动的，而使不动的成为可动的。

案例：人相对跑步机不动，而是机器动；加工中心旋转工件而不是旋转刀具。螺杆和螺母的相对运动关系通常是螺母固定、螺杆转动并移动，如图 3.39（a）所示，多用于螺旋千斤顶或螺旋压力机。而如果反过来，将螺杆的轴向移动限制住，改变为螺杆转动、螺母移动，如图 3.39（b）所示，则可用于机床的进给机构。

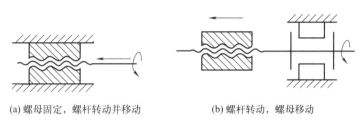

(a) 螺母固定，螺杆转动并移动　　(b) 螺杆转动，螺母移动

图 3.39　螺旋传动方式的反向作用

③ 将物体或过程进行颠倒。

案例：洗瓶机将瓶子倒置，从下面冲入水来冲洗；切割机器人与工作台全部倒置，防止碎屑落到机器里边产生故障。采用沉头座和凸台结构同样可以起到减少螺栓附加弯矩的作用，可在适当的时候分别选用，如图 3.40 所示。

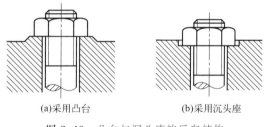

(a) 采用凸台　　　(b) 采用沉头座

图 3.40　凸台与沉头座的反向结构

原理 14：曲面化原理

利用曲线、曲面或球形等获得某些特性，改善原有系统。有以下三方面的含义。

① 将直线部分用曲线替代，将平面用曲面替代，立方体结构改成球形结构。

案例：移动凸轮机构［图 3.41（a）］通过将直线移动轨迹绕在圆柱体上，演化为圆柱凸轮机构［图 3.41（b）］，可以节省空间，并使原动件做回转运动，更利于驱动。建筑中的拱形穹顶增加了强度；汽车、飞机等的流线造型用以降低空气阻力。

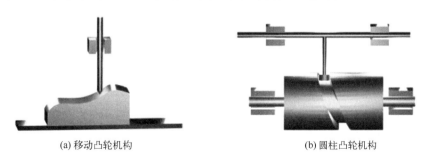

(a) 移动凸轮机构　　　　　(b) 圆柱凸轮机构

图 3.41　利用曲面化原理的凸轮机构演化

② 利用滚筒、球体、螺旋等结构。

案例：滚动轴承利用球形滚动体形成滚动摩擦，运动时比滑动轴承更灵活；椅子和白板等的底座安装滚轮使移动更方便；丝杠将直线运动变为回转运动；滚珠丝杠通过滚珠减小摩擦力，从而提高运动灵敏性（图3.42）。

③ 从直线运动过渡到旋转运动，利用离心力。

案例：机械设计中实现连续的回转运动比实现往复直线运动更容易，一般原动机均采用电动机，电动机可以带动轴旋转，齿轮传动、带传动、链传动等都传递回转运动，而往复的直线运动就需要利用曲柄滑块机构、齿轮齿条机构或螺旋传动等去转换了，结构和设计都更复杂。旋转运动的离心力可以实现一些特殊的功能，如洗衣机中的甩干筒、离心铸造等。如图3.43所示为一清洗蔬菜用的甩干机，采用了多孔离心式甩干筒。

图3.42 滚珠丝杠结构

图3.43 离心式蔬菜清洗甩干机

原理15：动态化原理

通过运动或柔性等处理，以提高系统的适应性。有以下三方面的含义。

① 调整物体或外部环境的特性，使其在各个工作阶段都呈现最佳的特征。

案例：医院的可调节病床；汽车的可调节座椅；可变换角度的后视镜；飞机中的自动导航系统；变后掠翼战斗轰炸机的机翼后掠角在起飞-加速-降落过程中的动态调节（图3.44）。图3.45所示为应用形状记忆合金弹簧控制的室温天窗。当室内温度升高时，形状记忆合金弹簧伸长，将天窗打开，与室外通风，降低室内温度；当室内温度降低时，形状记忆合金弹簧缩短，将天窗关闭，室内升温。

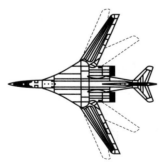

图3.44 机翼后掠角动态化

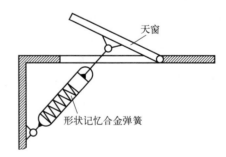

图3.45 利用动态化原理的天窗自动控制装置

② 将物体分成彼此相对移动的几个部分。

案例：可折叠的桌子或椅子；笔记本电脑；折叠伞；折叠尺；折叠晾衣架等。

③ 将物体不动的部分变为动的，增加其运动性。

案例：洗衣机的排水管；用来检查发动机的柔性内孔窥视仪；医疗检查中的肠镜、胃镜。图 3.46 所示为轴系固定的两种形式：图 3.46（a）所示为轴跨距较短且工作温度不高时采用的两端固定形式；如果轴跨距较长且工作温度较高，则需将一端设计成游动的，方能适应轴热胀冷缩的要求，即采用一端固定一端游动的形式，如图 3.46（b）所示。

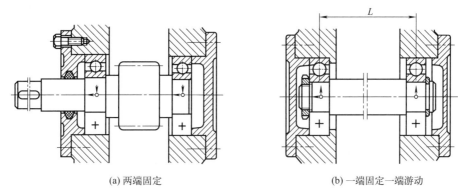

(a) 两端固定　　　　　　　　　　(b) 一端固定一端游动

图 3.46　轴系固定形式应用动态化原理的演化

原理 16：未达到或过度作用原理

如果期望的效果难以百分之百地实现，则应当达到略小或略大的理想效果，借此来使问题简单化。

案例：为使滚动轴承内圈与轴的连接更可靠，国家标准规定滚动轴承内孔的公差带在零线之下，而圆柱公差标准中基准孔的公差带在零线之上，所以轴承内圈与轴的配合比圆柱公差标准中规定的基孔制同类配合要紧得多，如图 3.47 所示。对于轴承内孔与轴的配合而言，圆柱公差标准中的许多过渡配合在这里实际成为过盈配合，而有的间隙配合，在这里实际变为过渡配合。

又如，普通 V 带传动中带是易损件，需经常更换。如果工作一段时间后其中某一根带达到疲劳寿命而接近失效状态，此时应

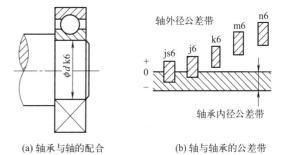

(a) 轴承与轴的配合　　(b) 轴与轴承的公差带

图 3.47　齿轮宽度的过度作用

将同一带轮上的几根带全部更换新带，才能保证各个 V 带受力均衡；否则，如果只更换失效的一根带，由于安装在带轮上的新带和旧带长度有差异，易使带轮及轴受力不均，产生偏载，对工作不利。

机器中的润滑油、冷却液等一般不能达到与机器等寿命，工作一定时间后，通常需要更换或补充。

原理 17：维数变化原理

维数变化原理也称多维原理，指通过改变系统的维度来进行创新。有以下四方面的含义。

① 如果物体做线性运动或分布有问题，则使物体在二维平面上移动。相应地，在一个平面上的运动或分布有问题，可以过渡到三维空间。

案例：多轴联动加工中心可以准确完成三维复杂曲面的工件的加工等。

② 利用多层结构替代单层结构。

案例：北方多采用双层或三层的玻璃窗来增加保暖性；多层扳手（图3.48）；立体车库（图3.49）等。

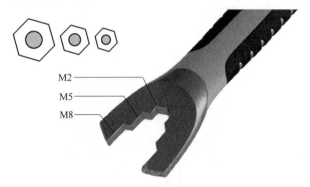

图3.48　多层扳手　　　　　　　　　图3.49　立体车库

③ 将物体倾斜或侧置。

案例：自动卸料车等，如图3.50所示。

④ 利用指定面的反面，或另一面。

案例：可以两面穿的衣服；印制电路板经常采用两面都焊接电子元器件的结构，比单面焊接节省面积。

原理18：机械振动原理

利用振动或振荡，以便将一种规则的周期性的变化控制在一个平均值附近。有以下五方面的含义。

① 使物体处于振动状态。

案例：手机用振动替代铃声；电动剃须刀；电动按摩椅；甩脂机；振动筛；电动牙刷；手机振动的扁平马达（图3.51）等。

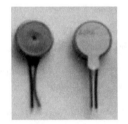

图3.50　自动卸料车　　　　　　　　图3.51　手机振动扁平马达

② 如果已在振动，则提高它的振动频率（可以达到超声波频率）。

案例：超声波振动清洗器；运用低频振动减少烹饪时间。

③ 利用共振频率。

案例：吉他等乐器的共鸣箱；核磁共振检查病症；击碎胆结石的超声波碎石机；微波加热食品；火车过桥时要放慢速度等。

④ 用压电振动器替代机械振动器。

案例：石英晶体振荡驱动高精度钟表等。

⑤ 利用超声波振动同电磁场耦合。

案例：超声波焊接；超声波洗牙；超声波清洗机；超声波振动和电磁场共用，在电熔炉中混合金属，使混合均匀等。

原理 19：周期性作用原理

可以用周期性动作代替连续动作；对已有的周期性动作改变动作频率。有以下三方面的含义。

① 从连续作用过渡到周期性作用或脉冲作用。

案例：自动灌溉喷头做周期性的回旋动作；自动浇花系统间歇性动作；一些报警铃声或鸣笛声呈现周期性变化，比连续的声音更具有提醒性，更容易引起人的警觉。

② 如果作用已经是周期的，则改变其频率。

案例：用频率调音代替摩尔电码；使用 AM、FM、PWM 来传输信息，等等。

③ 利用脉冲的间歇完成其他工作。

案例：下大雪后要及时清除飞机跑道上的积雪，传统的融雪剂法产生的雪融化后的水对飞机跑道安全构成威胁，而用装在汽车上的强力鼓风机除雪在积雪量大时效果并不明显。利用周期性作用原理，在鼓风机上加装脉冲装置，使空气按脉冲方式喷出，就能有效地把积雪吹离跑道，还可以优化选择最佳的脉冲频率、空气压力和流量。工程实际表明，脉冲气流除雪效率是连续气流除雪的两倍。改进前后的状态如图 3.52 所示。

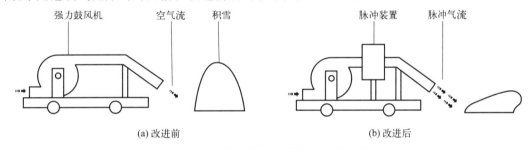

图 3.52 使用脉冲装置更有效地除雪

原理 20：有效作用的连续性原理

因发生连续性动作，系统的效率得到提高。有以下三方面的含义。

① 物体的各个部分同时满载工作，以提供持续可靠的性能。

案例：汽车在路口停车时，飞轮储存能量，以便汽车随时启动等。

② 消除空转和间歇运转。

案例：双向打印机，打印头在回程也执行打印；给墙壁刷漆的滚刷。

③ 将往复运动改为转动。

案例：卷笔刀以连续旋转代替重复削铅笔；苹果削皮器用旋转运动代替重复切削；车床旋转车削工件；滚齿机比插齿机工作效率高，是因为其消除了非工作时间，将一次次的插削（图 3.53）转变成了连续的滚动铣削（图 3.54）。

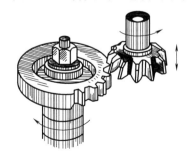

图 3.53 插齿加工

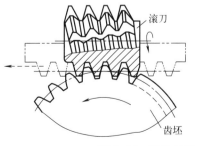

图 3.54 滚齿加工

原理 21：急速动作原理

也称紧急行动原理、快速原理。高速越过某个过程或个别（有害的或危险的）阶段的操作。

案例：焊接过程中对材料的局部加热会造成焊接结构变形，减少高温影响区域、缩短加温时间是减小焊接变形的有效方法，可以采用具有高能量密度的激光束作为热源的激光焊接法。又如，闪光灯只在使用瞬间获得强光；锻造使工件变形但是支撑工件的砧板不变形；牙医使用高速钻头来减少患者的痛苦；手术刀要锋利，以帮助手术尽快完成，减少失血；破壁机利用超高速旋转的刀片瞬间打碎食物的细胞壁，可使食物口感更细腻，并使营养更好地释放出来（图 3.55）；剪销安全离合器中的销在扭矩超过允许值时瞬间被剪断，使主、从动轴分离，起到安全保护的作用（图 3.56）。

图 3.55 破壁机

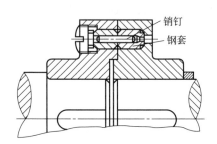

图 3.56 剪销安全离合器

原理 22：变害为利原理

有害因素已经存在，设法用其来为系统增加有益的价值。有以下三方面的含义。

① 利用有害因素（特别是对外界有害的作用）获得有益的效果。

② 通过有害因素的组合来消除有害因素。

③ 将有害因素加强到不再有害的程度。

案例：机械设计时应考虑各种零件可以方便地拆卸，以使机器报废时可以回收可再利用的材料，变废物为资源。垃圾中包含各种可以被重复利用的物质，采用适当方法将它们分离出来可以变害为利，并减少垃圾总量，保护环境。图 3.57（a）所示高压容器罐口的密封结构使罐内压力对密封有害，削弱密封效果，而图 3.57（b）所示的结构则是罐内压力有利于加强密封效果，是有益的，因此更合理。

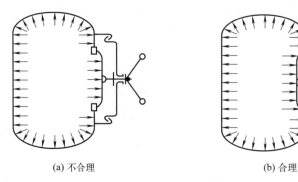

(a) 不合理   (b) 合理

图 3.57 高压容器罐口密封变害为利

原理 23：反馈原理

利用反馈进行创新。有以下两方面的含义。

① 建立反馈，进行反向联系。

② 如果已有反馈，则改变它。

案例：很多能自动识别、自动检测、自动控制的电子仪器和设备以及机器人等机电一体化产品都具有自动反馈功能；汽车驾驶室仪表盘对速度、温度、里程、油量、发动机转速等的显示和提醒也都时刻进行着信息和系统状态的反馈；自动开关的感应门、声控灯；随节拍变化的音乐喷泉；人行道盲道上的特殊纹理；利用声呐来发现鱼群、暗礁、潜艇；钓鱼时的鱼漂；根据环境变化亮度的路灯等。如图 3.58 所示为自动泊车。如图 3.59 所示为自感应水龙头。

图 3.58 自动泊车

图 3.59 自感应水龙头

原理 24：借助中介物原理

也称中介原理，是利用中间载体进行发明创新的方法。有以下两方面的含义。

① 利用可以迁移或有传送作用的中间物体。

案例：自动上料机；自拍杆；弹琴用的拨片；门把手；中介公司等。

机械传动中多通过轮与轮之间的接触实现传动功能，如果要在较远的距离之间传递运动，就需要直径较大的轮（图 3.60 中的虚线），使结构尺寸大，机器笨重，但如果采用带或者链作为中介物（图 3.60 中的实线），则可以不用大尺寸的齿轮或多个轮。带传动和链传动都特别适合传递远距离两轴之间的运动，这是挠性传动的一个优点。

② 把另一个（易分开的）物体暂时附加给某一物体。

案例：催化剂能加强、加速化学反应，是典型的中介物。在机器的机架与地面之间加装具有弹性的中介物，可以缓解机器工作中的振动和冲击，吸收振动能量，通常称为隔振器或隔振垫。隔振器中的弹性元件可以是金属弹簧，也可以是橡胶弹簧，是一种简便易用的中介物。某机器的隔振结构如图 3.61 所示。

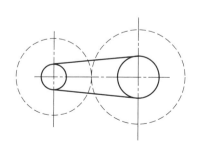
图 3.60 采用带作为中介物

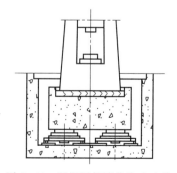
图 3.61 采用隔振器作为中介物

原理 25：自服务原理

系统在执行主要功能的同时，完成了其他辅助性的功能，或其他相关功能。有以下两方面的含义。

① 物体应当为自我服务，完成辅助和修理工作。

案例：智能家居系统能使主人在外面通过手机控制家中的门锁、灯、窗、窗帘、空调、电视、摄像头等的开关；全自动洗衣机有自动进水、放水、筒自洁等功能；全自动电饭煲按预定好的时间做好饭等。

带传动通常要有张紧轮，有定期张紧和自动张紧两种。自动张紧使用方便，并减少了人的重复性劳动。如图 3.62 所示为一种自动张紧形式，张紧轮宜装于松边外侧靠近小带轮，以增大包角，提高承载能力，并使结构紧凑，但对带寿命影响较大，且不能逆转。

采用自润滑轴承材料就能使轴承在不需要维护的条件下长时间工作，而不需要润滑和辅助供油装置。如镶嵌式铜石墨轴承（图 3.63），这种自润滑轴承的润滑原理是在轴与轴承的滑动摩擦过程中，石墨颗粒的一部分转移到轴与轴承的摩擦表面上，形成了一层较稳定的固体润滑隔膜，防止轴与轴承的直接黏着磨损。

② 利用废弃的材料、能量或物质。

案例：利用麦秸直接填埋做下一季的肥料；利用电厂余热供暖等。

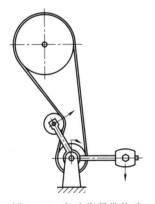
图 3.62　自动张紧带传动

图 3.63　自润滑铜石墨轴承

原理 26：复制原理

利用拷贝、复制品、模型等来替代原有的高成本物品。有以下三方面的含义。

① 用简单而便宜的复制品代替难以得到的、复杂的、昂贵的、不方便的或易损坏的物体。

案例：模拟驾驶训练器替代现实驾驶汽车（图 3.64），类似的有飞行员、航天员的模拟训练舱；虚拟装配系统可以发现实际无法装配的错误；虚拟制造系统模拟零件的制造过程，可以发现不利于制造的设计缺陷；在实验室条件下进行地震、水坝垮塌实验等。这些用廉价复制品代替昂贵的或有危险的实际物品的案例可以用很小的代价获得有意义的结果。利用仿生学设计的仿动物的机械产品也属于复制原理的利用，比如军用的蛇形侦察机器人（图 3.65）、蜘蛛探雷机器人、隐形飞机等。

② 用光学拷贝（图像）代替物体或物体系统。此时要改变比例（放大或缩小复制品）。

案例：医生采用 X 射线片进行诊断；卫星图片代替实地考察；3D 虚拟城市地图；做科学试验时所拍摄的各种照片、录像等。

图 3.64 模拟驾驶训练器

图 3.65 蛇形机器人

③ 如果利用可见光的复制有困难，则转为红外线的或紫外线的复制。

案例：紫外线灭蚊灯。

原理 27：廉价替代品原理

也称替代原理。用若干廉价物品代替昂贵物品，同时放弃或降低某些品质或性能方面的要求，如持久性的要求。

案例：一次性的纸杯；一次性的纸尿布等；纸制的购物袋；假牙；假发；用人造密度板、刨花板代替实木制作家具；用塑料模具代替金属模具；用模型试验代替实物试验。洗衣机中采用带传动的比采用齿轮传动的价格低，但是可能出现带的打滑，传动能力和寿命不如齿轮式的，而另一方面，带打滑能在过载时对电机和其他零部件起到保护作用，所以更廉价一些的带式洗衣机市场份额还是不小的。用 3D 打印技术打印结构复杂的零件模型（图 3.66），比真实零件价格低廉，在产品设计初期可以节省大量成本。

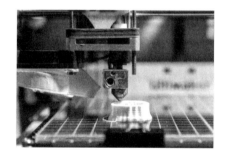

图 3.66 3D 打印机和打印的齿轮

原理 28：机械系统替代原理

利用物理场或其他的形式、作用、状态来替代机械系统的作用。可以理解为一种操作上的改变。有以下四方面的含义。

① 用光学、声学、"味学"等的设计原理代替力学设计原理。

案例：安装了光电传感器的感应式水龙头代替传统机械式手动水龙头，更加方便，还节约用水；用激光切割代替水切割，使环境更清洁；光电点钞代替人工点钞，既准确又轻松（图 3.67）；指纹和人脸识别的智能锁（图 3.68）代替机械锁。

② 用电场、磁场和电磁场同物体相互作用。

案例：用电动机调速取代复杂的机械传动变速系统；用电磁制动取代机械制动；用磁力搅拌代替机械搅拌；静电除尘；电磁场代替机械振动使粉末混合均匀。

③ 由恒定场转向不定场，由时间固定的场转向时间变化的场，由无结构的场转向有一定结构的场。

案例：早期的通信系统用全方位检测，现在用特定发射方式的天线。

④ 利用铁磁颗粒组成的场。

案例：用不同的磁场加热含磁粒子的物质，当温度达到一定程度时，物质变成顺磁，不再吸收热量，来达到恒温的目的。

图 3.67　光电点钞指环

图 3.68　人脸识别智能锁

原理 29：气压和液压结构原理

也称压力原理。用气体或液体代替物体的固体部分，如充气或充液的结构、气垫、液体静力的和流体动力的结构等。

案例：流体静压轴承；液压缸；液压千斤顶；消防高压水枪；气垫船；喷气飞机；气垫运动鞋；射钉枪；气浮轴承；气动机械手等。液压和气压技术的应用随着现代机械的不断发展，所涉及的领域越来越广，已成为工业发展的重要支柱。如图 3.69 所示为江上冰雪气垫船。

原理 30：柔性壳体或薄膜原理

也称柔化原理。将传统构造改成薄膜或柔性壳体构造，或充分利用薄膜或柔性材料使对象产生变化。有以下两方面的含义。

① 利用软壳和薄膜代替一般的结构。

案例：农业上的塑料大棚种菜；儿童的充气玩具；柔性计算机键盘；塑料瓶代替玻璃或金属瓶；机械设备中常配有塑料或有机玻璃的观察窗，以便观察润滑油的油面高度或润滑剂状态等。如图 3.70 所示为带观察窗的管状油标。

图 3.69　冰雪气垫船

图 3.70　管状油标

② 用软壳和薄膜使物体同外部介质隔离。

案例：食品的保鲜膜；在蓄水池表面漂浮一层双极材料（一面为亲水性，另一面为疏水性）的薄膜，减少水的蒸发；真空铸造时在模型和砂型间加一层柔性薄膜以保持铸型有足够的强度；铝合金型材或塑钢门窗型材表面贴塑料薄膜进行保护；手机和电脑的屏幕保护膜。

原理 31：多孔材料原理

也称孔化原理。通过多孔的性质改变气体、液体或固体的存在形式。有以下两个方面的含义。

① 把物体做成多孔的或利用附加多孔元件（镶嵌、覆盖等）。

② 如果物体是多孔的，则利用多孔的性质产生有用的物质或功能。

案例：空心砖，利用多孔减轻重量；海绵床垫利用多孔增加其弹性；泡沫金属减轻了金属重量，但保持了其强度；活性炭吸收有害气体；过滤芯（图3.71）；过滤网（图3.72）等。

图3.63所示的石墨铜套轴承综合了金属合金与非金属减磨材料各自的性能优点，进行互补，既有了金属的高承载能力，又得到了减磨材料的润滑性能，所以特别适用于不加油、少加油、高温、高负载或水中等环境。类似的自润滑轴承还有用粉末冶金材料制造的含油轴承，材料中含有很多微孔；轴承在工作时由于温度升高，金属热胀，所以含在微孔中的润滑剂被挤出；不工作时由于温度降低，润滑剂被吸回到微孔中，防止流失。

在零件结构中载荷较小的地方打孔，可以减轻重量，如孔板式结构的齿轮、带轮、链轮以及带减重孔的杆件等。

图 3.71　铜粉末颗粒烧结滤芯

图 3.72　不锈钢过滤网

原理 32：颜色改变原理

也称色彩原理。通过改变系统的色彩，借以提升系统价值或解决问题。有以下四方面的含义。

① 改变物体或外部环境的颜色。

② 改变物体或外部环境的透明度或可视性。

③ 为了观察难以看到的物体或过程，利用染色添加剂。

④ 如果已采用了这种添加剂，则借助发光物质。

案例：机器的紧急停车按钮通常采用比较鲜艳的红色，以引起警觉；需要操作者关注的重要部位可以做成透明结构，使操作者方便地观察到机器的运行情况；环卫工人身上的荧光色彩；军用品的迷彩；随着光线改变颜色的眼镜片；防紫外线的眼镜片；测试酸碱度的pH试纸；透明医用绷带；紫外光笔可辨别真伪钞；发光的斑马线让夜间通过具有安全性。

原理 33：同质性原理

也称同化原理。与指定物体相互作用的物体应当用同一（或性质相近的）材料制作而成。

案例：相同材料相接触不会发生化学或电化学反应；相同材料制造的零件具有相同的热膨胀系数，在温度变化时不容易发生错动；同一产品中大量零件采用相同材料，有利于生产准备，在产品报废后还有利于材料回收，减少分离不同材料的附加成本。

原理 34：抛弃与再生原理

也称自生自弃原理，是指抛弃与再生的过程合二为一，在系统中除去的同时对其进行恢复。有以下两方面含义。

① 已完成自己的使命或已无用的物体部分应当剔除（溶解、蒸发等）或在工作过程中直接变化。

② 消除的部分应当在工作过程中直接利用。

案例：火箭发动机采用分级方式，燃料用完直接抛弃分离；冰灯自动融化；用冰做射击用的飞碟，不用回收打碎的飞碟；自动铅笔的替换铅芯；药品的糖衣，在消化中直接消除。

原理 35：物理或化学参数改变原理

也称性能转换原理。改变系统的属性，以提供一种有用的创新。有以下四方面的含义。

① 改变系统的物理状态。

② 改变浓度或密度。

③ 改变系统的灵活度。

④ 改变系统的温度或体积。

案例：用液态运输气体，以减少体积和成本；固体胶比胶水更方便使用；用液态的肥皂水代替固体肥皂，可以定量控制使用，并且减少交叉污染；硫化橡胶改变了橡胶的柔性和耐用性；为提高锯木的生产率，建议用超高压频率电流对锯口进行加热；低温保鲜水果和蔬菜；金属材料进行热处理时，淬火、调质、回火等利用不同温度获得不同的力学性能；机床根据被加工零件的要求确定主轴转速、刀具进给量等。

原理 36：相变原理

利用相变时发生的现象，例如体积改变、放热或吸热。

案例：水在固态时体积膨胀，可利用这一特性进行定向无声爆破；日光灯在灯管中的电极上利用液态汞的蒸气；加湿器产生水蒸气的同时使室内降温。

原理 37：热膨胀原理

将热能转换为机械能或机械作用，有以下两方面的含义。

① 利用材料的热胀冷缩的性质。

② 利用一些热膨胀系数不同的材料。

案例：通过材料的热膨胀，实现对过盈连接的装配；热双金属弹簧（图 3.73）是将热膨胀系数不同的两片材料贴合在一起，当温度变化时材料发生弯曲变形，常用于电路开关或驱动机械运动；内燃机（图 3.74）的作用是将燃气的热能转换为机械能，雾化的汽油在气缸里燃烧爆炸产生的推力带动活塞，再通过连杆带动曲轴转动，输出机械能；热气球利用热气上升；铁轨中的预留缝隙适应天气温度变化。

图 3.73 热双金属弹簧

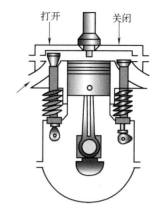

图 3.74 内燃机

原理 38：强氧化剂原理

也称加速氧化原理。加速氧化过程，以期得到应有的创新。有以下四方面的含义。

① 用富氧空气代替普通空气。

② 用纯氧替换富氧空气。

③ 用电离辐射作用于空气或氧气，使用离子化的氧。

④ 用臭氧替换臭氧化的（或电离的）氧气。

案例：为持久在水下呼吸，水中呼吸器中储存浓缩空气；用乙炔-氧代替乙炔-空气切割金属；用高压纯氧杀灭伤口厌氧细菌；空气过滤器通过电离空气来捕获污染物；使用离子化气体加速化学反应；臭氧消毒；臭氧溶于水中可去除船体上的有机污染物；潜水艇压缩舱的发动机用臭氧作氧化剂，可使燃料得到充分燃烧。

原理 39：惰性环境原理

制造惰性的环境，以支持所需要的效应。有以下三方面的含义。

① 用惰性介质代替普通介质。

② 添加惰性或中性添加剂到物体中。

③ 在真空中进行某一过程。

案例：用惰性气体处理棉花，以预防棉花在仓库中燃烧；霓虹灯内充满了惰性气体从而发出不同颜色的光；用惰性气体填充灯泡，防止灯丝氧化；真空吸尘器；真空包装；真空镀膜机。

原理 40：复合材料原理

用复合材料代替均质材料。

案例：复合地板；焊接剂中加入高熔点的金属纤维；用玻璃纤维制成的冲浪板；超导陶瓷；碳素纤维；铝塑管；防弹玻璃等。

同一零件的不同部分有不同的功能要求，使用同一种材料很难同时满足这些要求。通过不同材料的复合，可以使零件的不同部分具有不同的特性，以满足设计要求。带传动中的带需要承受很大的拉力，因此其材料应具有较高的强度；带在轮槽内要弯曲，因此应具有较好的弹性，使弯曲应力较小；带与轮之间存在弹性滑动，为防止带的磨损失效，带材料应耐磨损。很难找到一种材料同时满足以上要求。V 带通过多种材料的复合可以满足以上这些要求，即芯部采用抗拉力强度较好的线绳或帘布结构，有棉、化学纤维、钢丝等材质，主体采用橡胶材料，表层采用耐磨性好的帆布材料，如图3.75所示。

3.4.2　40个发明原理的应用技巧

虽然40个发明原理为发明者给出了指导性的思维方向，但发明时将40个发明原理逐个试用也是比较浪费时间和精力的。因此，为提高40个发明原理的有效利用率，研究者们总结了一些使用窍门。

（1）40个发明原理使用频率次序

经统计，40个发明原理被使用的频率并不一样，有的经常在已有的专利中得到应用，可有的却极少用到，表3.4列出它们被使用频率的次序（由高到低）。发明人在解决技术系统中的问题和矛盾时，可以直接使用频率次序靠前的发明原理来尝试创新构思，可能会获得"走捷径"的效果。

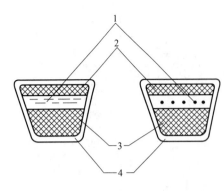

(a) 帘布结构　　(b) 线绳结构

图 3.75　V带的复合材料结构
1—抗拉体；2—顶胶；3—底胶；4—包布层

表 3.4　40个发明原理使用频率次序

频率次序	原理序号和原理名称	频率次序	原理序号和原理名称
(1)	35 物理或化学参数改变原理	(21)	14 曲面化原理
(2)	10 预先作用原理	(22)	22 变害为利原理
(3)	1 分离原理	(23)	39 惰性环境原理
(4)	28 机械系统替代原理	(24)	4 不对称原理
(5)	2 抽取原理	(25)	30 柔性壳体或薄膜原理
(6)	15 动态化原理	(26)	37 热膨胀原理
(7)	19 周期性作用原理	(27)	36 相变原理
(8)	18 机械振动原理	(28)	25 自服务原理
(9)	32 颜色改变原理	(29)	11 预先防范原理
(10)	13 反向作用原理	(30)	31 多孔材料原理
(11)	26 复制原理	(31)	38 强氧化剂原理
(12)	3 局部质量原理	(32)	8 重量补偿原理
(13)	27 廉价替代品原理	(33)	5 组合原理
(14)	29 气压和液压结构原理	(34)	7 嵌套原理
(15)	34 抛弃与再生原理	(35)	21 急速动作原理
(16)	16 未达到或过度作用原理	(36)	23 反馈原理
(17)	40 复合材料原理	(37)	12 等势原理
(18)	24 借助中介物原理	(38)	33 同质性原理
(19)	17 维数变化原理	(39)	9 预先反作用原理
(20)	6 多用性原理	(40)	20 有效作用的连续性原理

（2）40个发明原理适用情况分类

为了方便发明人有针对性地利用40个发明原理，德国TRIZ专家统计出40个发明原理中特别适合用于三类情况的发明原理，如表3.5所示，三类情况包括：①走捷径即可求解（10个）；②有利于设计结构（13个）；③有利于大幅降低成本（10个）。

（3）40个发明原理按主要内容和作用分类

为便于使用，还有TRIZ学者按40个发明原理的主要内容和作用将其分为四大类：①提高系统效率；②消除或强调局部作用；③易于操作和控制；④提高系统协调性。如表3.6所示。

表 3.5　40 个发明原理适用情况分类

走捷径即可求解(10 个)	有利于设计结构(13 个)	有利于大幅降低成本(10 个)
35 物理或化学参数改变原理 10 预先作用原理 1 分离原理 28 机械系统替代原理 2 抽取原理 15 动态化原理 19 周期性作用原理 18 机械振动原理 32 颜色改变原理 13 反向作用原理	1 分离原理 2 抽取原理 3 局部质量原理 4 不对称原理 26 复制原理 6 多用性原理 7 嵌套原理 8 重量补偿原理 13 反向作用原理 15 动态化原理 17 维数变化原理 24 借助中介物原理 31 多孔材料原理	1 分离原理 2 抽取原理 3 局部质量原理 6 多用性原理 10 预先作用原理 16 未达到或过度作用原理 20 有效作用的连续性原理 25 自服务原理 26 复制原理 27 廉价替代品原理

表 3.6　40 个发明原理按主要内容和作用分类

序号	原理作用	原理序号
1	提高系统效率	10,14,15,17,18,19,20,28,29,35,36,37,40
2	消除或强调局部作用	2,9,11,21,22,32,33,34,38,39
3	易于操作和控制	12,13,16,23,24,25,26,27
4	提高系统协调性	1,3,4,5,6,7,8,30,31

（4）40 个发明原理对应的成语

为便于联想、理解、记忆和应用，有学者将 40 个发明原理与我国成语进行了结合和对应，见表 3.7。

表 3.7　40 个发明原理对应的成语

序号	原理名称——成语	序号	原理名称——成语
1	分离原理——化整为零	21	急速动作原理——快刀斩乱麻
2	抽取原理——披沙拣金	22	变害为利原理——修旧利废
3	局部质量原理——天圆地方	23	反馈原理——察言观色
4	不对称原理——错落不齐	24	借助中介物原理——搭桥牵线
5	组合原理——珠联璧合	25	自服务原理——自动自觉
6	多用性原理——一应俱全	26	复制原理——以假乱真
7	嵌套原理——层出不穷	27	廉价替代品原理——鱼目混珠
8	重量补偿原理——分庭抗礼	28	机械系统替代原理——李代桃僵
9	预先反作用原理——先发制人	29	气压和液压结构原理——水涨船高
10	预先作用原理——未雨绸缪	30	柔性壳体或薄膜原理——薄如蝉翼
11	预先防范原理——防患于未然	31	多孔材料原理——无孔不入
12	等势原理——平起平坐	32	颜色改变原理——五光十色
13	反向作用原理——倒行逆施	33	同质性原理——物以类聚
14	曲面化原理——迂回曲折	34	抛弃与再生原理——自生自灭
15	动态化原理——相机而动	35	物理或化学参数改变原理——随机应变
16	未达到或过度作用原理——多退少补	36	相变原理——沧海桑田
17	维数变化原理——山不转水转	37	热膨胀原理——热胀冷缩
18	机械振动原理——撼天动地	38	强氧化剂原理——推波助澜
19	周期性作用原理——周而复始	39	惰性环境原理——孟母三迁
20	有效作用的连续性原理——马不停蹄	40	复合材料原理——相辅相成

以上几个表格的分类只是简单概括，具体创新时，还应该根据实际情况灵活运用这 40 个发明原理，以取得更好的结果。

有人可能会问，仅仅40个发明原理能够解决多少问题？事实上，每种新发明的产品所用到的常常不仅仅是某一个发明原理，而很可能是应用了若干个发明原理，也就是说，一个发明可能是集几个发明原理于一身才出现的创新成果。40个原理可以组成780种不同的"二法合一"、9880种不同的"三法合一"、超过90000种不同的"四法合一"……这体现了组合的复杂性和设计的综合性。

3.4.3　40个发明原理的增补原理

40个发明原理属于经典TRIZ理论，现代TRIZ研究人员通过进一步研究将发明原理增加到了77个，新增加的37个发明原理列于表3.8。

表 3.8　新增加的 37 个发明原理

序号	原理名称	序号	原理名称
41	减少单个零件重量、尺寸	60	导入第二个场
42	零部件分成重(大)与轻(小)	61	使工具适合于人
43	运用支撑	62	为增加强度而变换形状
44	运输可变形状的物体	63	转换物体的微观结构
45	改变运输与存储工况	64	隔绝/绝缘
46	利用对抗平衡	65	对抗一种不希望的作用
47	导入一种储藏能量因素	66	改变一个不希望的作用
48	局部/部分预先作用	67	去除或修改有害源
49	集中能量	68	修改或替代系统
50	场的取代	69	增强或替代系统
51	建立比较的标准	70	并行恢复
52	保留某些信息供以后利用	71	部分/局部弱化有害影响
53	集成进化为多系统	72	掩盖缺陷
54	专门化	73	实时探测
55	减少分散	74	降低污染
56	补偿或利用损失	75	创造一种适合于预期磨损的形状
57	减少能量转移的阶段	76	减少人为误差
58	推迟作用	77	避开危险的作用
59	场的变换		

3.4.4　40个发明原理应用实例

当我们有创新发明的打算时，借助于40个发明原理，将极大促进创新思维的形成和提高创新发明的成功率。通常的做法是，设计者从40个发明原理中选出与所要发明的产品有可能产生联系的某一个或几个，再结合产品功能或技术进行分析和设计，最终获得发明方案。其实，我们身边很多新产品中都包含着一些发明原理。

(1) 应用40个发明原理发明新型雨伞

① 双人雨伞。应用原理5（组合原理）、原理4（不对称原理）、原理17（维数变化原理）。适合两个人共同使用，尤其是情侣，只需一个人手持，且比用两个单人雨伞节省空间，如图3.76所示。

② 反向雨伞。应用原理17（维数变化原理）、原理13（反向作用原理）。采用双层伞布和伞骨，伞收起时有雨水的一面朝里，干的一面朝外，避免了带水的雨伞不好收起的问题，如图3.77所示。

③ 空气雨伞。应用原理29（气压和液压结构原理）、原理15（动态化原理）、原理7

图 3.76 双人雨伞

图 3.77 反向雨伞

(嵌套原理)。这种雨伞没有传统意义上的伞布，而只有"伞把"，打开电源开关，"伞把"向上喷出空气，在雨滴和人之间形成一道空气屏障，从而起到挡雨的作用。气流的大小可以调节，伞杆长度也可以调节，关闭电源时就是一根杆子，携带非常方便。这种伞颠覆了传统雨伞的概念，是一种"隐形雨伞"，虽然对旁边的人来说有点影响，但不失其娱乐性，如图 3.78 所示。

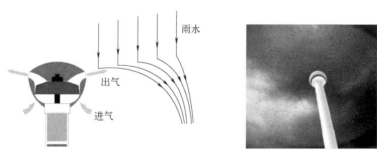

图 3.78 空气雨伞

④ 自行车雨伞。应用原理 30（柔性壳体或薄膜原理）、原理 4（不对称原理）、原理 14（曲面化原理）。骑车人像背包一样将伞背在身上，解放了双手，不影响骑车，挡雨面积还大，即使是走路时也不用手持，一样很方便，如图 3.79 所示。

图 3.79 自行车雨伞

第3章 TRIZ理论及其应用 | 83

⑤ 解放双手雨伞。应用原理24（借助中介物原理）、原理25（自服务原理）、原理3（局部质量原理）。伞把上附加手持器或肩夹，可以解放人的双手，便于操作手机或提重物等，见图3.80。

图3.80　解放双手雨伞

⑥ 照明和聚水雨伞。应用原理3（局部质量原理）、原理6（多用性原理）、原理5（组合原理）。伞把有照明电筒，便于夜间视物，伞布边缘有立起的小挡边，只有一块伞布没有这种挡边，雨水被汇聚后从没有挡边的伞布处流出，避免打湿衣服，如图3.81所示。

⑦ 头盔雨伞。应用原理4（不对称原理）。形状像摩托车头盔，能使人身体受到更大面积的保护，还不影响人的视线，见图3.82。

⑧ 自立雨伞。应用原理3（局部质量原理）、原理25（自服务原理）。伞顶部有一个三叉形支座，被雨淋湿的雨伞能自己立于地面，而不用靠在墙等上面，如图3.83所示。

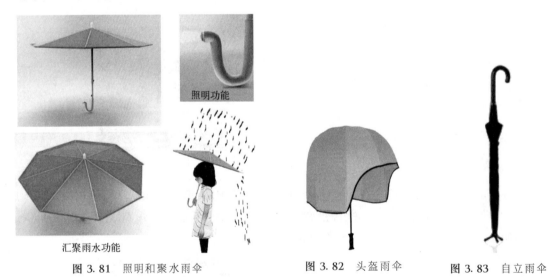

图3.81　照明和聚水雨伞　　图3.82　头盔雨伞　　图3.83　自立雨伞

⑨ 盲人雨伞。应用原理23（反馈原理）、原理6（多用性原理）。在伞柄上加装红外线探测器，前方有障碍时可以发出声音提醒，并能警示其他行人。

⑩ 夜光雨伞。应用原理32（颜色改变原理）。伞面的荧光材料涂层在夜里能发出荧光，起安全作用。

⑪ 音乐雨伞。应用了原理6（多用性原理）、原理1（分离原理）。在伞柄上加装音乐播放器，可以在撑伞的同时播放音乐。

⑫ 一次性雨伞。应用原理34（抛弃与再生原理）、原理27（廉价替代品原理）。多为纸质的，成本低廉，用于公共场合，用后可以不用归还，直接抛弃，作为废纸被回收，比共享雨伞更方便。

（2）应用40个发明原理发明新型自行车

① 折叠自行车。应用原理15（动态化原理）、原理7（嵌套原理）、原理17（维数变化原理）。车把手、车座、车架等都可以弯折和伸缩，用时打开，不用时折叠，节省空间，便于存放和携带，如图3.84所示。

图3.84 折叠自行车

② 水陆两用自行车。应用原理29（气压和液压结构原理）、原理30（柔性壳体或薄膜原理）、原理15（动态化原理）、原理14（曲面化原理）、原理10（预先作用原理）。车轮上安装气囊（或浮漂）和叶轮，即可在水上骑行，如图3.85所示。

图3.85 水陆两用自行车

③ 箱式自行车。应用原理15（动态化原理）、原理7（嵌套原理）。自行车的各部分都能折叠进一个箱子里，外面只留车把作拉手，如图3.86所示。

图3.86 箱式自行车

④ 双人、三人、多人自行车。应用原理17（维数变化原理）、原理5（组合原理）。双人或三人同骑的自行车，通常在公园等娱乐场所使用，还有人设计了多人同骑的自行车，如图3.87所示。

图3.87 双人、三人、多人自行车

⑤ 无轮毂电动自行车。应用原理28（机械系统替代原理）。通过电磁系统让车轮旋转，无须轮毂，减轻了车体重量，如图3.88所示。

图3.88 无轮毂电动自行车

⑥ 自走式智能自行车。应用原理23（反馈原理）、原理25（自服务原理）。这种车具有电脑和传感器系统，能够通过电脑系统预先设置好行走路线，并能自动识别障碍物，自动停下或绕过。车上安装有自动平衡控制系统和辅助机构，能自动保持车身平衡，不会因为受外力而倒下。这种自走式智能自行车尚处于概念设计阶段。

3.5 技术矛盾与阿奇舒勒矛盾矩阵

TRIZ理论认为，发明问题的核心是解决矛盾，系统的进化就是不断发现矛盾并解决矛盾，从而向理想化不断靠近的过程。

阿奇舒勒通过对大量发明专利的研究，总结出工程领域内常用的表述系统性能的39个通用工程参数和由其组成的矛盾矩阵，能有效解决系统中的技术矛盾，是TRIZ理论的重要组成部分。通过对系统进行技术矛盾的参数化定义，然后查阅阿奇舒勒矛盾矩阵，即可找到相对应的发明原理，从而使问题得到解决。本章内容与前述 3.4 节的 40 个发明原理关系密切，需要结合起来使用。

3.5.1 技术矛盾的相关概念

1）系统中的矛盾及其分类

（1）系统中的矛盾

任何产品作为一个系统，都包含一个或多个功能，为了实现这些功能，产品要由具有相互关系的多个零部件组成。为了提高产品的市场竞争力，需要不断对产品进行改进设计。当改变某个零件、部件的设计，即提高产品某些方面的性能时，可能会影响到与这些被改进零部件相关联的零部件，结果可能使产品或系统另一些方面的性能受到影响。如果这些影响是负面影响，则设计出现了矛盾。

例如，自行车车闸的改进设计。目前的自行车车闸很容易受到天气的影响：下雨天，车轮瓦圈表面与闸皮之间的摩擦系数降低，减少了摩擦力，降低了骑车人的安全性。一种改进设计为可更换闸皮型，即有两类闸皮，好天气用一类，雨天换为另一类。设计中的矛盾为：将闸皮设计成可更换型，增加了骑车人的安全性，但必须备有闸皮可用，还要更换，使操作变得复杂。

TRIZ 理论认为，发明问题的核心是解决矛盾，未解决矛盾的设计不是创新设计。产品或系统的进化过程就是不断解决产品所存在的矛盾的过程。设计人员在设计过程中不断地发现矛盾并解决矛盾，是推动系统向理想化方向进化的动力。

（2）矛盾的分类

阿奇舒勒将矛盾分为三类，即管理矛盾、技术矛盾和物理矛盾。

管理矛盾是指为了避免某些现象或希望取得某些结果，需要做一些事情，但不知如何去做。例如，希望提高产品质量、降低原材料的成本，但不知方法。TRIZ 理论认为，管理矛盾是非标准的矛盾，不能被直接消除，通常是转化为技术矛盾或物理矛盾来解决的。

技术矛盾是指一个作用同时导致有用及有害两种结果，也可指有用作用的引入或有害效应的消除导致一个或几个子系统或系统变坏。技术矛盾表现为系统中两个参数之间的矛盾。技术矛盾及其解决是本节要研究的主要内容。

物理矛盾是指为了实现某种功能，一个子系统或元件应具有一种特性，但同时出现了与此特性相反的特性。物理矛盾的有关内容将在本章 3.6 节详细阐述。

2）技术矛盾的定义

技术矛盾是由系统中两个因素导致的，这两个因素相互促进、相互制约。所有的人工系统、机器、设备、组织或工艺流程，都是相互联系、相互作用的各种因素的综合体。TRIZ 理论将这些因素总结成通用参数，来描述系统性能，如速度、强度、温度、可靠性等。如果改进系统中一个元素的参数，而引起了系统中另一个参数的恶化，就是同一系统不同参数之间产生了矛盾，称之为技术矛盾，即参数间的矛盾。

【案例 3-7】 织物印花操作装置中的技术矛盾。

图 3.89 是织物印花操作装置原理图。该装置由橡胶辊、图案辊、染料溶液、染料槽、刮刀组成，橡胶辊与图案辊处于旋转状态，并驱动待印花织物运动。待印花织物通过橡胶辊与图案辊之间时，橡胶辊对图案辊的压力使图案辊的图案凹陷处出现真空，真空使染料溶液

吸附到织物上,从而完成印花的功能。本装置的制品是印花织物,织物被两个辊子驱动的线速度与织物的成本有直接关系。线速度越高,生产率越高,织物成本越低,设备的生产能力越高,这是任何企业都需要的。但提高线速度时,会使织物上图案的颜色深度降低,即制品质量降低。如何既提高织物的线速度,又不降低制品质量,是改进图 3.89 所示装置的设计所应考虑的问题,该问题形成一个技术矛盾。

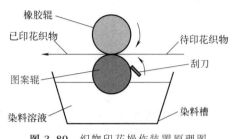

图 3.89 织物印花操作装置原理图

技术矛盾出现的几种情况为:

① 在一个子系统中引入一种有用功能,导致另一个子系统产生一种有害功能,或加强了已存在的一种有害功能;

② 消除一种有害功能导致另一个子系统有用功能变坏;

③ 有用功能的加强或有害功能的减少使另一个子系统或系统变得太复杂。

对于一个技术系统,通常先对系统的内部构成和主要功能进行分析,并用语言进行描述,再确定应该改善或去除的特性以及由此带来的不良反应,从而确定技术矛盾,最后用 TRIZ 理论解决技术矛盾的专门方法进行解决。

3.5.2 39 个通用工程参数

1) 39 个通用工程参数及其定义

产品设计中的矛盾是普遍存在的,应该有一种通用化、标准化的方法描述设计中的矛盾,设计人员使用这些标准化的方法共同研究与交流将促进产品创新。

TRIZ 理论提出用 39 个通用工程参数描述矛盾。实际应用中,首先要把一组或多组矛盾均用 39 个通用工程参数来表示,利用该方法把实际工程设计中的矛盾转化为一般的或标准的技术矛盾。

39 个通用工程参数中常用到运动物体与静止物体两个术语。运动物体是指自身或借助于外力可在一定的空间内做相对运动的物体。静止物体是指自身或借助于外力都不能使其在空间内做相对运动的物体。而物体也可理解为一个系统。

表 3.9 是 39 个通用工程参数的汇总,39 个通用工程参数代表的意义通常不只包括其字面意思的简单内涵,还包括其扩展外延含义。

表 3.9 通用工程参数

序号	名称	定义
1	运动物体的重量	重力场中的运动物体,作用在防止其自由下落的悬架或水平支架上的力。重量常常用于表示物体的质量
2	静止物体的重量	重力场中的静止物体,作用在防止其自由下落的悬架、水平支架上或者放置该物体的表面上的力。重量常常用于表示物体的质量
3	运动物体的长度	运动物体上的任意线性尺寸,不一定是最长的长度。它不仅可以是一个系统的两个几何点或零件之间的距离,而且可以是一条曲线的长度或一个封闭环的周长
4	静止物体的长度	静止物体上的任意线性尺寸,不一定是最长的长度。它不仅可以是一个系统的两个几何点或零件之间的距离,而且可以是一条曲线的长度或一个封闭环的周长
5	运动物体的面积	运动物体被线条封闭的一部分或表面的几何度量,或者运动物体内部或外部表面的几何度量。面积是以填充平面图形的正方形个数来度量的。面积不仅可以是平面轮廓的面积,也可以是三维表面的面积,或一个三维物体所有平面、凸面或凹面的面积之和

续表

序号	名称	定义
6	静止物体的面积	静止物体被线条封闭的一部分或表面的几何度量,或者静止物体内部或外表面的几何度量。面积是以填充平面图形的正方形个数来度量的。面积不仅可以是平面轮廓的面积,也可以是三维表面的面积,或一个三维物体所有平面、凸面或凹面的面积之和
7	运动物体的体积	以填充运动物体或者运动物体占用的单位立方体个数来度量。体积不仅可以是三维物体的体积,也可以是与表面结合、具有给定厚度的一个层的体积
8	静止物体的体积	以填充静止物体或者静止物体占用的单位立方体个数来度量。体积不仅可以是三维物体的体积,也可以是与表面结合、具有给定厚度的一个层的体积
9	速度	物体的速度或者效率,或者过程、作用与时间之比
10	力	物体(或系统)间相互作用的度量。在牛顿力学中力是质量与加速度之积,在TRIZ理论中力是试图改变物体状态的任何作用
11	应力,压强	单位面积上的作用力,也包括张力。例如,房屋作用于地面上的力,液体作用于容器壁上的力,气体作用于气缸和活塞上的力。压强也可以理解为无压强(真空)
12	形状	形状是一个物体的轮廓或外观。形状的变化可能表示物体的方向性变化或者物体在平面和空间两方面的形变
13	稳定性	物体的组成和性质(包括物理状态)不随时间而变化的性质。磨损、化学分解及拆卸都代表稳定性降低
14	强度	物体在外力作用下抵制使其发生变化的能力,或者在外部影响下抵抗破坏(分裂)和不可逆变形的性质
15	运动物体的作用时间	运动物体具备其性能或者发挥作用的时间、服务时间,以及耐久力等。两次故障之间的平均时间也是作用时间的一种度量
16	静止物体的作用时间	静止物体具备其性能或者发挥作用的时间、服务时间,以及耐久力等。两次故障之间的平均时间也是作用时间的一种度量
17	温度	物体所处的热状态,代表宏观系统热动力平衡的状态特征。还包括其他热学参数,比如影响温度变化速率的热容量
18	照度	照射到某一表面上的光通量与该表面面积的比值。也可以理解为物体的适当亮度、反光性和色彩等
19	运动物体的能量消耗	运动物体执行给定功能所需的能量。经典力学中能量指作用力与距离的乘积。包括消耗超系统提供的能量
20	静止物体的能量消耗	静止物体执行给定功能所需的能量。经典力学中能量指作用力与距离的乘积。包括消耗超系统提供的能量
21	功率	物体在单位时间内完成的工作量或者消耗的能量
22	能量损失	做无用功消耗的能量。减少能量损失有时需要应用不同的技术来提升能量利用率
23	物质损失	部分或全部的,永久或临时的,物体材料、物质、部件或者子系统的损失
24	信息损失	部分或全部的,永久或临时的,系统数据的损失,后续系统获取数据的损失,经常也包括气味、材质等感性数据的损失
25	时间损失	一项活动持续的时间,改善时间损失情况一般指减少活动所费时间
26	物质的量	物体(或系统)的材料、物质、部件或者子系统的数量,它们一般能全部或部分、永久或临时改变
27	可靠性	物体(或系统)在规定的方法和状态下实现规定功能的能力。可靠性常常可以理解为无故障操作概率或无故障运行时间
28	测量精度	系统特性的测量结果与实际值之间的偏差程度。比如减小测量中的误差可以提高测量精度
29	制造精度	所制造产品的性能特征与图纸技术规范和标准所预定参数的一致性程度
30	作用于物体的有害因素	环境(或系统)其他部分对于物体的(有害)作用,它使物体的功能参数退化
31	物体产生的有害因素	降低物体(或系统)功能的效率或质量的有害作用。这些有害作用一般来自物体或者作为其操作过程一部分的系统
32	可制造性	物体(或系统)制造构建过程中的方便或者简易程度
33	操作流程的方便性	操作过程中需要的人数越少,操作步骤越少,以及工具越少,代表方便性越高,同时还要保证较高的产出

续表

序号	名称	定义
34	可维修性	对于系统可能出现的失误所进行的维修要时间短、方便和简单
35	适应性,通用性	物体(或系统)积极响应外部变化的能力,或者在各种外部影响下以多种方式发挥功能的可能性
36	系统的复杂性	系统元素及其之间相互关系的数目和多样性。如果用户也是系统的一部分,将会增加系统的复杂性,掌握该系统的难易程度是其复杂性的一种度量
37	控制和测量的复杂性	测量或者监视一个复杂系统需要高成本、较长时间和较多人力,或者部件之间关系太复杂而使得系统的检测和测量困难。为了低于一定测量误差而导致成本提高也是一种测试复杂性增加
38	自动化程度	物体(或系统)在无人操作时执行其功能的能力。自动化程度的最低级别是完全手工操作工具。中等级别则需要人工编程,监控操作过程,或者根据需要调整程序。而最高级别的自动化则是机器自动判断所需操作任务,自动编程和对操作自动监控
39	生产率	单位时间系统执行的功能或者操作的数量,或者实现一个功能或操作所需时间以及单位时间的输出,或者单位输出的成本等

2) 39个通用工程参数的分类

39个通用工程参数依据不同的分类方法可有不同的分类。

(1) 按39个通用工程参数的定义特点分

为应用方便和便于掌握规律,按参数自身定义的特点,将39个通用工程参数分为以下三大类。

① 物理及几何参数,是描述物体的物理及几何特性的参数,共15个。
② 技术负向参数,是指这些参数变大会使系统或子系统的性能变差,共11个。
③ 技术正向参数,是指这些参数变大会使系统或子系统的性能变好,共13个。

它们的名称及编号见表3.10。

表3.10 通用工程参数的分类

物理及几何参数		技术负向参数		技术正向参数	
编号	通用工程参数名称	编号	通用工程参数名称	编号	通用工程参数名称
No.1	运动物体的重量	No.15	运动物体的作用时间	No.13	稳定性
No.2	静止物体的重量	No.16	静止物体的作用时间	No.14	强度
No.3	运动物体的长度	No.19	运动物体的能量消耗	No.27	可靠性
No.4	静止物体的长度	No.20	静止物体的能量消耗	No.28	测量精度
No.5	运动物体的面积	No.22	能量损失	No.29	制造精度
No.6	静止物体的面积	No.23	物质损失	No.32	可制造性
No.7	运动物体的体积	No.24	信息损失	No.33	操作流程的方便性
No.8	静止物体的体积	No.25	时间损失	No.34	可维修性
No.9	速度	No.26	物质的量	No.35	适应性,通用性
No.10	力	No.30	作用于物体的有害因素	No.36	系统的复杂性
No.11	应力,压强	No.31	物体产生的有害因素	No.37	控制和测量的复杂性
No.12	形状			No.38	自动化程度
No.17	温度			No.39	生产率
No.18	照度				
No.21	功率				

(2) 按系统改进时工程参数的变化分

按系统改进时工程参数的变化,可将39个通用工程参数分为改善的参数、恶化的参数两大类。

① 改善的参数：系统改进时，提升和加强的特性所对应的工程参数。

② 恶化的参数：系统改进时，在某个工程参数获得提升的同时，必然会导致其他一个或多个工程参数变差了，这些变差的工程参数称为恶化的参数。

改善的参数与恶化的参数就构成了系统内部的技术矛盾。例如，要想提高轴的强度，就会增加轴的截面积，从而导致轴的质量增加。欲改善的参数是强度，恶化的参数是静止物体的重量。

不同领域中，虽然人们所面临的矛盾问题不同，但如果用 39 个通用工程参数来描述矛盾，就可以把一个具体问题转化为一个 TRIZ 问题，然后用 TRIZ 的工具方法去解决矛盾。通用工程参数是连接具体问题与 TRIZ 理论的桥梁，是开启问题之门的第一把"金钥匙"。

3）确定通用工程参数的实例

在实际问题分析过程中，为表述系统存在的矛盾问题而进行的工程参数的选择是一个难度较大的工作。工程参数的选择不但需要拥有关于技术系统全面的专业知识，而且也要拥有对 TRIZ 的 39 个通用工程参数的正确理解和使用能力。下面举几个确定工程参数的实例加以说明。

【案例 3-8】 法兰螺栓连接问题。

很多铸件或管状结构是通过法兰连接的，如图 3.90 所示。为了机器或设备维护，法兰连接处常常还要被拆开，有些连接处还要承受高温、高压，且要求密封良好。有的重要法兰需要很多个螺栓连接，如一些汽轮机的法兰甚至需要 100 多个螺栓。为了满足密封良好的要求，设计过程中要采用较多的螺栓。但为了减少重量，或减少安装时间，或维修时减少拆卸的时间，螺栓越少越好。传统的设计方法是在螺栓数目与密封性之间取得折中方案。

本例的技术矛盾为：

① 如果密封性良好，则操作时间长且结构的重量增加；

② 如果质量轻，则密封性变差；

③ 如果操作时间短，则密封性变差。

(a) (b)

图 3.90 法兰的螺栓连接

系统中希望减少螺栓个数，即想要重量轻、拆装方便性好、系统复杂性低。另一方面，螺栓连接常拆卸属于系统稳定性差，螺栓个数少使密封性变差意味着系统可靠性差。因此，以上矛盾用通用工程参数描述如下。

① 改善的参数为：静止物体的重量；操作流程的方便性；系统的复杂性。

② 恶化的参数为：稳定性；可靠性。

【案例 3-9】 振动筛的筛网问题。

振动筛筛网的损坏是设备报废的主要原因之一,尤其对分垃圾的振动筛而言更是如此。经分析认为,筛网面积大、筛分效率高是有利的方面,但因此筛网接触物料的面积也增大,则物料对筛网的伤害也就增大。

本例的技术矛盾为:

① 如果筛网面积增大,则物料对筛网的伤害增大。

② 如果提高筛分效率,则物料对筛网的伤害增大。

物料对筛网的伤害属于系统其他部分对于物体的有害作用,它使物体的功能参数退化,属于作用于物体的有害因素。筛分效率高意味着生产率高。因此,以上矛盾用通用工程参数描述如下。

① 改善的参数为:No.5 运动物体的面积;No.39 生产率。

② 恶化的参数为:No.30 作用于物体的有害因素。

【案例 3-10】 破冰船问题。

冬天必须在约 3m 厚的冰封航道上运送货物。传统方式是由破冰船在前面破出一条航道,然后由其他轮船跟随前进。某破冰船原来每小时只行驶 2km,现在需要将速度提至至少 6km/h,以提高运输效率(其他运输方式不可取)。通过调查了解到破冰船的发动机是当时功率最高的,如果提高功率,则轮船的其他部件将会产生连锁反应——容纳发动机的空间要加大,轮船的重量要增加等。问题是在不改变破冰船基本条件的情况下,怎样去提高破冰船的速度呢?

本例的技术矛盾为:

① 如果要提高破冰船的速度,则船的发动机动力就要加大,而发动机动力无法加大;

② 如果要提高运输效率,则船的发动机动力要加大。

提高运输效率即提高生产率,而体现发动机动力的性能参数即发动机的功率。因此,以上矛盾用通用工程参数描述如下。

① 改善的参数为:No.9 速度;No.39 生产率。

② 恶化的参数为:No.21 功率。

3.5.3 阿奇舒勒矛盾矩阵的概念与应用步骤

(1) 阿奇舒勒矛盾矩阵的概念

消除矛盾的重要途径之一就是使用本书第 3.4 节中介绍的 40 个发明原理,问题是:消除矛盾时,需要用到哪些原理?其中哪些原理最有效?是不是每次都需要将 40 个发明原理从头到尾都分析一遍?有没有一种方法或工具,在我们确定了一个技术矛盾后,能引导我们快速地找到相应的发明原理呢?答案是有的,那就是应用阿奇舒勒矛盾矩阵(附录 A)。

阿奇舒勒通过对大量发明专利的研究,总结出工程领域内常用的表述系统性能的 39 个通用工程参数,并用 39 个通用工程参数和 40 个创新原理构成了矛盾矩阵表——阿奇舒勒矛盾矩阵。在阿奇舒勒的矛盾矩阵中,将 39 个通用工程参数横向、纵向顺次排列,横向代表恶化的参数,纵向代表改善的参数。在工程参数纵横交叉的方格内的数字,表示建议使用的 40 个发明原理的序号,这些原理是最有可能解决问题的原理与方法,是解决技术矛盾的关键所在。在工程参数纵横交叉的方格内存在三种情况:第一种情况是方格内有 1 至 4 组数,表示建议使用的 40 个发明原理的序号;第二种情况是在没有数的方格中,"+"方格处于相同参数的交叉点，系统矛盾由一个因素导致，这是物理矛盾，不在技术矛盾的范围之内；第三种情况是在没有数的方格中，"-"方格处于不同参数的交叉点，表示暂时没有找到合适的发明原理来解决这类技术矛盾。例如，欲改善"运动物体的长度"（附录 A 中纵向第 3 项），往往会使"运动物体的体积"（附录 A 中横向第 7 项）特性恶化。为了解决这一矛盾，TRIZ 提供的 4 个发明原理编号分别为 7、17、4、35。

只要我们清楚了待改善的参数和恶化的参数，就可以在矛盾矩阵中找到一组相对应的发明原理序号，这些原理就构成了矛盾的可能解的集合。矛盾矩阵所体现的最基本的内容，就是创新的规律性。需要强调的是矛盾矩阵所提供的发明原理，往往并不能直接使技术问题得到解决，而只是提供了最有可能解决技术问题的探索方向。在解决实际技术问题时，还必须根据所提供的原理及所要解决问题的特定条件，探求解决技术问题的具体方案。

（2）矛盾矩阵的应用步骤

为了使用起来更加方便并提高解决问题的效率，总结出矛盾矩阵的应用步骤如下。

应用矛盾矩阵解决工程矛盾时，建议使用以下 12 个步骤来进行。

第一步：确定技术系统的名称。

第二步：确定技术系统的主要功能。

第三步：对技术系统进行详细分解，划分系统的级别，列出超系统、系统、子系统各基本的零部件及各种辅助功能。

第四步：对技术系统、关键子系统、零部件之间的相互依赖关系和作用进行描述。

第五步：确定技术系应改善的特性、应该消除的特性。

第六步：将确定的参数，对应附录所列的 39 个通用工程参数进行重新描述。工程参数的定义、描述是一项难度颇大的工作，不仅需要对 39 个工程参数充分理解，更需要丰富的专业技术知识。

第七步：对工程参数的矛盾进行描述。欲改善的工程参数与随之被恶化的工程参数之间存在的就是矛盾。

第八步：对矛盾进行反向描述。假如降低一个参数被恶化的程度，欲改善的参数将被削弱，或另一个被恶化的参数得到改善。

第九步：查找阿奇舒勒矛盾矩阵（附录 A），得到所推荐的发明原理的序号。

第十步：按照序号查找发明原理，得到发明原理名称。

第十一步：将所推荐的发明原理逐个应用到具体问题上，探讨每个原理在具体问题上如何应用和实现。

第十二步：筛选出最理想的解决方案，进入产品的方案设计阶段。

如果所查找到的发明原理都不适用于具体的问题，需要重新定义工程参数和矛盾，再次应用和查找矛盾矩阵。

3.5.4 阿奇舒勒矛盾矩阵应用实例

为了更好地说明技术矛盾的解决和阿奇舒勒矛盾矩阵的应用方法，举例说明如下。

【案例 3-11】 波音 737 飞机发动机整流罩改进。

波音 737 飞机为加大航程而需要加大发动机功率，但出现的问题是飞机的发动机整流罩也必须做相应的改进，这是因为在加大功率的情况下发动机需要进更多的空气，从而使发动机整流罩的面积加大，并导致整流罩尺寸的加大，整流罩与地面的距离将会缩小，飞机起降的安全性就会降低,而起落架的高度是无法调整的,如图 3.91(a)所示。现在的问题是如何改进发动机的整流罩,而不致降低飞机的安全性。

通过分析,设定改善的通用工程参数是增大"运动物体的面积",随之被恶化的通用工程参数是"运动物体的尺寸",根据纵坐标上的改善参数"运动物体的面积"与横坐标上的恶化参数"运动物体的长度"查找矛盾矩阵,得到的可能的创新原理序号是 14、15、18、4。对照提供的这 4 组数查找 40 个创新原理,可以得到推荐的创新原理,分别是:

创新原理 14:曲面化原理——此方案对解决问题无效;

创新原理 15:动态化原理——此方案对解决问题无效;

创新原理 18:机械振动原理——此方案对解决问题无效;

创新原理 4:不对称原理——此方案可作选择。

具体方案是将飞机发动机整流罩的纵向尺寸保持不变,而横向尺寸加大,即让整流罩变成上下不对称的"鱼嘴"形状。这样,飞机发动机整流罩的进风面积加大了,而其底部与地面的距离仍然可以保持一个安全的距离,因此飞机的安全性并不会受到影响。如图 3.91(b)所示,最终飞机发动机整流罩设计的解决方案就是采用了"鱼嘴"形状,既解决了发动机面积的增大问题,又解决了整流罩与地面距离太近的问题。

(a)改进前　　　　　　　　　　　　　　(b)改进后

图 3.91　波音 737 整流罩示意图

【案例 3-12】　新型开口扳手的设计。

扳手在外力的作用下可以拧紧或松开一个六角螺钉或螺母。由于螺钉或螺母的受力集中到两条棱边,容易使它们产生变形,从而在后续使用中,使螺钉或螺母的拧紧或松开困难。开口扳手在使用过程中也容易损坏螺钉或螺母的棱边,如图 3.92(a)所示。如何克服传统设计中的这一缺陷呢?应用矛盾矩阵可以解决这一问题。

通过分析,设定改善的通用工程参数是改善"物体产生的有害因素",随之被恶化的通用工程参数是"制造精度",根据纵坐标上的改善参数"物体产生的有害因素"与横坐标上的恶化参数"制造精度"查找矛盾矩阵,得到的可能的创新原理序号是 4、17、34、26。可以得到推荐的创新原理,分别是:

创新原理 4:不对称原理;

创新原理 17:维数变化原理;

创新原理 34:抛弃与再生原理;

创新原理 26:复制原理。

对维数变化原理及不对称原理两条发明原理进行深入分析,可以得到如下启示:如果扳手工作面的一些点能与螺母或螺钉的侧面接触,而不只是与其棱边接触,问题就可以解决。美国的一项发明专利正是基于上述原理设计出来的,如图 3.92(b)所示。

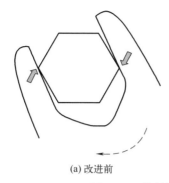
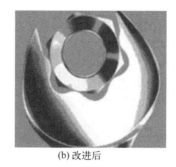

(a) 改进前　　　　　　　(b) 改进后

图 3.92　拧紧螺母的扳手示意图

需要指出的是，应用矛盾矩阵解决技术问题，一方面，要熟练掌握矛盾矩阵的使用方法，尤其是恰当选用 39 个通用工程参数准确定义技术矛盾；另一方面，也需要在技术实践中反复使用，积累经验，才能提高矛盾矩阵的使用效果和效率。

【案例 3-13】　多功能变形椅子的设计。

传统椅子如图 3.93（a）所示，要求在此基础上对其进行创新设计，使椅子具有多种形态，同时具有多种功能，便于灵活使用和放置，结构设计合理巧妙。

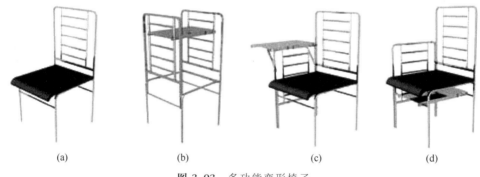

(a)　　　　　　(b)　　　　　　(c)　　　　　　(d)

图 3.93　多功能变形椅子

通过分析，设定改善的参数为适应性及通用性（No.35），随之被恶化的通用工程参数为：运动物体的重量（No.1）和系统的复杂性（No.36）。由矛盾矩阵中查得发明原理序号为 1、6、15、8，和 15、29、37、2。经分析选取 1（分离原理）、6（多用性原理）、15（动态化原理）。

基于 TRIZ 的第 1、6、15 号发明原理，改进后的椅子增加了一个与椅背对称的支架，该部分可以灵活改变安装位置，并将椅子座板设计成可拆的，再增加一个小的支撑台板。如图 3.93（b）所示，将椅子座板拆下后，将与椅背对称的支架与座椅前腿用螺栓紧固连接，椅背与支架之间安装支撑台板，台板高度可根据椅背与支架上横杆的位置随意调整，支架和支撑台板有足够的强度和刚度，可满足人踩踏的工作要求。当人们需要在室内较高处工作时，如清理顶棚或灯具等时，可使用这种改进后的椅子。另外，还可以再增加一或两个支撑台板，作为书架或用于摆放其他日常用品。这样，就将平时只用于坐的椅子变形为架子。改进后的架椅增加了支架和支撑台板，可以放在侧面作为扶手和小桌板［图 3.93（c）］，或者放在座板下面用于放置物品［图 3.93（d）］。此多功能变形椅子的创新设计使椅子具有了灵活的多种形态和功能，使用方便，节约放置空间。

3.6 物理矛盾与分离原理

一般的技术系统中经常存在的是技术矛盾。当矛盾中欲改善的参数与被恶化的正、反两个工程参数是同一个参数时，这就属于TRIZ中所称的物理矛盾。解决物理矛盾应用分离原理，即空间分离原理、时间分离原理、基于条件分离原理及整体和局部分离原理。每个分离原理都可以与40个发明原理中的若干个原理相对应。

3.6.1 物理矛盾的意义

在阿奇舒勒矛盾矩阵中，对角线上的方格中都没有对应的发明原理序号，而只有"+"号。这样的矛盾就是物理矛盾。当对系统中的同一个参数提出相反的要求时，就存在物理矛盾。物理矛盾是同一系统同一参数内的矛盾，即参数内矛盾。例如，我们需要温度既高又低，尺寸既长又短。

对于某一个技术系统的元素，物理矛盾有以下三种情况。

第一种情况，这个元素是通用工程参数，不同的设计条件对它提出了完全相反的要求。例如：刮板输送机的减速器既要体积大以实现传递大的功率和较大的传动比，又要体积小以使机器结构紧凑；皮带输送机的皮带既要厚度大、强度高，又要厚度小，从而弯曲应力小。

第二种情况，这个元素是通用工程参数，不同的设计条件对它有着不同（并非完全相反）的要求。例如：要实现压力达到50Pa，又要实现压力达到100Pa；玻璃既要透明，又不能完全透明；等等。

第三种情况，这个元素是非工程参数，不同的设计条件对它有着不同的要求。例如：门既要经常打开，又要经常保持关闭；矿山机械的配件既要多又要少；比赛的奖项既要设立得多，又要设立得少；等等。

为了更详细准确地描述物理矛盾，Savransky于1982年提出了如下的描述方法：
① 子系统A必须存在，A不能存在；
② 关键子系统A具有性能B，同时应具有性能B−，B与B−是相反的性能；
③ A必须处于状态C及状态C−，C与C−是不同的状态；
④ A不能随时间变化，A要随时间变化。

1988年，Teminko提出了基于需要的或有害效应的物理矛盾描述方法。
① 实现关键功能，子系统要具有一定的有用功能（useful function，UF），但为了避免出现有害功能（harmful function，HF），子系统又不能具有上述有用功能。
② 关键子系统的特性必须是一大值以能取得有用功能，但又必须是一小值以避免出现有害功能。
③ 子系统必须出现以取得某一有用功能，但又不能出现以避免出现有害功能。

物理矛盾可以根据系统所存在的具体问题，选择具体的描述方式来进行表达。总结归纳物理学中的常用参数，主要有3大类：几何类、材料及能量类、功能类。每一大类中的具体参数和矛盾如表3.11所示。除此之外，其他领域还有管理类参数。

定义物理矛盾的步骤如下：
第一步：技术系统的因果轴分析；
第二步：从因果轴定义技术矛盾"A+、B−"或"B+、A−"；

表 3.11 常见的物理矛盾

类别	物理矛盾			
几何类	长与短 圆与非圆	对称与非对称 锋利与粗钝	平行与交叉 窄与宽	厚与薄 水平与垂直
材料及能量类	多与少 时间长与短	密度大与小 黏度高与低	热导率高与低 功率大与小	温度高与低 摩擦系数大与小
功能类	喷射与堵塞 运动与静止	推与拉 强与弱	冷与热 软与硬	快与慢 成本高与低

第三步：提取物理矛盾，即在这对技术矛盾中找到一个参数，及其相反的两个要求"C+""C−"；

第四步：定义理想状态，即提取技术系统在每个参数状态的优点，提出技术系统的理想状态。

3.6.2 分离方法与分离原理简介

相对于技术矛盾，物理矛盾是一种更尖锐的矛盾，其解决方法一直是 TRIZ 理论研究的重要内容，解决物理矛盾的核心思想是实现矛盾双方的分离。阿奇舒勒在 20 世纪 70 年代提出了 11 种分离方法，80 年代 Glazunov 提出了 30 种分离方法，90 年代 Savransky 提出了 14 种分离方法。现代 TRIZ 理论在总结各种方法的基础上，归纳概括为 4 大分离原理。在介绍分离原理之前，首先说明一下阿奇舒勒经典 TRIZ 理论解决物理矛盾的 11 种分离方法。

1）经典 TRIZ 理论解决物理矛盾的 11 种分离方法

（1）相反需求的空间分离

从空间上进行系统或子系统的分离，以在不同的空间实现相反的需求。

例如，矿井中，喷洒弥散的小水滴是一种去除空气中粉尘的有效方式，但是小水滴会产生水雾，影响可见度。为解决这个问题，建议使用大水滴锥形环绕小水滴的喷洒方式。

（2）相反需求的时间分离

从时间上进行系统或子系统的分离，以在不同的时间段实现相反的需求。

例如，根据张力的变化，调整刮板输送机的链轮中心距，使刮板链张力随时间变化，从而获得最佳的运行张力。

（3）系统转换 1a

将同类或异类系统与超系统结合。

例如，在矿井排水中，将中间水平的矿水引入井底水仓，由主泵集中抽排。

（4）系统转换 1b

从一个系统转变到相反的系统，或将系统和相反的系统进行组合。

例如，为止血，在伤口上贴上含有不相容血型血的纱布垫。

（5）系统转换 1c

整个系统具有特性"F"，同时，其零件具有相反的特性"F−"。

例如，自行车链轮传动结构中的链条，其中的每个链节是刚性的，多个链节连接组成的整个链条却具有柔性。

（6）系统转换 2

将系统转变到继续工作在微观级的系统。

例如，液体撒布装置中包含一个隔膜，在电场感应下允许液体穿过这个隔膜（电渗透作用）。

(7) 相变1

改变一个系统的部分相态，或改变其环境。

例如，煤气压缩后以液体形式进行储存、运输、保管，以便节省空间，使用时压力释放后转化为气态。

(8) 相变2

改变动态的系统部分相态（依据工作条件来改变相态）。

例如，热交换器包含镍钛合金箔片，在温度升高时，交换镍钛合金箔片位置，以增加冷却区域。

(9) 相变3

联合利用相变时的现象。

例如，为增加模型内部的压力，事先在模型中填充一种物质，这种物质一旦接触到液态金属就会气化。

(10) 相变4

以双相态的物质代替单相态的物质。

例如，抛光液由含有铁磁研磨颗粒的液态石墨组成。

(11) 物理-化学转换

物质的创造-消灭，作为合成-分解、离子化-再结合的一个结果。

例如，热导管的工作液体在管中受热区蒸发并发生化学分解。然后，化学成分在受冷区重新结合，恢复为工作液体。

2) 物理矛盾分离原理

TRIZ理论按照空间、时间、条件、系统级别，将分离原理分为空间分离、时间分离、基于条件分离、整体与部分的分离四个分离原理。

(1) 空间分离

所谓空间分离，是将矛盾双方在不同的空间上分离开来，以实现问题的解决或降低解决问题的难度。使用空间分离前，先确定矛盾的需求在整个空间中是否都在沿着某个方向变化。如果在空间中的某一处，矛盾的一方可以不按一个方向变化，则可以使用空间分离原理来解决问题，即当系统矛盾双方在某一空间出现一方时，空间分离是可能的。

【案例3-14】 交叉路口的交通。在交叉路口，朝不同方向行驶的车辆会因混乱而影响通行效率，甚至出现交通事故。这就要求道路必须交叉以使车辆驶向目的地（A），道路一定不得交叉以避免车辆相撞（非A），从而形成物理矛盾。

运用空间分离原理解决交通问题：利用桥梁、隧洞把道路分成不同层面。空间分离方案如图3.94所示。

【案例3-15】 在打桩的过程中，希望桩头锋利，以便于桩容易被打入土中；同时在结束打桩后，又不希望桩头继续保持锋利，因为在桩到达位置后，锋利的桩头不利于桩承受较重的负荷。

运用空间分离原理解决打桩问题：在桩的上部加上一个锥形的圆环，并将该圆环与桩固定在一起，从空间上将矛盾

图3.94 交叉路口空间分离方案

进行分离，既保证了钢桩容易打入，同时又可以承受较大的载荷，如图3.95所示。

【案例3-16】 鱼雷引擎必须足够大以充分驱动鱼雷，又必须小以适配鱼雷的体积。鱼雷引擎既要大又要小形成了物理矛盾。

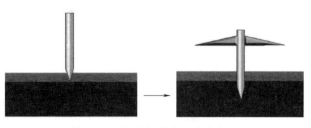

图3.95 打桩问题空间分离方案

利用空间分离原理得到解决方案：引擎分离，放置在岸边，通过缆线给鱼雷传递能量。

【案例3-17】 在利用轮船进行海底测量工作的过程中，早期是把声呐探测器安装在轮船上的某个部位。这样在实际测量时，轮船本身就成为干扰源，影响到测量的精度和准确性。解决的方法之一是轮船利用电缆拖着千米之外的声呐探测器，以在黑暗的海洋中感知外部世界信息。因此，被拖曳的声呐探测器与产生噪声的轮船之间在空间上就处于分离状态，互不影响，实现了物理矛盾的合理解决。

【案例3-18】 一些患有屈光不正的中老年人看远、近物体时，需要佩戴不同度数的两副眼镜，这种情况多见于远视眼合并老花眼或近视眼合并老花眼。如50岁、近视100度，同时又有老花眼的人，看远处物体需用100度近视眼镜，看近处物体则需100度老花眼镜。如果佩戴两副眼镜，更换时拿上拿下极不方便。在眼镜发展史上，美国的富兰克林首先提倡双光眼镜，又称富兰克林型眼镜。所谓双光眼镜，是指这些眼镜在同一镜片上有两种屈光度数（近视及远视），矫正远距离视力的屈光度数通常在镜片的上方，矫正近距离视力的屈光度数则设在镜片的下方。由于同一镜片上同时包括远和近的两种屈光度数，交替看远处和近处物体时不需更换眼镜，比单光老花眼镜更为方便。

（2）时间分离

所谓时间分离，是将矛盾双方在不同的时间段分离开来，以实现问题的解决或降低解决问题的难度。

使用时间分离前，先确定矛盾的需求在整个时间段上是否都朝着某个方向变化。如果在某一时间段，矛盾的一方可以不按一个方向变化，则可以使用时间分离原理来解决问题，即当系统矛盾双方在某时间段中只出现一方时，时间分离是可能的。

【案例3-19】 运用时间分离原理解决交叉路口的交通问题。解决交叉路口交通问题，最传统的方法是通过交警的指挥在时间上分流车辆。普遍使用的是交通信号灯按设定的程序将通行时间分成交替循环的时间段，使车辆按顺序通过。显然，在这里占主导地位的是时间资源。交叉路口时间分离方案如图3.96所示。

【案例3-20】 运用时间分离原理解决打桩问题。在钢桩的导入阶段，采用锋利的桩头将桩导入，到达指定的位置后，将桩头分成两半或者采用内置的爆炸物破坏桩头，使得桩可以承受较大的载荷，如图3.97所示。

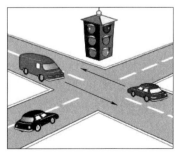

图3.96 交叉路口时间分离方案

【案例3-21】 自行车在行进时体积要大，以便载人，在存放时要小，以节省空间。自行车既大又小的矛盾发生在行进与存放两个不同的时间段，因此采用了时间分离原理，得到折叠式自行车的解决方案，如图3.98所示。

图 3.97　打桩问题时间分离方案

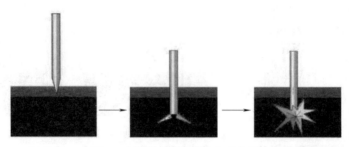

图 3.98　自行车使用和存放状态

【案例 3-22】　在喷砂处理工艺中，必须使用研磨剂，但是在完成喷砂工艺之后，产品内部或一些凹处会残留一些研磨剂。由于研磨剂的存在将影响后续的工艺，所以，喷砂工艺之后研磨剂的存在对于产品而言是不需要的。对喷砂处理工艺中的砂粒聚集问题可以采用时间分离的方法。一个有效的解决方案是采用干冰块作为研磨剂。喷砂工艺结束后，干冰块将会由于升华而消失，从而解决了砂粒聚集问题。

（3）基于条件分离

所谓基于条件分离，是将矛盾双方在不同的条件下分离，以实现问题的解决或降低解决问题的难度。

基于条件分离前，先确定矛盾的需求在各种条件下是否都朝着某个方向变化。如果在某种条件下，矛盾的一方可以不按一个方向变化，则可以使用基于条件分离原理来解决问题，即当系统矛盾双方在某一条件下只出现一方时，基于条件分离是可能的。

【案例 3-23】　交叉路口的交通。

利用基于条件分离原理解决交通问题。车辆只能直行，转弯走环路。交叉路口基于条件分离方案如图 3.99 所示。

图 3.99　交叉路口基于条件分离方案

【案例 3-24】　运用基于条件分离原理解决打桩问题。在钢桩上加入一些螺纹，将冲击式打桩改为将桩螺旋拧入的方式。当将桩旋转时，桩就向下运动；不旋转桩时，桩就静止。

从而解决了方便地导入桩与使桩承受较大的载荷之间的矛盾，如图 3.100 所示。

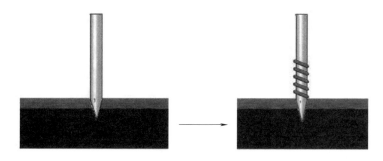

图 3.100　打桩问题基于条件分离方案

【案例 3-25】　高台跳水运动员的保护。进行高台跳水训练时，没有经验的运动员不以正确的姿势入水会受伤。有没有一个改善的方法，使运动员在训练的时候少受伤呢？

在水与跳水运动员组成的系统中，水既是硬物质，又是软物质，这主要取决于运动员入水的速度，速度大则水就"硬"，反之就"软"。但在本系统中，运动员的入水速度是不能被改变的，需要改变的是水。

矛盾：水要有一定的强度，这是水的特性所决定的；水又要是软的，因为需要保护运动员。那么水在什么条件下会变成"软"的物质呢？我们第一个联想到的就是泡沫或海绵，就希望有个像海绵或泡沫的水存在。分析一下泡沫和海绵的结构，于是我们在水中注入大量的空气，水就变"软"了，解决方案如图 3.101 所示。

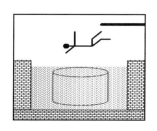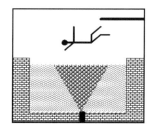

图 3.101　跳水训练池改进的前与后

【案例 3-26】　在厨房中使用笊篱，对于水而言是多孔的，允许水流过，而对于食物而言则是刚性的，不允许通过。

（4）整体与部分分离

所谓整体与部分分离，是将矛盾双方在不同的系统级别分离开来，以获得问题的解决或降低解决问题的难度。

当系统或关键子系统的矛盾双方在子系统、系统、超系统级别内只出现一方时，整体与部分分离是可能的。

【案例 3-27】　交叉路口的交通。利用整体与部分的分离原理解决交通问题。将十字路口设计成两个丁字路口，延缓一个方向的行车速度，加大与另外一个方向的避让距离。交叉路口整体与部分分离方案如图 3.102 所示。

【案例 3-28】　运用整体与部分的分离原理解决打桩问题。将原来的一个较粗的钢桩用一组较细的钢桩来代替，从而解决方便地导入桩与使桩承受较重的载荷之间的矛盾，如图 3.103 所示。

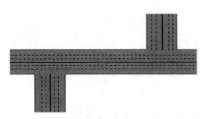
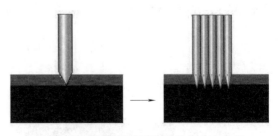

图 3.102 交叉路口整体与部分分离方案　　图 3.103 打桩问题整体与部分分离方案

3.6.3 分离原理与 40 个发明原理的关系

最近几年的研究成果表明，4 个分离原理与 40 个发明原理之间是存在一定关系的。如果能正确理解和使用这些关系，我们就可以把 4 个分离原理与 40 个发明原理做一些综合应用，这样可以开阔思路，为解决物理矛盾提供更多的方法与手段。

把 4 个分离原理与 40 个发明原理之间的关系做如下对应。

(1) 空间分离原理

可以利用以下 10 个发明原理来解决与空间分离有关的物理矛盾。

发明原理 1：分离。

发明原理 2：抽取。

发明原理 3：局部质量。

发明原理 4：不对称。

发明原理 7：嵌套。

发明原理 13：反向作用。

发明原理 17：维数变化。

发明原理 24：借助中介物。

发明原理 26：复制。

发明原理 30：柔性壳体或薄膜。

例如，教师讲课用的教鞭，在使用时希望它长，而在讲完课后又希望它短，携带方便。人们使用了发明原理 7，即嵌套原理，比较好地解决了这个问题，让教鞭能够呈嵌套状，自由伸缩。

(2) 时间分离原理

可以利用以下 12 个发明原理，来解决与时间分离有关的物理矛盾。

发明原理 9：预先反作用。

发明原理 10：预先作用。

发明原理 11：预先防范。

发明原理 15：动态化。

发明原理 16：未达到或过分作用。

发明原理 18：机械振动。

发明原理 19：周期性作用。

发明原理 20：有效作用的连续性。

发明原理 21：急速动作。

发明原理 29：气压和液压结构。

发明原理 34：抛弃与再生。

发明原理 37：热膨胀。

例如，自行车在使用的时候体积要足够大，以便载人、骑乘，在存放的时候体积要小，以便少占用空间。于是，人们利用了发明原理 15，即动态化原理，解决方案就是采用单铰接或者多铰接车身结构，让刚性的车身变得可以折叠，形成了当前比较流行的折叠自行车。

（3）基于条件分离原理

可以利用以下 13 个发明原理，来解决与基于条件分离有关的物理矛盾。

发明原理 1：分离。

发明原理 5：组合。

发明原理 6：多用性。

发明原理 7：嵌套。

发明原理 8：重量补偿。

发明原理 13：反向作用。

发明原理 14：曲面化。

发明原理 22：变害为利。

发明原理 24：借助中介物。

发明原理 25：自服务。

发明原理 27：廉价替代品。

发明原理 33：同质性。

发明原理 35：物理或化学参数改变。

例如，船在水中高速航行，水的阻力是很大的。作为水运工具的船，必须在水中行进，而为了降低水的阻力、提高船的速度，船又不应该在水中行进。利用发明原理 35，即物理或化学参数改变原理，可以在船头和船身两侧预留一些气孔，以一定的压力从气孔往水里打入气泡，这样可以降低水的密度和黏度，因此也就降低了船的阻力。

（4）整体与部分的分离原理

可以利用以下 9 个发明原理，解决和整体与部分的分离有关的物理矛盾。

发明原理 12：等势。

发明原理 28：机械系统替代。

发明原理 31：多孔材料。

发明原理 32：颜色改变。

发明原理 35：物理或化学参数改变。

发明原理 36：相变。

发明原理 38：强氧化剂。

发明原理 39：惰性环境。

发明原理 40：复合材料。

例如，操作采煤机时，为了控制采煤效果，操作控制装置必须处于采煤机上，人随采煤机一起移动，但薄煤层空间小、工人行动不便，于是应用发明原理 28，即机械系统替代原理，利用无线遥控实现薄煤层开采，改善工人工作环境。

3.6.4 分离原理应用实例

对于物理矛盾采用 4 大分离原理对应的发明原理，通过与实际问题相联系，找到物理矛盾的解决办法是比较快捷和有效的。每个分离原理对应的发明原理最少的有 9 个，最多的有 13 个，很大程度上减少了发明原理筛选的范围，对矛盾的解决给出了比较明确的方向。以下是几个创新实例。

（1）利用空间分离原理进行创新

【案例 3-29】 自行车采用链轮与链条传动是一个采用空间分离原理的典型例子。在链轮与链条发明之前，自行车的脚镫子是与前轮连在一起的 [图 3.104（a）]。这种早期的自行车存在的物理矛盾是骑车人既要快蹬（脚镫子）提高车轮转速，又要慢蹬以感觉舒适。链条、链轮及飞轮的发明解决了这个物理矛盾。在空间上将链轮（脚镫子）和飞轮（车轮）分离，再用链条连接链轮和飞轮，链轮直径大于飞轮，链轮只需以较慢的速度旋转就可以使飞轮以较快的速度旋转 [图 3.104（b）]。因此，骑车人可以较慢的速度蹬踏脚蹬，同时，自行车后轮又将以较快的速度旋转。

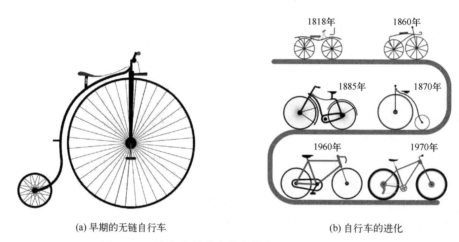

(a) 早期的无链自行车　　　　　　　(b) 自行车的进化

图 3.104　自行车链轮与链条传动采用空间分离原理

【案例 3-30】 吊车的吊臂和液压缸（图 3.105），在工作时希望它长，而在不工作时又希望它短，形成物理矛盾。采用空间分离原理，在可利用的 10 个对应的发明原理中选择发明原理 7，即嵌套原理，解决了这个问题，让其呈嵌套状，自由伸缩。类似的还有钓鱼竿、自拍杆、照相机镜头、教鞭等。

【案例 3-31】 工作时要求力矩大，希望扳手手柄长，而力矩小、操作空间小及存放时

图 3.105　吊车的吊臂和液压缸利用空间分离原理

希望手柄短，形成物理矛盾。采用空间分离原理，在可利用的 10 个对应的发明原理中选择发明原理 7 嵌套原理和发明原理 3 局部质量原理，利用局部卡槽和锁紧卡扣调整扳手长度：按下卡扣，扳手的手柄伸长；松开卡扣，手柄长度锁定。长的手柄使人操作时比较省力；不用时缩短，节省空间。

图 3.106 所示为手柄长度可调的扳手。

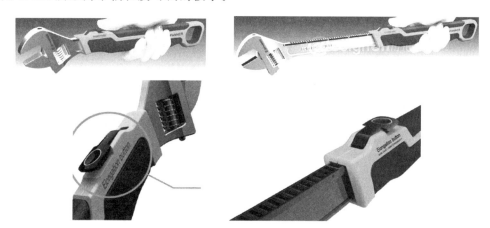

图 3.106　手柄长度可调的扳手利用空间分离原理

（2）利用时间分离原理进行创新

【案例 3-32】　日用品香皂在制作过程中要冲模，以形成一定的形状和表面花纹及图案。香皂温度要低，以便节约成形时间，但同时香皂温度要高，状态够软，以便填满整个模具空间，形成物理矛盾。采用时间分离原理，利用发明原理 10，即预先作用原理，解决方案就是预先制造固态的小香皂粒，与液态香皂混合后一起注入模具（图 3.107）。由于需要固化的液态部分比全部采用液态进行固化的量要少很多，所以极大减少了冲模和冷却、固化的时间，可以节约成形时间，提高生产效率，同时还不影响香皂的产品质量。

图 3.107　日用香皂冲模成形利用时间分离原理

【案例 3-33】　对于高度可展开、折叠的变胞机构设计，引入了模块化思想。工作时要求面积大，形成一定的运动姿态；而不工作时要求面积小，便于运输或收起，少占空间。展开、折叠、叠加特性可应用在机器人、太空空间站、登月车等的设计上（图 3.108）。对于这类机构，希望满足尺寸既大又小的要求，形成了物理矛盾。采用时间分离原理，从时间分离原理对应的 12 个发明原理中选择原理 15，即动态化原理，解决了该物理矛盾。

（3）利用基于条件分离原理进行创新

【案例 3-34】　高速水射流可以用来进行金属切割（图 3.109）。水射流既可以是硬物质，又可以是软物质，取决于水射流的速度。

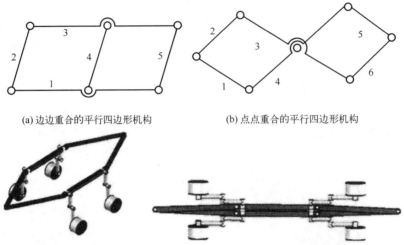

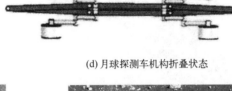

图 3.108　变胞机构利用时间分离原理

【**案例 3-35**】　加油机在高空中给受油机加油时，受油探头在高空中要进入到受油机的油箱中（图 3.110）。加油机和受油机在高空中存在着相对位移，会使受油探头振动，轻微的振动不影响加油的正常进行；但是在突发情况下，剧烈的振动会使加油机的受油探头喷嘴断裂，使加油机的结构受损，甚至会造成整个加油机机毁人亡的事故。因此要求在剧烈振动下，受油探头喷嘴可以折断，使加油机和受油机分离。这就产生了物理矛盾，要求加油机受油探头喷嘴既要强，以保证加油过程的顺利进行，又要弱，以便在突发剧烈振动的情况下，使加油机和受油机分离。采用基于条件分离方法，使用一些螺栓紧固受油探头喷嘴，螺栓具有一定的强度，可以保证轻微振动下受油探头喷嘴加油的正常进行。当振动超过一定的载荷值后，受油探头喷嘴的紧固螺栓的强度不足，受油探头喷嘴自动断裂，从而使得加油机和受油机分离。

图 3.109　水射流切割

图 3.110　加油机空中加油

【案例 3-36】 滑动轴承的油膜用于润滑，摩擦使润滑油均匀分散，但是轴转速高时，如果润滑不充分，摩擦会引起轴承发热，甚至失效。所以既希望油膜内有摩擦又希望无摩擦，形成物理矛盾。采用基于条件分离原理，在可利用的 13 个发明原理中选择重量补偿原理，利用电磁场的磁力设计磁悬浮轴承，使轴与轴承的间隙内无摩擦，且承载能力大，解决了该物理矛盾（图 3.111）。

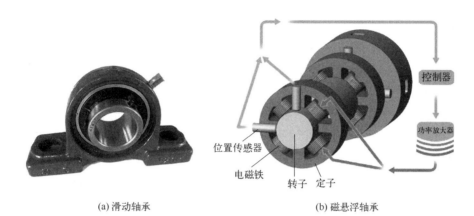

(a) 滑动轴承　　　　　　　　　　(b) 磁悬浮轴承

图 3.111　磁悬浮轴承利用条件分离原理

（4）利用整体与部分的分离原理进行创新

【案例 3-37】 自行车链条的每个链节都是刚性的，即子系统为刚性链节，而整根链条是挠性的，是可变形的、柔软的（图 3.112），即系统和超系统不是刚性的，机械特性完全不一样，刚性和非刚性的矛盾就被分离开了。

【案例 3-38】 自动装配生产线与零部件供应的批量化之间存在矛盾：自动生产线要求零部件连续供应，但零部件从自身的加工车间或供应商运到装配车间时要求批量运输。专用转换装置（如上料机）接受批量零部件，但连续的零部件运输给自动生产线（图 3.113）。

 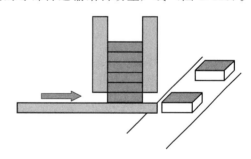

图 3.112　刚性的链节与挠性的链　　　　图 3.113　自动上料示意图

【案例 3-39】 万向联轴器的结构如图 3.114 所示，图中十字形零件的四端用铰链分别与轴 1、轴 2 上的叉形接头相连，当一轴的位置固定后，另一轴可以在任意方向偏斜 α 角。单个万向联轴器两轴的瞬时角速度并不是时时相等的，从而引起动载荷，对工作不利。设计时要求主动轴角速度与从动轴角速度在任意瞬时都是相等的，则从动轴角速度的相等与不相等形成了物理矛盾。

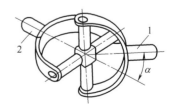

图 3.114　单万向联轴器结构图

由计算可知，当轴 1 以等角速度 ω_1 回转时，轴 2 的角速度 ω_2 在一定范围内做周期性的变化，α 越大，则 ω_2 变动越剧烈。即

$$\omega_1 \cos\alpha \leqslant \omega_2 \leqslant \frac{\omega_1}{\cos\alpha}$$

采用整体与部分的分离原理。从整体与部分的分离原理可以利用的 9 个发明原理中选择原理 12（等势原理）、原理 35（物理或化学参数改变原理）。将系统扩大为超系统，即由两个单万向联轴器串接成双万向联轴器，如图 3.115 所示。当主动轴 1 等角速度旋转时，带动十字轴式的中间件 C 做变角速度旋转，再由中间件 C 带动从动轴 2 以与轴 1 相等的角速度旋转。如要使主、从动轴的角速度相等，必须满足两个条件：主动轴、从动轴与中间件的夹角必须相等，即 $\alpha_1 = \alpha_2$；中间件两端的叉面必须位于同一平面内。虽然中间件 C 本身的转速是不均匀的，但因它的惯性小，由它产生的动载荷、振动等一般不致引起显著危害。所以，本例通过双万向联轴器的超系统解决了单万向联轴器的系统中存在的物理矛盾。小型单万向联轴器和双万向联轴器的实际结构如图 3.116 所示。

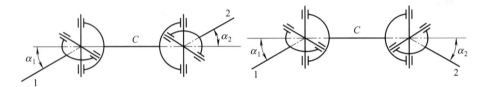

图 3.115　双万向联轴器示意图

(a) 单万向联轴器(系统)　　(b) 双万向联轴器(超系统)

图 3.116　单万向联轴器和双万向联轴器

3.7　物-场模型分析

3.7.1　物-场模型的类型

物-场模型有助于使问题聚焦于关键子系统上并确定问题所在的特别"模型组"，事实上，任何物-场模型中的异常表现（表 3.12）都来自这些模型组中存在的问题。

表 3.12　常见的物-场异常情况

异常情况	举例
期望的效果没有产生	过热火炉的炉瓦没有进行冷却
有害效应产生	过热火炉的炉瓦变得过热
期望的效应不足或无效	对炉瓦的冷却低效，因此，加强冷却是可能的

为建立直观的图形化模型描述，要用到一系列表达效应的几何符号，常用的效应图形表示符号见表 3.13。

表 3.13　常用的效应图形表示符号

符号	意义	符号	意义
————	必要的作用或效应	========	最大或过度的作用或效应
- - - - - - -	不足、无效的作用或效应	= = = = = =	最小的作用或效应
～～～～	有害的作用或效应	～～～～～	过度有害作用或效应
——————→	作用方向	～～～～～	有益的和有害的同时存在
⇒	物-场转换方向		

TRIZ 理论中，常见的物-场模型有以下 4 类。

(1) 有效完整模型

功能的 3 个元素都存在且都有效，是设计者追求的效应。

【案例 3-40】　盾构掘进机（图 3.117）。

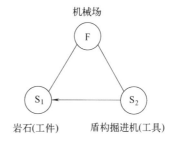

图 3.117　盾构掘进机物-场模型

(2) 不完整模型

组成功能的元素不全，可能缺少场，也有可能缺少物质。

【案例 3-41】　防电脑辐射。电脑辐射成为当今白领身体健康的主要杀手，人们知道电脑有辐射，但如何防辐射、将辐射转化成其他可利用的能量，人们确实不知道。防电脑辐射物-场模型如图 3.118 所示，只有物质 S_1，却没有工具 S_2 和场 F。

图 3.118　防电脑辐射物-场模型

(3) 效应不足的完整模型

3 个元素齐全，但设计者所追求的效应未能有效实现，或效应实现得不够。

【案例 3-42】　冰面行走。在冰面上行走时，由于摩擦力不足，会打滑甚至摔倒（图 3.119）。

 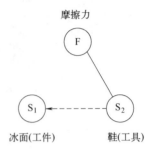

图 3.119　鞋和冰面物-场模型

（4）有害效应的完整模型

3 个元素齐全，但产生了与设计者所追求的效应相左的、有害的效应，需要消除这有害效应。

【案例 3-43】 隐形眼镜。隐形眼镜不仅从外观和方便性方面给患者带来了很大的改善，而且视野宽阔，视物逼真，此外在控制青少年近视、散光发展等方面也发挥了特殊的功效。但是由于它覆盖在角膜表面，会影响角膜的直接呼吸作用，而且佩戴隐形眼镜造成眼睛分泌物增加，也会引起眼睛的不适，甚至磨痛、流泪，有些人会产生暂时性的结膜充血、角膜知觉减退等（图 3.120）。

 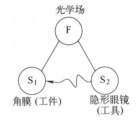

图 3.120　隐形眼镜物-场模型

TRIZ 理论中，重点关注的是 3 种非正常模型，即不完整模型、效应不足的完整模型、有害效应的完整模型，并提出了物-场模型的一般解法和 76 种标准解法。下面简要介绍物-场模型分析的一般解法。

3.7.2　物-场模型分析的一般解法

物-场分析方法产生于 1947—1977 年，经历了多次循环改进，每一次的循环改进都增加了可利用的知识。现在，已经有了 76 种标准解，这 76 种标准解是最初解决方案的精华。因此，物-场分析为人们提供了一种方便快捷的方法。针对物-场模型的类型，TRIZ 提出了对应的一般解法。物-场分析的一般解法共 6 种，下面逐一进行阐述。

（1）不完整模型

一般解法 1：①补齐所缺失的元素，增加场 F 或工具，完整模型如图 3.121 所示；②系统地研究各种能量场，如机械能、热能、化学能、电能、磁能的能量场。

图 3.121　补充元素

【案例 3-44】 浮选法选煤。从井口中采出的煤炭（S_1）中存在着矸石。使用浮选机（增加机械场 F）将矸石从煤中分离出来（图 3.122）。

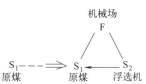

图 3.122 浮选法选煤的物-场模型

（2）有害效应的完整模型

有害效应的完整模型元素齐全，但 S_1 和 S_2 之间的相互作用的结果是有害的或不希望得到的，因此，场 F 是有害的。

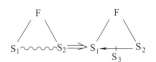

一般解法 2：加入第 3 种物质 S_3，S_3 用来阻止有害作用。S_3 可以通过 S_1 或 S_2 改变而来，或者 S_1/S_2 共同改变而来，如图 3.123 所示。

图 3.123 加入 S_3 以阻止有害作用

【案例 3-45】 办公室的玻璃。要增加办公室的隐秘性，将窗户玻璃进行磨砂处理，变成半透明的，以保护办公室的隐私，如图 3.124 所示。

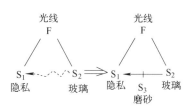

图 3.124 办公室隐私的物-场模型

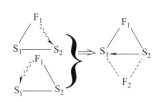

图 3.125 加入 F_2 以消除有害效应

一般解法 3：增加另外一个场 F_2 来抵消原来有害场的效应，如图 3.125 所示。

【案例 3-46】 精密切削中防止细长轴的变形。在切削过程中，引入与长轴协同的支架产生的反作用力来防止细长轴的变形，如图 3.126 所示。

（3）效应不足的完整模型

效应不足的完整模型是指构成物-场模型的元素是完整的，但有用的场 F 效应不足，比如太弱、太慢等。

一般解法 4：用另一个场 F_2（或者 F_2 和 S_3 一起）代替原来的场 F_1（或者 F_1 及 S_2），如图 3.127 所示。

【案例 3-47】 电牵引采煤机。链牵引采煤机功率小，故障率高，故采用无链电牵引采

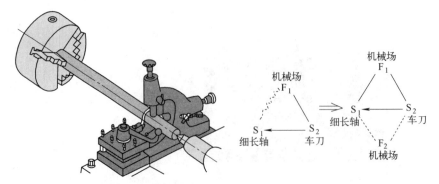

图 3.126 消除细长轴加工缺陷的物-场模型

图 3.127 用 F_2（和 S_3）替代 F_1（和 S_2）

煤机替代链牵引采煤机来实现大功率、快速度切割，如图 3.128 所示。

一般解法 5：①增加另外一个场 F_2 来强化有用的效应，如图 3.129 所示；②系统地研究各种能量场，如机械能、热能、化学能、电能、磁能的能量场。

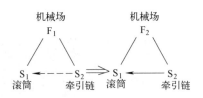

图 3.128 采煤机牵引问题的物-场模型

【案例 3-48】 骨折的处理。当人骨折后，医生通过钢钉等工具将病人的骨骼固定，在骨骼长好前，要打上石膏、缠上绷带进行封闭，石膏的束缚力就是外加的场 F_2，如图 3.130 所示。

一般解法 6：①插进一个物质 S_3，并加上另一个场 F_2，来提高有用效应，如图 3.131 所示；②系统地研究各种能量场，如机械能、热能、化学能、电能、磁能的能量场。

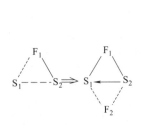

图 3.129 另加入场 F_2

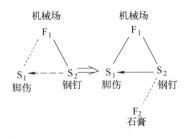

图 3.130 骨折后的辅助处理

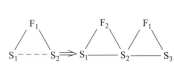

图 3.131 加入 S_3 和 F_2

【案例 3-49】 电过滤网。为了过滤空气，通常使用金属网过滤器。但过滤网只能隔离大颗粒的物质。通过给过滤器加装集尘板和电场可以有效吸附细小的颗粒，提高过滤效果，如图 3.132 所示。

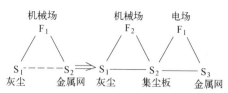

图 3.132 电过滤网的物-场模型

3.7.3 物-场模型分析一般解法应用实例

6 个一般解法的应用步骤一般如下：①确定相关元素；②绘制物-场模型；③选择一般解法；④开发设计概念。

【**案例 3-50**】 纯铜板的清洗。纯铜板电解时，电解液残留在表面微孔中，储存过程中会形成氧化斑，所以储存前必须清洗，但由于微孔非常小，很难彻底清洗。如何改进呢？

第 1 步，确定相关元素：
S_1——电解液；
S_2——水；
F_1——机械冲击力（清洗）。
第 2 步，绘制物-场模型（图 3.133）；
属于第 3 类模型（效应不足的完整模型）。

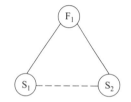

图 3.133 纯铜板清洗的物-场模型

第 3 步，选择物-场模型的一般解法：
第 3 类模型有 3 个一般解法：4、5、6。选择 5 和 6。
第 4 步：开发设计概念。

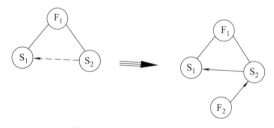

图 3.134 应用一般解法 5

① 应用一般解法 5。增加另外一个场 F_2 来强化有用效应（图 3.134）：
F_2——机械冲击力，使用超声波清洗；
F_2——热冲击力，用热水清洗；
F_2——化学冲击力，使用表面活性剂溶解来加强残留电解液的移动；
F_2——磁冲击力，将水磁化以加强冲洗。

② 应用一般解法 6。插进一个物质 S_3 并加上另一个场 F_2 来提高有用效应（图 3.135）：
S_3——蒸汽；
F_2——压力。

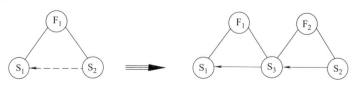

图 3.135 应用一般解法 6

最终解决方案：使用过热水（100℃以上）且与高压力结合。过热水的水蒸气可进入微孔内，并充满微孔，形成对残留电解液的强烈爆炸冲击并强制将其彻底排出微孔。

3.8 科学效应和现象

在上一节的物-场模型分析中，问题的解决是通过建立或完善物体之间的相互作用来完成的。然而，这种对物质间相互作用的应用并不是物-场模型分析所特有的，而是所有问题的解决都需要依赖的。这种能满足功能需要的有效作用就是各种科学效应和现象。阿奇舒勒在分析了250多万份专利以后，将高难度的问题和所要实现的功能进行了归纳和总结，得出了最常见的30个功能，以及实现这些功能经常要用到的100个科学效应和现象，并提出了应用方法。

3.8.1 TRIZ 理论中的科学效应

（1）TRIZ 定义的30个功能

传统的科学效应多按照其所属领域进行组织划分，侧重于效应的内容、推导和属性的说明。发明者对自身领域之外的其他领域知识通常具有相当的局限性，造成了效应搜索的困难。

TRIZ 理论中，按照"从技术目标到实现方法"的方式组织效应库，发明者可根据TRIZ 的分析工具决定需要实现的"技术目标"，然后选择需要的"实现方法"，即相应的科学效应。TRIZ 的效应库的组织结构，便于发明者对效应进行应用。

通过对250多万份全世界高水平发明专利的分析研究，阿奇舒勒指出：工业和自然科学中的问题和解决方案是重复的，技术进化模式是重复的，只有百分之一的解决方案是真正的发明，而其余部分只是以一种新的方式来应用以前已存在的知识或概念。因此，对于一个新的技术问题，绝大多数情况下都能从已经存在的原理和方法中找到该问题的解决方案。基于对世界专利库的大量专利的分析，TRIZ 理论总结了大量的物理、化学和几何效应，每一个效应都可能用来解决某一类问题。常见的共有30个功能，赋予每个功能以一个相对应的代码，如表3.14所示。

表 3.14 功能代码表

序号	实现的功能	功能的代码	序号	实现的功能	功能的代码
1	测量温度	F1	16	传递能量	F16
2	降低温度	F2	17	建立移动的物体和固定的物体之间的交互作用	F17
3	提高温度	F3			
4	稳定温度	F4	18	测量物体的尺寸	F18
5	探测物体的位移和运动	F5	19	改变物体尺寸	F19
6	控制物体位移	F6	20	检查表面状态和性质	F20
7	控制液体及气体的运动	F7	21	改变表面性质	F21
8	控制浮质（气体中的悬浮微粒，如烟、雾等）的流动	F8	22	检查物体容量的状态和特征	F22
			23	改变物体空间性质	F23
9	搅拌混合物形成溶液	F9	24	形成要求的结构,稳定物体结构	F24
10	分解混合物	F10	25	探测电场和磁场	F25
11	稳定物体位置	F11	26	探测辐射	F26
12	产生/控制力,形成高的压力	F12	27	产生辐射	F27
13	控制摩擦力	F13	28	控制电磁场	F28
14	解体物体	F14	29	控制光	F29
15	积蓄机械能与热能	F15	30	产生及加强化学变化	F30

（2）科学效应和现象清单

在 TRIZ 理论中，针对常用的 30 个功能，推荐了 100 个实现这些功能经常要用到的科学效应和现象，表 3.15 所示为摘录的部分内容。

表 3.15 科学效应和现象清单

功能代码	实现的功能	TRIZ 推荐的科学效应和现象		科学效应和现象序号
F1	测量温度	热膨胀		E75
		热双金属片		E76
		热电现象		E71
		热辐射		E73
		电阻		E33
		居里效应		E60
		…		…
F2	降低温度	…		…
F3	提高温度	电磁感应		E24
		电弧		E25
		热辐射		E73
		…		…
F4	稳定温度	一级相变		E94
		二级相变		E36
		居里效应		E60
F5	…			
F6	控制物体位移	磁力		E15
		振动		E98
		…		…
…	…	…		…
F15	积蓄机械能与热能	弹性变形		E85
		惯性力		E49
		一级相变		E94
		二级相变		E36
F16	传递能量	对于机械能	形变	E85
			共振	E47
			振动	E98
			…	…
		对于热能	…	…
		…		…
…	…	…		…
F25	探测电场和磁场	渗透		E77
		电晕放电		E31
		压电效应		E89
		永电体,电介体		E100
		电-光和磁-光现象		E27
		巴克豪森效应		E3
…	…	…		…
F30	产生及加强化学变化	…		…

3.8.2 科学效应和现象应用步骤与实例

（1）应用科学效应和现象的步骤

应用科学效应和现象的步骤有以下六步。

第一步：明确问题。首先对系统进行分析，确定需要解决的问题。

第二步：确定功能。根据所要解决的问题，定义并确定解决该问题所要实现的功能。

第三步：查找功能代码。根据功能由表 3.13 功能代码表确定与此功能相对应的代码，此代码是 F1~F30 中的某一个。

第四步：查询科学效应库。从表 3.14 科学效应和现象清单中，查找此功能代码下 TRIZ 所推荐的科学效应和现象，获得 TRIZ 所推荐的科学效应和现象的名称。

第五步：效应筛选。分析所查询到的每个科学效应和现象，择优选择适合解决本问题的科学效应和现象。

第六步：形成解决方案。查找优选出来的每个科学效应和现象的详细解释（参见 TRIZ 有关资料），将科学效应和现象应用于功能实现，并验证方案的可行性，形成最终的解决方案。如果问题没能得到解决或功能无法实现，请重新分析问题或查找合适的效应。

（2）应用科学效应和现象的实例

为了更好地说明应用科学效应和现象的方法，举例说明如下。

【案例 3-51】 某灯泡厂的厂长将厂里的工程师召集起来开了个会，他让工程师们看了顾客写来的一叠批评信，信中顾客对灯泡的质量非常不满意。下面对此问题应用科学效应和现象按步骤进行分析和解决。

① 明确问题：工程师们觉得灯泡里的压力有些问题。压力有时比正常的高，有时比正常的低。

② 确定功能：灯泡是在通电的情况下工作的，为准确测量灯泡内部气体的压力，可确定功能为探测电场和磁场。

③ 查找功能代码：通过查找表 3.13，可知探测电场和磁场的功能代码为 F25。

④ 查找科学效应库：从表 3.14 中查找 F25 功能代码下 TRIZ 推荐的科学效应和现象，包括渗透、电晕放电、压电效应、永电体、电-光和磁-光现象、巴克豪森效应等。

⑤ 效应筛选：经过对以上效应逐一分析，只有"电晕放电（E31）"的出现依赖于气体成分和导体周围的气压，所以电晕放电能够适合测量灯泡内部气体的压力。

⑥ 形成解决方案：用电晕放电效应测量灯泡内部气体的压力。如果在灯泡灯口加上额定高电压，气体达到额定压力就会产生电晕放电。

【案例 3-52】 传统四轮运输车如图 3.136 所示，运送货物时，由人力推动或电力驱动。现欲改善其驱动状况，利用车的自身结构特点驱动其载重前进，并能在卸货后自动返回，操作人员仅停留在运输的起始和终止点，将货物搬上车和卸下即可。

由于希望所设计的运输车既不需人力也不需其他形式的能源，又考虑到运输车通常要有一定的载重能力，所以拟设计一种纯机械装置，实现上述问题的解决。

本设计可从运动、储能和能量传递三方面考虑，按应用科学效应和现象的步骤，解决过程列于表 3.16。创新设计的自返式运输车结构简图如图 3.137 所示。

表 3.16 自返式运输车创新设计步骤

(1)明确问题	实现自动往返	自动提供机械能	自动传递能量
(2)确定功能	控制物体位移	积蓄机械能与热能	传递能量
(3)查找功能代码	查表 3.13,得 F6	查表 3.13,得 F15	查表 3.13,得 F16
(4)查找科学效应库	磁力、电子力、压强、浮力、液体动力、振动、惯性力、热膨胀、热双金属片	弹性变形、惯性力、一级相变、二级相变	对于机械能：形变、弹性波、共振、驻波、振动、爆炸、电液压冲压、电水压震扰；对于热能：热电子发热、对流、热传导；对于辐射：反射；对于电能：超导性

续表

（5）效应筛选	选取：振动（E98）	选取：弹性变形（E85）	选取：形变（E85）、振动（E98）
（6）形成解决方案	将运输车的使用场地改成斜面，如图3.137所示。当载有重物时，利用货物的重力使车自行前进，同时平卷簧卷紧以储存机械能，而当运至目的地卸下货物时，平卷簧放松，驱动运输车自动返回，具有急回特性。这种运输车一般用于短距离轻载运输，在连续往复运输时优势比较明显。运输车在斜坡上往复运动应用了弹簧的振动性能（E98）和弹性变形储能性能（E85）		

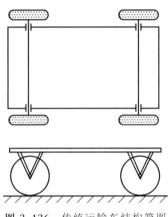
图 3.136 传统运输车结构简图

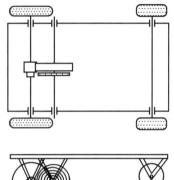
图 3.137 自返式运输车结构简图

科学效应和现象在TRIZ理论中是一种基于知识的解决问题的工具。随着科学的发展，各种目前未知的效应将被发现，能实现某种功能的效应也将越来越多。

3.9 发明问题的标准解法

发明问题的一般解法是用于物-场模型转换的一般规则，但在实际应用过程中，人们所面临的问题往往是复杂而且广泛的，矛盾错综复杂，使物-场模型的建立和应用过程具有相当大的困难，因此需要更加强大的解法系统，即发明问题的标准解法。

阿奇舒勒通过对大量专利的分析研究发现，发明问题共分为两大类，即标准问题和非标准问题。标准问题可以在一两步中快速获得解决，是因为基于技术系统进化路径的法则可以确定该系统改进的方向和解决问题的方法。这些针对标准问题的解决法则被称为发明问题的标准解法。

3.9.1 标准解法的分级与构成

1) 标准解法的分级

TRIZ中的标准解法分5级，18个子级，共计76个，如表3.17所示。各级中解法的先后顺序也反映了技术系统必然的进化过程和进化方向。

表 3.17 标准解法的分级

级别	名　　称	子级数	标准解数
1	建立或拆解物-场模型	2	13
2	强化物-场模型	4	23
3	向超系统或微观级转化	2	6
4	检测和测量的标准解法	5	17
5	简化与改善策略	5	17

第 1 级中的解法聚焦于建立和拆解物-场模型，包括创建需要的效应或消除不希望出现的效应的系列法则，每条法则的选择和应用将取决于具体的约束条件。

第 2 级由直接进行效应不足的物-场模型的改善以及提升系统性能但实际不增加系统复杂性的方法所组成。

第 3 级包括向超系统和微观级转化的法则。这些法则继续朝着（第 2 级中开始的）系统改善的方向前进。第 2 级和第 3 级中的各种标准解法均基于以下技术系统进化路径：增加集成度再进行简化的法则；增加动态性和可控性进化法则；向微观级和增加场应用的进化法则；子系统协调性进化法则等。

第 4 级专注于解决涉及测量和探测的专项问题。虽然测量系统的进化方向主要服从于共同的一般进化路径，但这里的专向问题有其独有的特性。尽管如此，第 4 级的标准解法与第 1 级、第 2 级、第 3 级中的标准解法有很多还是相似的。

第 5 级包含标准解法的应用和有效获得解决方案的重要法则。一般情况下，应用第 1～4 级中的标准解法会导致系统复杂性的增加，因为它们给系统引入了另外的物质和效应是极有可能的。第 5 级中的标准解法将引导大家给系统引入新的物质而又不会增加任何不必要的东西。这些解法专注于对系统的简化。

在 1～5 级的各级中，又分数量不等的多个子级，共 18 个子级，每个子级代表着一个可选的问题解决方向。在应用前，需要对问题进行详细的分析，建立问题所在系统或子系统的物-场模型，然后根据物-场模型所表述的问题，按照先选择级再选择子级，使用子级下的几个标准解法来获得问题的解。

标准解法是针对标准问题而提出的解法，适合于解决标准问题并快速获得解决方案。标准解法是根里奇·阿奇舒勒后期进行的 TRIZ 理论研究的最重要课题，同时也是 TRIZ 高级理论的精华之一。

标准解法也是解决非标准问题的基础，非标准问题主要应用 ARIZ 算法来解决，而 ARIZ 算法的重要思路是将非标准问题通过各种方法进行变化，转化为标准问题，然后应用标准解法来获得解决方案。有关 ARIZ 算法的介绍见 3.10 节。

2）标准解法的构成

发明问题的标准解法详细构成如表 3.18～表 3.22 所示。为便于检索和应用，对 76 个标准解进行编号，编号方法为：S 代表"标准解"，后边第一位表示所属"级"，第二位表示所属"子级"，第三位表示解的"序号"。例如 S2.4.6 代表"标准解第 2 级第 4 子级的第 6 个解法"。

（1）第 1 级

第 1 级主要是建立和拆解物-场模型，共 2 个子级，13 个标准解法，见表 3.18。

表 3.18　第 1 级：建立或拆解物-场模型

序号	名　称	编号	所属子级	所属级
1	建立物-场模型	S1.1.1	S1.1　建立物-场模型	第 1 级　建立和拆解物-场模型
2	内部合成物-场模型	S1.1.2		
3	外部合成物-场模型	S1.1.3		
4	与环境一起的外部物-场模型	S1.1.4		
5	与环境和添加物一起的物-场模型	S1.1.5		
6	最小模式	S1.1.6		
7	最大模式	S1.1.7		

续表

序号	名称	编号	所属子级	所属级
8	选择性最大模式	S1.1.8	S1.1 建立物-场模型	第1级 建立和拆解物-场模型
9	引入S_3消除有害效应	S1.2.1	S1.2 拆解物-场模型	
10	引入改进的S_1或(和)S_2来消除有害效应	S1.2.2		
11	排除有害作用	S1.2.3		
12	用场F_2来抵消有害作用	S1.2.4		
13	切断磁影响	S1.2.5		

第1级解法建立和拆解物-场模型从两方面考虑：创建需要的效应或消除不希望出现的效应。

① 建立物-场模型。

如果系统的组成元件不完整，则添加功能要素，创建需要的效应，形成完整功能系统。

【案例3-53】 假定系统仅有锤子，什么也不能发生。假如系统仅有锤子与钉子，也什么都不能发生。完整系统必须包括锤子、钉子及使锤子作用于钉子上的机械能。

【案例3-54】 办公室里的计算机工作使室温增加，可能使其不能正常工作。空调可改变环境温度，使其正常工作。

【案例3-55】 盛注射液的玻璃瓶是用火焰密封的，但火焰的温度将降低药液的质量，密封时将玻璃瓶放在水中进行，可保持药液在合适的温度。

② 拆解物-场模型。

在一个系统中有用和有害效应同时存在，则拆解物-场模型消除不希望出现的有害效应。如解决办法之一是使S_1和S_2不必直接接触，引入S_3消除有害效应。

【案例3-56】 房子用的支撑木S_2将损害承重梁S_1，在两者之间的一块钢板S_3将分散负载，保护承重梁。

（2）第2级

第2级主要是强化物-场模型，共4个子级，23个标准解法，见表3.19。

表3.19 第2级：强化物-场模型

序号	名称	编号	所属子级	所属级
1	链式物-场模型	S2.1.1	S2.1 向合成物-场模型转化	第2级 强化物-场模型
2	双物-场模型	S2.1.2		
3	使用更可控制的场	S2.2.1	S2.2 加强物-场模型	
4	物质S_2的分裂	S2.2.2		
5	使用毛细管和多孔的物质	S2.2.3		
6	动态性	S2.2.4		
7	构造场	S2.2.5		
8	构造物质	S2.2.6		
9	匹配场F、S_1、S_2的节奏	S2.3.1	S2.3 通过匹配节奏加强物-场模型	
10	匹配场F_1和F_2的节奏	S2.3.2		
11	匹配矛盾或预先独立的动作	S2.3.3		
12	预-铁-场模型	S2.4.1	S2.4 铁磁-场模型（合成加强物-场模型）	
13	铁-场模型	S2.4.2		
14	磁性液体	S2.4.3		
15	在铁-场模型中应用毛细管结构	S2.4.4		
16	合成铁-场模型	S2.4.5		
17	与环境一起的铁-场模型	S2.4.6		
18	应用自然现象和效应	S2.4.7		

续表

序号	名称	编号	所属子级	所属级
19	动态性	S2.4.8	S2.4 铁磁-场模型（合成加强物-场模型）	第2级 强化物-场模型
20	构造	S2.4.9		
21	在铁-场模型中匹配节奏	S2.4.10		
22	电场模型	S2.4.11		
23	流变学的液体	S2.4.12		

第2级标准解的特点是通过对描述系统物-场模型的较大改变来改善系统。

① 向合成物-场模型转化。

将系统改变到复杂的物-场模型，向合成物-场模型转化。

【案例3-57】 锤子直接破碎岩石效率很差，可通过串接另一物-场而得到改善。在锤子与岩石之间加一凿子，锤子的机械能直接加到凿子上，凿子将机械能传递到岩石。

② 加强物-场模型。

对于可控性差的场，用一易控场代替，或增加一易控场。如由重力场变为机械场，由机械场变为电场或电磁场。其核心是由物体的物理接触到场的作用。

【案例3-58】 很难设计一支撑系统将重力均匀分布在不平的表面上，而充液胶囊能将重力均匀分布。

③ 通过匹配节奏加强物-场模型。

使 F 与 S_1 或 S_2 的自然频率匹配或故意不匹配。

【案例3-59】 将肾结石暴露在与其自然频率相同的超声波之中，可在体内破碎结石。

④ 铁磁-场模型。

在一个系统中增加铁磁材料和（或）磁场。

【案例3-60】 增加铁磁材料及磁场，可使橡胶模具的刚度被控制。

【案例3-61】 将一个涂有磁性材料的橡胶垫子放在汽车内，使工具被吸到该垫子上，使用方便。同样的装置也可用于医疗器械。

【案例3-62】 磁共振影像：利用调频振动磁场探测特定的细胞核振动，所产生影像的颜色将说明某些细胞集中的程度。如肿块的含水密度不同于正常组织，所以其颜色也不同，因此就可探测出来。

(3) 第3级

第3级主要是向超系统或微观级转化，共2个子级，6个标准解法，见表3.20。

表3.20 第3级：向超系统或微观级转化

序号	名称	编号	所属子级	所属级
1	系统转化1a：创建双、多系统	S3.1.1	S3.1 向双系统和多系统转化	第3级 向超系统或微观级转化
2	加强双、多系统内的连接	S3.1.2		
3	系统转化1b：加大元素间的差异	S3.1.3		
4	双、多系统的简化	S3.1.4		
5	系统转化1c：系统整体或部分的相反特征	S3.1.5		
6	系统转化2：向微观级转化	S3.2.1	S3.2 向微观级转化	

第3级标准解的特点是系统转化到双系统、多系统或微观水平。

① 向双系统和多系统转化。

可通过创建更复杂的双系统或多系统来加强原系统，也可加强双系统或多系统内的连接等。

【案例 3-63】 为了处理方便,多层布叠在一起,同时被切成所需要的形状。

【案例 3-64】 对于四轮驱动的汽车,前、后轮差速器具有动态的连接关系。

② 向微观级转化。

系统转化到微观级水平。

【案例 3-65】 在玻璃生产线中,传递玻璃板的辊子已被锡液代替,使玻璃表面平整光滑。

(4) 第 4 级

第 4 级主要是检测和测量的标准解法,共 5 个子级,17 个标准解法,见表 3.21。

表 3.21 第 4 级:检测和测量的标准解法

序号	名称	编号	所属子级	所属级
1	以系统的变化代替探测或测量	S4.1.1	S4.1 间接方法	第 4 级 探测和测量的标准解法
2	应用拷贝	S4.1.2		
3	测量当作二次连续检测	S4.1.3		
4	测量的物-场模型	S4.2.1	S4.2 建立测量的物-场模型	
5	合成测量的物-场模型	S4.2.2		
6	与环境一起的测量的物-场模型	S4.2.3		
7	从环境中获得添加物	S4.2.4		
8	应用物理效应和现象	S4.3.1	S4.3 加强测量物-场模型	
9	应用样本的谐振	S4.3.2		
10	应用加入物体的谐振	S4.3.3		
11	测量的预-铁-场模型	S4.4.1	S4.4 向铁-场模型转化	
12	测量的铁-场模型	S4.4.2		
13	合成测量的铁-场模型	S4.4.3		
14	与环境一起的测量的铁-场模型	S4.4.4		
15	应用物理效应和现象	S4.4.5		
16	向双系统和多系统转化	S4.5.1	S4.5 测量系统的进化方向	
17	进化方向	S4.5.2		

检测与测量是典型的控制环节。检测是指检查某种状态发生或不发生。测量具有定量化及一定精度的特点。一些创新解是采用物理的、化学的、几何的效应完成自动控制,而不是采用检测与测量。

① 间接方法。

采用物理的、化学的、几何的效应间接完成自动控制等。

【案例 3-66】 采用热偶合或双金属片制造的开关可实现热系统的自调节。

② 建立测量的物-场模型。

假如一个不完整物-场系统不能被检测或测量,增加单或双物-场,且一个场作为输出。

假如已存在的场是非常有效的,在不影响原系统的条件下,改变或加强该场。加强了的场应具有容易检测的参数,这些参数与设计者所关心的参数有关。

【案例 3-67】 塑料制品上的小孔很难被检测到。将塑料制品内充满气体并密封,之后置于水中,如果有气泡冒出,则存在小孔。

③ 加强测量物-场模型。

利用自然现象。利用系统中出现的已知科学效应,通过观察效应的变化,决定系统的状态。

【案例 3-68】 有限元分析中,将在一定的频率范围内变化的力加到物体的不同位置上,计算不同位置所产生的应力，以评价设计是否合理。

④ 向铁-场模型转化。

在遥感、光纤、微处理器等应用之前，为测量而引入铁磁材料是流行的方法。

增加或利用铁磁物质或系统中的磁场以便测量。

【案例 3-69】 交通控制通常是通过红绿灯实现的，如果要知道何时有车辆等待及等待的车队有多长，在人行道内置传感器（含有铁磁部件）使检测很容易。

⑤ 测量系统的进化方向。

传递到双或多系统。假如单一测量系统不能给出足够的精度，可应用双系统或多系统。

【案例 3-70】 为了测量视力，验光师使用一系列的仪器测量远处聚焦、近处聚焦、视网膜整体的一致性。

(5) 第 5 级

第 5 级主要是简化与改善策略，共 5 个子级，17 个标准解法，见表 3.22。

表 3.22 第 5 级：简化与改善策略

序号	名　称	编号	所属子级	所属级
1	间接方法	S5.1.1	S5.1 引入物质	第 5 级 简化与改善策略
2	分裂物质	S5.1.2		
3	物质的"自消失"	S5.1.3		
4	大量引入物质	S5.1.4		
5	可用场的综合使用	S5.2.1	S5.2 引入场	
6	从环境中引入场	S5.2.2		
7	利用物质可能创造的场	S5.2.3		
8	相变1:变换状态	S5.3.1	S5.3 相变	
9	相变2:动态化相态	S5.3.2		
10	相变3:利用伴随的现象	S5.3.3		
11	相变4:向双相态转化	S5.3.4		
12	状态间作用	S5.3.5		
13	自我控制的转化	S5.4.1	S5.4 应用物理效应和现象的特性	
14	放大输出场	S5.4.2		
15	通过分解获得物质粒子	S5.5.1	S5.5 根据实验的标准解法	
16	通过结合获得物质粒子	S5.5.2		
17	应用标准解法 5.5.1 及标准解法 5.5.2	S5.5.3		

第 5 级标准解是简化或改进上述标准解，以得到简化的方案。

① 引入物质。

间接方法。使用无成本资源，如空气、真空、气泡、泡沫、空洞、缝隙等。

【案例 3-71】 要制造水下潜水用的潜水服。为了保持温度，传统的想法是增加橡胶的厚度，其结果是增加了其重量，这是不合适的设计。使橡胶产生泡沫，不仅减轻了重量，还提高了保暖性，这是目前的设计。

② 引入场。

使用一种场来产生另一种场。

【案例 3-72】 在回旋加速器中，加速度产生切连科夫辐射，这是一种光，变化的磁场可以控制光的波长。

③ 相变。

相变即替代状态。

【案例3-73】 利用物质的气、液、固三态。为了运输某种气体，使其变为液态，使用时再变成气态。

④ 应用物理效应和现象的特性。

假如一物体必须具有不同的状态，应使其自身从一个状态转换到另一个状态。自控制传递。

【案例3-74】 摄影玻璃在有光线的环境中变黑，在黑暗的环境中变得透明。

⑤ 根据实验的标准解法。

产生高等或低等结构水平的物质，通过分解或结合获得物质粒子。

【案例3-75】 假如系统中需要的氢不存在，则用电离法将水转变成氢与氧。

3.9.2 标准解法应用实例

应用以上76个标准解法解决问题的流程如图3.138所示。

在应用标准解法的过程中，必须紧紧围绕系统所存在的问题的最终理想解，并考虑系统

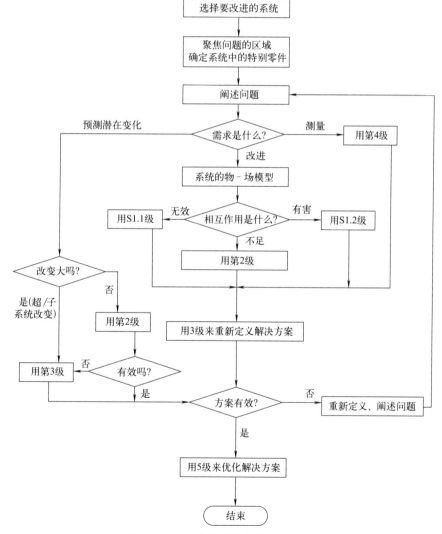

图3.138 76个标准解法的应用流程

的实际限制条件，灵活进行应用，追求最优化的解决方案。很多情况下，综合应用多个标准解法，尤其是第5级的17个标准解法。对问题的彻底解决具有积极意义。

【案例 3-76】 气孔直径小于3mm的混凝土被称为多孔混凝土，在建筑工程中被广泛应用。微孔能占据混凝土材料近90%的体积。多孔混凝土有很多优点：重量轻，具有绝好的保温性、气体穿透性、阻燃性、无毒性，可以随便锯割、钻孔或者钉钉子。但生产这种混凝土需要高价的设备，如热压罐、泡沫发生器以及研磨机组等，且耗电量极大。此外，微孔尺寸有较大的偏差，而且在混凝土中分布不够均匀。

针对以上问题，俄罗斯莫斯科混凝土和钢筋混凝土研究院研制出了一种工艺：不使用上述复杂、昂贵且能耗高的设备，而是利用专门的化学添加剂制造出大小一致并在混凝土制品内分布均匀的微孔。

从教学目的来讲，判定这项发明中使用了哪些标准解法已经足够。本例应用的标准解法主要如下。

S2.2.3：使用毛细管和多孔的物质。

S1.1.2：内部合成物-场模型。在系统中引进物质，并在需要的时候将其分离出来。

S3.2.1：系统转化2，向微观级转化。获得了微小均匀的气孔。化学添加剂的应用使系统高度压缩，不再使用耗电量大且效率不高的昂贵设备。

3.10 ARIZ 算法简介

ARIZ算法是TRIZ中最强有力的解决发明问题的工具，专门用于解决复杂、困难的发明问题。在经历了不断完善和发展的过程后，ARIZ算法以其易操作性、系统性、实用性以及流程化等特性，成为TRIZ发明问题解决理论的重要支撑。对于那些问题情境复杂、矛盾不明显的非标准问题，它显得更加有效和可行。因此，它在全球创新科学研究与应用领域占据着首屈一指的地位。但ARIZ算法本身过于复杂，不易掌握，对使用者要求较高，其应用远不及其他工具方法那样广泛。

3.10.1 ARIZ 算法的主导思想

ARIZ算法是解决发明问题的完整算法，其主导思想如下。

（1）矛盾理论

发明问题的特征是存在矛盾，ARIZ强调发现并解决问题中的矛盾。ARIZ采用一套逻辑过程，通过对问题不断地描述、不断地标准化，将初始问题最根本的矛盾冲突清晰地显现出来，形成解决问题的模型。

（2）克服对问题的思维定式

思维定式是创新设计的最大思想障碍。ARIZ强调，在问题解决的过程中要开阔思路，克服思维定式。它主要通过一系列算法和步骤来克服思维的惯性，具体表现在以下几个方面：

① 将初始问题转化为"缩小问题"和"扩大问题"两种形式。"缩小"问题是在尽量保持系统不变的基础上，通过引入约束激化矛盾，目的是发现隐含冲突。"扩大"问题是对可选择的改变取消约束，目的是激发解决问题的新思路。

② 系统变化方法。系统有物理、化学、几何、时间以及成本等参数，可以改变这些参

数的量,加强矛盾冲突或发现隐含问题。系统往往不是孤立的,它包含子系统,并隶属于超系统,在过程上处于前系统和后系统之间。系统变化方法是考虑系统内问题是否可以转移到所在超系统、前系统、后系统及系统的不同时间段。有时,系统内难以解决的问题在系统以外很容易解决。

③ 强调应用系统内外和超系统的所有可用资源。解决系统问题要充分考虑系统内外能够影响系统的资源,主要包括七种资源类型:物质、能量/场效果、可用空间、可用时间、物体结构、系统功能和系统参数。可用资源的种类和形式是随着技术的进步不断扩展的。

(3) 集成应用 TRIZ 理论的大多数工具

ARIZ 算法集成应用了 TRIZ 理论中的大多数工具,包括技术矛盾理论、物理矛盾理论、物-场分析、标准解和技术系统进化模式。

(4) 充分利用 TRIZ 效应库并不断扩充

ARIZ 算法包含的效应库是人类通过长期的实践得到的宝贵智慧结晶,它重点解决物理矛盾,并已研发出相应软件支持。对系统问题和矛盾进行分析描述以后,可以搜索效应库,借鉴类似问题的解决方案。若发现本次系统的解决方案具有典型性和通用性,可以将其加入效应库。

3.10.2 ARIZ 算法应用实例

在对成千上万的发明进行分析(再发明)的基础上,TRIZ 理论为问题原始情境的合理化研究、问题模型的构建、适合的转化模型的选择、候选方案正确性的检验等步骤建立了顺序。这个顺序(流程)被称为发明问题解决算法(ARIZ)。经典 TRIZ 理论中该算法的最后版本完成于 1985 年,称为发明问题解决算法-1985(ARIZ-85)。应用 ARIZ-85 算法的流程如图 3.139 所示。

下面用 ARIZ 算法解决实际技术发明问题。

【案例 3-77】 2008 年初我国南方的一场大雪众所周知,电线上堆积的冰凌和大雪压断了电线,甚至压倒了电线杆和电线铁塔。如何解决这一问题,避免以后灾难重演呢?

首先,分析技术矛盾。此问题没有明显的技术矛盾。

结论:失败。

其次,提取物理矛盾。在气温 0℃ 以下的下雪天,电线上必然会积雪,雪会生成冰凌。但人们又希望电线上没有雪。电线上存在雪和不应该存在雪构成了物理矛盾。

物理矛盾可采用四个分离原理解决,但苦思冥想后没有得出实际有效的解决办法。

结论:失败。

然后,改用物-场模型分析。提取物-场模型:S1 为雪和冰凌,场 F 为导线中交变电流在导线周围产生的电磁场。仅有两个基本元件,缺少元件 S2,无法建立物-场模型。

分析:补充元件 S2,构成基本的物-场模型。如果场 F 作用于 S2,S2 使 S1 融化而离开电线即可解决矛盾。参考 3.9 节表 3.14,查功能代码 F3 和 F4,得到 E24 电磁感应和 E60 居里效应。交变电磁场在磁性物体中产生的磁涡流因磁阻转化为热量,机械行业中的高频淬火就是应用此原理。

解决方案:高压电线中都存在高压交变电流,在电线上加一个磁性材料做成的套。一般情况下温度高,磁性材料呈顺磁性,导线有电时套中无电磁涡流;当温度低于一定值(居里

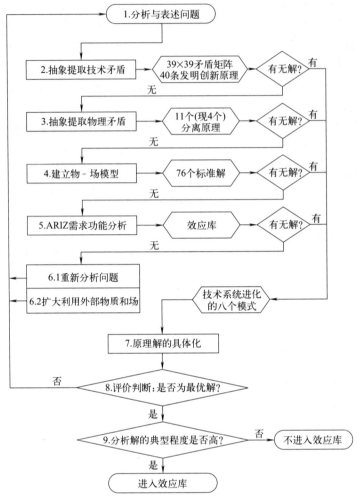

图 3.139　ARIZ-85 算法流程

点）时，磁性材料表现为逆磁性，导线通电时套中产生磁涡流，进而产生热，堆积在套表面的雪融化、脱离，矛盾得以解决。

第 4 章 功能分析与裁剪

20 世纪 40 年代，美国通用电气公司的工程师迈尔斯（Miles）在寻求石棉板的替代材料的研究过程中，通过对石棉板的功能进行分析，发现其用途是铺设在给产品喷漆的车间地板上，以避免涂料玷污地板引起火灾。迈尔斯认为，只要能够找到某种价格更便宜同时具有良好防火性能的材料，就可以用其取代石棉板。迈尔斯后来在市场上找到一种成本很低且货源稳定的防火纸，这种防火纸成功地替代了石棉板。1947 年，迈尔斯提出了功能分析、功能定义、功能评价以及如何区分必要和不必要功能并消除后者的方法，最后形成了以最小成本提供必要功能，获得较大价值的科学方法——价值工程。迈尔斯首先明确地把"功能"作为价值工程研究的核心问题，他认为"顾客购买的不是产品本身，而是产品所具有的功能"。因此，功能思想的提出极大地促进了产品创新过程。

功能分析是价值工程的核心内容，是对价值工程研究对象的功能进行抽象的描述，并分类、整理、系统化的过程，通过功能与成本匹配关系定量计算对象价值大小，确定改进对象的过程。功能分析应用在产品概念创新设计阶段，其主要目的是将抽象的系统或设计创意转化成具体的系统组件之间的相互作用关系，以便于设计者了解产品所需具备的功能与特性。基于价值工程的功能分析分为以下三个步骤。

① 功能定义。功能定义要求简明扼要，通常采用一个动词加一个名词的组合表达方式，如传递信息、连接物体等。

② 功能分类。功能按发挥作用的具体内容与其所处地位不同，一般可从以下 4 个方面分类：基本功能与辅助功能、上位功能与下位功能、使用功能与品味功能，以及必要功能与不必要功能。

③ 功能整理。功能整理是从系统分析的角度，寻找、辨别与弄清它们之间所存在的相互关系，并以系统图的形式表明这些关系之间所存在的内在联系。因此，功能整理的过程就是建立功能系统图的过程。功能分析系统技术是分析功能相互关系的强有力的图形工具，能准确地显示所有功能之间的特殊关系，检查所研究的各功能的有效性，帮助确定遗漏的功能，开拓价值工程团队成员的思维。

TRIZ 理论建立在世界范围内的专利分析基础上，是一种定性的理论，而非数学理论或定量理论，缺乏有效的对已有技术系统进行问题识别与分析的工具。以俄罗斯系统工程师索伯列夫（Sobolev）为代表的 TRIZ 研究者基于价值工程的功能分析方法，提出了基于组件的功能分析方法，实现了对已有技术系统的功能建模。通过对已有技术系统进行分解，得到正常功能、不足功能、过剩功能和有害功能，以帮助工程师更详细地理解技术系统中部件之间的相互作用。其目的是优化技术系统功能，简化技术系统结构，通过对系统进行较少的改变就能解决技术系统的问题，并最终实现技术系统理想度的提升。基于组件的功能分析作为 TRIZ 识别问题与分析问题的工具引入，极大地丰富了 TRIZ 的知识体系。

4.1 功能的定义和表达

技术系统是由相互联系的组件与组件之间的相互作用以及子系统所组成，以实现某种（些）功能作用的组件与子系统的集合。技术系统存在的目的是实现某种（些）特定的功能，而这种（些）功能是通过一系列组件的集合实现的。例如，汽车是一个技术系统，发动机、车体、车厢、座位、轮胎等则是构成这一技术系统的子系统和系统组件。

组件是指组成工程技术系统或者超系统的一个部分，是由物质或者场组成的一个物体，如汽车发动机属于汽车系统的组件。在基于组件的 TRIZ 功能分析中，物质是指拥有净质量的物体，而场是没有净质量的物体，但是场可以传递物质之间的相互作用。

超系统是将已经分析过的技术系统作为组件的系统，或不属于系统本身但是与系统及其组件有一定相关性的系统。例如，汽车在行驶过程中需要驾驶员的操作，需要道路的支撑，同时也会受到空气阻力的影响，则驾驶员、道路、空气等是汽车系统的超系统。由于超系统不属于已有的技术系统本身，因此无法对超系统进行改变，这是由超系统本身的以下特性所决定的：

① 超系统不能裁剪或改变；
② 超系统可能对技术系统产生问题；
③ 超系统可以作为技术系统的资源来利用，即作为解决问题的工具；
④ 一般只考虑对技术系统产生影响的超系统。

技术系统的目标是指技术系统的作用对象，例如汽车系统的作用对象是人（或物），汽车的主要功能是运载人（或物），它改变了目标对象的空间位置。技术系统的构成可用图 4.1 来描述。

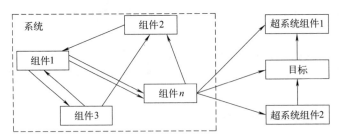

图 4.1 技术系统与超系统的构成

（1）功能的定义

在价值工程中，迈尔斯将功能定义为"起作用的特性"，他认为一个技术系统可通过以最小成本提供必要功能来实现技术系统价值的最大化，即价值＝功能/成本。凡是满足使用者需求的任何一种属性都属于功能的范畴，满足使用者现实需求的属性就是功能，而满足使用者潜在需求的属性也是功能。

另外，也有学者认为"功能是对象满足某种需求的一种属性""功能是产品在使用过程中的物质运动形态""功能是事物或方法所发挥的有利作用"等。由此可知，功能是对技术系统具体作用的抽象描述，技术系统作为满足某种需求的属性是功能，承载这种属性的客观物质则是功能载体，一种功能的实现不可能没有载体。

基于功能的二重性，TRIZ 中的功能定义是指某组件（或子系统，功能载体）改变或者保持另外一个组件（或子系统，功能对象）的某个参数的行为，如图 4.2 所示。

图 4.2 基于组件的功能定义

可采用"X 更改（或保持）Z 的参数 Y"的通用表达方式，这里 X 是指提供功能的组件，即功能载体，它必须是物质、场或物质-场的组合，可以是技术系统的组件，也可以是技术系统的子系统或超系统。Z 是指功能对象，Y 是指功能对象的某个参数，功能载体对功能对象的作用结果就是参数 Y 发生了改变（或保持不变）。参数 Y 发生改变是功能载体 X 对功能对象 Z 的作用结果，例如牙刷的刷毛 X 对牙齿上黏附的牙垢 Z 实施机械力的作用，使得牙垢从牙齿表面剥离，则牙垢的位置参数 Y 发生了改变；参数 Y 保持不变指的则是功能对象 Z 的某个参数 Y 在功能载体 X 的作用下保持不变，例如机床夹具 X 对被加工工件 Z 实行定位与夹紧，使得加工过程中，工件 Z 在切削力等作用下，由于夹具提供的夹紧力作用而保持工件位置 Y 不会发生改变。

因此，基于组件的功能定义有以下三要素，缺一不可：

① 功能载体 X 和功能对象 Z 都是组件（物质、场或物质-场组合）；
② 功能载体 X 与功能对象 Z 之间必须发生相互作用；
③ 相互作用产生的结果是功能对象 Z 的参数 Y 发生改变或者保持不变。

在一个技术系统中，某一组件可能既是功能载体，又是功能对象，即该组件作为功能载体对其他组件产生某种功能，作为功能对象则接受其他组件的作用，如图 4.3 所示。

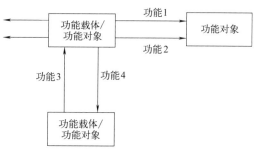

实际工作中，工程技术人员对功能的定义可能采用一种陈述性的方法。例如，牙刷的功能是"刷牙"，洗衣机的功能是"洗衣服"等。这种定义方法不符合 TRIZ 对功能定义三要素的要求，也不利于后续的功能分析。因此，TRIZ 功能定义亦采用"动词＋名词"的方式来描述。例如，牙刷的功能是

图 4.3 功能载体与对象间的关系

"去除牙垢"，洗衣机的功能是"分离脏物"，机床夹具的功能是定位和夹紧工件，等等。值得注意的是，"动词＋名词"的定义方式中，名词指的是"功能对象 Z"，而不是功能对象的某个参数。例如，如果将空调的功能定义为"改变温度"，此时名词"温度"只是空气的一个物理参数，而不是功能对象。

另外，在功能定义时需要避免使用负面定义的方式以及避免使用非因果关系的定义方式。例如，对于士兵所戴的钢盔，如果将其功能定义为"阻止子弹穿透"，则是一种负面定义方式，恰当的定义应该是"改变子弹运行轨迹"。一个普通的水杯，当盛满开水之后会慢慢冷却，空气作为超系统，此时的功能是"冷却水"或"降低开水的温度"，而不能违背因

果关系,将开水的功能定义为"(开水)加热空气",尽管空气冷却水的同时水也局部加热空气。

从设计的观点看,任何技术系统内的组件必有其存在的目的,即提供功能。那么,技术系统中的组件越多,系统具备的功能也就越多。而从顾客的观点来看,顾客购买的是技术系统(或产品)的某一项(或几项)功能,即用于解决顾客问题的相关功能。例如,顾客购买削铅笔的卷笔刀,主要看中的是卷笔刀的"去除铅笔外壳的包覆物""削尖铅芯"功能,当然也可能包括外观、使用舒适性等美学功能(属于工业设计的内容,TRIZ不能解决这类问题)。因此,对任何技术系统而言,必然存在着某种特定的用于解决主要问题的功能,即主要功能,主要功能的功能对象是技术系统的目标,用以实现技术系统的主要目的。功能定义阶段的任务除对技术系统各功能进行定义和识别外,还需要识别对主要功能改善产生最大影响的组件参数,如图4.4所示。

以汽车系统为例,发动机、车身、座椅、变速箱、轮胎等子系统构成了汽车这一技术系统,超系统组件包含道路、乘客、货物、空气、汽油等,汽车系统的作

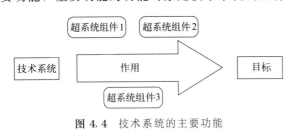

图4.4 技术系统的主要功能

用目标是乘客(包括驾驶员或货物),那么汽车系统的主要功能就是运载乘客(货物),作用的结果就是使乘客和货物的位置发生改变。

(2) 功能定义的表达

功能定义的表达是指采用合适的动词对功能进行定义,来描述功能载体对功能对象的作用。例如头发湿了,使用电吹风机吹干头发,使得我们通常认为电吹风机的功能是"吹干头发";夏天使用电风扇会使人觉得很凉爽,我们便认为电风扇的功能是"凉爽身体";使用放大镜来观看微小的物体,使我们通常认为放大镜的功能是"放大目标物";等等。这种功能定义的表达方式是直觉表达,实质上描述的是功能执行后的结果。因此,功能的表达应简洁准确,简洁、明了地描述某个功能,能准确地反映该功能的本质,与其他功能明显地区别开来。例如,传动轴的功能是"传递转矩",变压器的功能是"转换电压"。

而TRIZ功能定义中,采用的是本质表达方式,也可以采用二元(或多元)表达。直觉表达中,我们认为电吹风机是功能载体,湿头发是功能对象,自然就认为电吹风机的功能是"吹干头发",而从二元(或多元)表达方式看,电吹风机的功能是"加热空气并使空气流动""(热风)加热(头发上的)水分",使水分挥发以及流动的空气使头发上的水分挥发。因此,本质表达方式应该是"(热风)蒸发水分"。放大镜、眼镜等光学产品的本质功能是"改变光线",而不是直觉上的结果"放大物体"。表4.1举例说明了这两种表达的区别。

表4.1 功能的直觉表达和本质表达

技术系统	直觉表达	本质表达
电吹风机	(热风)吹干头发	(热风)蒸发(头发上的)水分
风扇	凉爽身体	移动空气
放大镜	放大物体	折射光线
白炽灯	照亮房间	发光
汽车挡风玻璃	保护司机	防止车外物体(的撞击)
二极管	电流整流	阻滞某极性电流

本质表达方式可能违背了我们的直觉。例如,我们直觉认为船舶的螺旋桨的功能是"驱

动船舶（前进）"，事实上这种定义方式违反了功能定义三要素原则，在螺旋桨和船舶之间并没有直接的相互作用，那么"驱动"这个动词显然不合适用于表达螺旋桨的功能（可以用来表达马达的功能，如"马达驱动螺旋桨"）。那么什么动词可以比较准确地表达功能载体对功能对象的作用呢？按照功能定义三要素中"功能载体X与功能对象Z之间必须发生相互作用"的约束，显然与螺旋桨直接接触的组件是超系统组件——水，螺旋桨接受船舶动力源提供的动力而旋转，从而实现"移动水"的功能。

作为功能定义本质表达的动词，不宜采用过于专业的词，亦不宜采用口语化的词。一个常见的错误就是使用非物理术语来表达，例如，炎热的天气里待在有空调的房间里感觉非常舒适，就认为空调的功能是"提高了人的舒适性"。实际上，"提高了人的舒适性"是空调功能"冷却空气"的一个结果而已。表 4.2 提供了一些进行功能定义本质表达的常用功能动词。

表 4.2　功能定义本质表达的常用功能动词（中英文对照）

Verb(Function)	功能动词	Verb(Function)	功能动词	Verb(Function)	功能动词
Absorb	吸收	Destroy	破坏	Mixes	混合
Accumulate	聚集	Detect	检测	Move	移动
Assemble	装配(组装)	Dry	干燥	Orient	定向
Bend	弯曲	Embed	嵌插	Polish	擦亮
Break Down	拆解	Erodes	侵蚀	Preserve	防护
Change Phase of Melts	相变	Evaporate	蒸发	Prevent	阻止
		Extract	析取	Produce	加工
Clean	清洁	Boil/Freeze	煮沸/冷冻	Protect	保护
Condense	凝结	Heat	加热	Remove	移除
Cool	冷却	Hold	支撑	Rotate	旋转(转动)
Corrode	腐蚀	Inform	告知	Separate	分离
Decompose	分解	Join	连接	Stabilize	稳定
Deposit	沉淀	Locate	定位	Vibrate	振动

其他近似的功能动词有开动、包括、过滤、调整、扩大、控制、点燃、遮蔽、应用、创造、生成、储藏、改变、放射、防病、矫正、支持、传递、建立、限制、减少、转移、引导、紧固、定位等。

4.2　功能的分类

价值工程中，功能按发挥作用的具体内容与其所处地位不同，一般可从 4 个方面分类，分别为基本功能与辅助功能、上位功能和下位功能、使用功能和品味功能以及必要功能与不必要功能。而在 TRIZ 理论中，功能定义为"功能载体改变或者保持功能对象的某个参数的行为"，功能结果即参数改变是沿着期望的方向变化还是背离了期望的方向，即功能是有用的还是有害的。例如，我们使用牙刷的目的是希望通过刷毛、牙膏和牙齿的摩擦作用，去除黏附在牙齿表面的牙垢，"去除牙垢"是牙刷（刷毛）的有用功能。但同时，在刷牙的过程中，刷毛可能也会和牙龈发生摩擦，导致牙龈出血或损伤牙龈的现象发生，这是我们不希望见到的，违背了设计使用牙刷的初衷，因此"损伤牙龈"是牙刷（刷毛）的有害功能。

（1）有用功能

有用功能是指功能载体对功能对象的作用朝着期望的方向改变功能对象的参数，这种期望是改"善",是设计者、使用者希望达成的功能。

根据功能对象在技术系统中所处的位置不同,有用功能可分为不同的等级,有用功能等级划分的依据是该功能离系统目标的位置:离系统目标越近,则功能等级越高。等级高低采用功能价值来表达。显然,某个组件提供的功能如果直接作用在系统目标上,则该功能等级是最高的,称为技术系统的基本(主要)功能。基本功能的功能价值为3分。

基本功能是与技术系统的主要目的直接有关的功能,是技术系统存在的主要理由,它回答"该系统能做什么"的问题。基本功能包括价值(使用价值和功能价值),一个系统可能有多个基本功能。

如果功能对象为系统组件,那么该功能称为辅助功能。如果接受该辅助功能的功能对象是产生基本功能的功能载体,则该辅助功能的功能等级为 A_1,以此类推。辅助功能的功能价值为1分。因此,辅助功能是为更好地执行一个基本功能而服务的功能,是支撑基本功能的功能。辅助功能占据了大部分成本,对于基本功能来说很可能是不必要的。

如果功能对象为超系统组件,那么该功能称为附加功能,它回答"该系统还有什么其他作用"的问题。例如,洗衣机的基本功能是"分离脏物",目标是脏衣物。在洗衣机系统中,需要的另外几个超系统组件就是水、洗衣液和柔顺剂等。洗衣机波轮的作用对象是水,它的功能是"搅动水",这是一个附加功能。如果洗衣机用于洗衣物外的其他物品,不能认为系统目标发生改变了,而说洗衣机的附加功能为还可以"洗红薯""洗拖把"等,原因就在于不管放进洗衣机的具体物品是什么,目标是一致的,就是"分离(放进洗衣机内的物品中所含有的)脏物",而不是放进洗衣机内的物品本身。就像牙刷的目标是黏附在牙齿表面的牙垢、食物残渣等,而不是牙齿本身。

图4.5表示了基本功能(B)、辅助功能(A_x)和附加功能(A_d)的关系。系统组件1作为功能载体提供系统的基本功能,同时作为功能对象又接受了组件2提供的辅助功能,则该辅助功能等级为 A_1。附加功能的功能价值为2分。

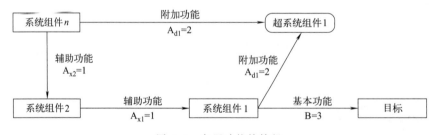

图 4.5 有用功能的等级

技术系统中的有用功能在实际过程中对功能对象参数的改善值可能和期望的改善值之间存在一定的差异,称为有用功能的"性能水平"。当实际的改善达到所期望的改善时,称为"正常功能";当实际的改善大于所期望的改善时,称为"功能过度";当实际的改善小于所期望的改善时,称为"功能不足"。任何局部必要功能的缺少或不足,都将影响整体功能的发挥,对功能系统具有破坏性,影响用户使用效果。

功能定义阶段需要确定各有用功能的性能水平,以便为后续功能分析和裁剪提供依据。功能的性能水平过度和不足都是技术系统的不利因素,除功能载体自身原因导致功能不足和功能过度外,多数情况下功能不足和功能过度是由根原因产生的,经过功能链的传导而产生差异。因此,多数情况下,应用TRIZ的因果分析查找出产生问题的根原因并加以消除,那么经由功能链传导而产生的功能不足和功能过度可随之消失。

（2）有害功能

有害功能是功能载体提供的功能不是按照期望的方向对功能对象的参数进行改善，而是恶化了该参数。

有害功能是导致技术系统出现问题的主要原因。通过功能分析与因果分析，找出产生有害作用的根本原因，通过裁剪等工具实现对系统进行较小的改变就能解决技术系统的问题，并最终实现技术系统理想度的提升。因此，对于有害作用，不用确定其等级，也不用确定其性能水平。在 TRIZ 的功能分析中，不采用折中方法（即减少有害作用的影响），而是必须消除有害功能。

综上所述，基于组件的 TRIZ 功能分类方法可以帮助工程技术人员确定已有技术系统所提供的主要功能，研究系统组件对系统功能的贡献以及分析技术系统中的有用功能及有害功能的关系，为下一步进行功能分析和改善技术系统奠定基础。

4.3 功能分析与功能模型

功能分析是指对已有技术系统（或已有产品）进行分解，明确系统各组件的有用功能及功能等级、性能水平（正常功能、过度功能、不足功能）和有害功能，帮助工程技术人员更详细地理解技术系统中组件之间的相互作用，建立组件功能模型。因此，在 TRIZ 中，功能分析是识别系统及超系统组件的功能、等级、性能水平及成本的一种分析工具，主要内容包括：

① 确定技术系统所提供的主功能；
② 研究各组件对系统功能的贡献；
③ 分析系统中的有用功能及有害功能；
④ 对于有用功能，确定功能等级与性能水平（正常、不足、过度）；
⑤ 建立组件功能模型，绘制功能模型图。

功能分析的目的：

① 明确各功能之间的相互关系，合理地匹配功能；
② 简化技术系统，优化系统结构，降低成本，提高产品价值；
③ 使产品具有合理的功能结构，满足用户对产品功能的需求；
④ 确定必要功能，发现不必要功能和过剩功能，弥补不足功能，去掉不合理的功能以及消除有害功能。

功能分析的作用：

① 发现系统中存在的多余的、不必要的功能；
② 采用 TRIZ 其他方法和工具（如矛盾分析、物-场分析、裁剪等），完善及替代系统中的不足功能，消除有害功能；
③ 裁剪系统中不必要的功能及有害功能；
④ 改进系统的功能结构，提高系统功能效率，降低系统成本。

基于组件的功能分析分三步进行。首先，识别技术系统的组件及其超系统组件，建立组件列表，分析组件的层级关系；其次，识别组件之间的相互作用，进行组件相互作用分析，建立相互作用矩阵；最后，依据功能定义三要素原则，在相互作用矩阵的基础上对组件功能进行定义，并识别和评估组件的等级和性能水平，建立功能模型。

4.3.1 组件分析

组件分析是指识别技术系统的组件及其超系统组件，得到系统和超系统组件列表（见表4.3），即明确技术系统是由哪些组件构成的，建立组件列表，这是识别问题的第一步。组件列表中明确技术系统的名称、技术系统的主要（基本）功能以及系统组件和超系统组件。组件是技术系统的组成部分，执行一定的功能，可以等同为系统的子系统。通过组件列表描述系统组成及系统各组件的层级。组件列表可用以明确技术系统是由哪些组件组成的，包括系统作用对象、技术系统组件、子系统组件，以及和系统组件发生相互作用的超系统组件。

表4.3 组件列表

技术系统	主要功能	组件	超系统组件
技术系统的名称	To/Verb/Target	组件1 组件2 …… 组件n	组件1 组件2 …… 组件m

【案例4-1】 热交换器。

图4.6所示为热交换器的结构简图，热交换器的主要功能是降低高温介质的温度。热交换器的壳体左上端安装有一个高温介质流入口，左下端安装有一个冷却介质流出口；壳体左右两端各有一个端面封堵，然后再连接一个冷却介质流出口。交换器内部的低温介质承载管道由左、右端堵支撑。

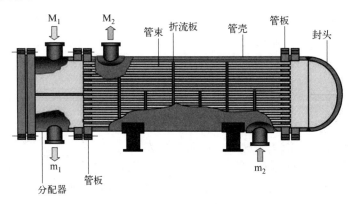

图4.6 热交换器的结构简图

热交换器的工作原理是：高温介质 M_1 由交换器上端入口进入，流经交换器内部与管道外壁接触并加热管道，由交换器左下端的出口流出后，形成低温介质 m_1；冷却介质 m_2 由交换器右下端进入内部管道，流经管道的过程中冷却管道，完成热交换过程后由交换器左上端流出 M_2。

因此，热交换器的组件构成有壳体、端堵、管道、管道支撑和补偿装置，另外还有高温介质的流入口、流出口，冷却介质的流入口、流出口。在加工制造过程中，高温介质的流入口、流出口可能是两个单独的器件，但在本例的功能分析中，它们的功能和交换器壳体功能一样，起"引导、支撑高温介质"的功能，可以将它们和壳体视为一个组件。同样，冷却介质的流入口和右端堵，流出口和补偿装置一起，均可视为一个组件。

M_1 和 m_2 是系统的目标，属于超系统组件。同时，高温介质 M_1 会加热壳体，壳体热量有部分散失到空气中，因此空气也是超系统组件。这样得到热交换器的组件列表如表 4.4 所示。

表 4.4 热交换器的组件列表

技术系统	主要功能	组件	超系统组件
热交换器	降低高温介质的温度	壳体 端堵 管道 管道支撑 补偿装置	高温介质 冷却介质 空气

由案例 4-1 可以看出，组件分析的关键是确定技术系统内组件的层级。例如，从零部件构成角度看，矿泉水瓶由瓶身和瓶盖组成，那么矿泉水瓶的组件构成是否就是瓶身和瓶盖呢？显然，层级的划分应考虑技术系统处于什么条件，如果是分析如何打开一瓶矿泉水，这种层级的划分可能适用。但是如果是分析矿泉水灌装封装系统的，则瓶身可能需要往更深层级划分：瓶嘴、瓶身和瓶底。这是因为在灌装封装系统中，瓶嘴和瓶身的功能各异。因此，在进行组件分析的层级划分时，有如下一些建议可以参考。

① 依据项目目标和限制条件选择层级。

如果项目目标是优化技术系统中的某些特征性能参数，进行层级的划分与选择时可考虑与目标相关联的系统组件和超系统组件。例如，需要优化风阻对汽车燃油消耗的影响，则组件的选择中可考虑风阻会对汽车系统哪些组件产生影响，如车身（形状）、进气栅、扰流板等，这些组件都和风阻直接相关，而汽车变速机构、座位等与风阻关联不大的组件则可以不予考虑或以一个大的结构组件来表达。

② 较低层级会增加分析的工作量，而较高层级会导致信息不充分。

层级划分得越细，组件数量就越多，对于查找深层次的原因有好处，但相应的功能分析的工作量就会变得非常大；相反，层级划分较粗，则可能导致信息不完全，某些问题产生的原因被掩盖起来。

③ 选择在同一层级的组件。

如果明确问题所处的层级，则可以选择在同一层级的组件进行分析，在分析该层级组件对其他层级所产生的影响时，其他层级组件可视为一个组件。

④ 将相似的组件看成一个组件。

如果某些组件的功能相似，可以考虑看成一个组件。例如，机械紧固采用螺栓螺母结构，多个同种型号的螺栓、螺母可以看作组件"螺栓"和"螺母"，而将数量作为组件的参数来处理。这样一来，螺栓、螺母的数量可以作为参数来进行矛盾的描述：螺栓、螺母的数量越多，紧固效果越好，但是在维修拆卸时，操作所需花费的作业时间也就越多。显然这是一个物理矛盾问题。

⑤ 如果一个组件需要更多的分析，则从最低层级开始重新做组件分析。

以汽车系统为例，图 4.7 表示了汽车系统的层级关系，具体选择哪一层级进行组件分析，可以参照上述 5 条建议进行。

技术系统生命周期的不同阶段具有不同的超系统，项目目标和限制条件不同，超系统组件的选择也会有所不同，因此超系统组件的选择也是根据具体情况来进行的。总体上看，除

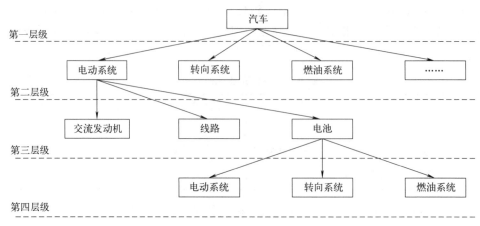

图 4.7　汽车系统的层级划分

系统的目标必须是超系统组件外，其他典型的超系统组件有：
① 生产阶段：设备、原料、生产场地、生产环境、作业人员等；
② 使用阶段：消费者、能量源、其他关联系统；
③ 储存和运输阶段：交通工具、搬运工具、储存场所、储存环境、作业方法等；
④ 与技术系统作用的外部环境：空气、水、灰尘、热场、重力场等。

综上所述，组件分析的一般流程为：
① 建立构成系统的组件层级；
② 选择一个组件层级；
③ 识别选择的层级中的组件；
④ 填写组件列表。

【案例 4-2】　浸漆工艺系统。

在产品或工件表面上漆的工艺有油漆喷涂、浸漆等。浸漆工艺是指将待上漆工件浸泡在油漆箱（池）中使工件外表面黏附油漆，当工件离开油漆箱后，可通过旋转工件或其他方法去掉工件表面多余的油漆，然后对工件进行烘烤，从而达到在工件表面固化油漆的目的，如图 4.8 所示。

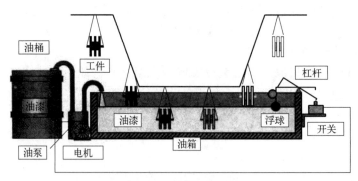

图 4.8　浸漆工艺系统

该系统的工作原理是：当油箱中的油漆下降到一定高度时，浮球下降并带动杠杆，杠杆右端触发开关，接通电源，由电机带动油泵工作，将油桶内的油漆抽到油箱中去。当油箱液面上升到一定高度时，浮球上升带动杠杆，杠杆触发开关关闭，电机和油泵停止工作。实际运行过程中，由于空气对黏附在浮球表面上的油漆的干燥作用，部分油漆干燥固化在浮球表面，增加了浮球的重量，从而使浮球控制杠杆的功能下降，引出一连串反应，导致油泵不能及时停止工作而将多余油漆抽取到油箱中。情况严重时，油漆会漫出油箱边缘。

按照组件分析的流程，建立浸漆工艺系统的组件列表，如表4.5所示。

表4.5 浸漆工艺系统的组件列表

技术系统	主要功能	组件	超系统组件
浸漆工艺系统	移动（油桶中的）油漆（到油箱中）（为油箱补充油漆）	浮球 杠杆 开关 电机 油泵 油箱	油漆 油桶 工件 空气

组件相互作用分析用于识别技术系统以及超系统的组件间的相互作用，这是功能分析的第二步。相互作用分析的结果就是构造组件列表中的系统组件和超系统组件的相互作用矩阵，用以描述和识别系统组件及超系统组件之间的相互作用关系。

相互作用矩阵的第一行和第一列均为组件列表中的系统组件和超系统组件，如表4.6所示。如果组件i和组件j之间有相互作用关系，则在相互作用矩阵表中两组件交汇单元格内填写"+"，否则填写"-"。判断组件i和组件j存在相互作用的依据是组件i和组件j必须存在相互接触。

表4.6 相互作用矩阵

	组件1	组件2	组件3	...	组件n
组件1		−	+	−	−
组件2			+	−	−
组件3				+	+
...					+
组件n					

在灯光下进行阅读，日光灯和阅读材料之间有相互作用吗？按照4.1节关于功能定义的表达，直觉表达上可能会认为这二者之间有相互作用，因为日光灯照亮了阅读材料。实质上，日光灯和阅读材料并没有发生接触，也就没有相互作用，因为日光灯的本质功能是"发光"，功能的结果是产生一种"光线场"。之所以能看清阅读材料，是因为"光线场"作用在阅读材料上，阅读材料将光线进行反射，使得阅读者的眼睛能够感应光线的变化。另一方面，如果将日光灯和它产生的光线场看成一个"物-场"的组合而定义为一个组件，那么该组件和阅读材料之间存在相互作用。

因此，确定组件之间的相互作用是否存在，必要条件是两个组件之间存在相互接触。当按照相同的顺序将组件列表中的组件和超系统组件用以构造相互作用矩阵的行和列之后，依次去识别不同的行元素和列元素之间是否存在相互作用。如果某一行（列）与其他元素均不存在相互作用，则需要移除这一行（列），同时在组件列表中移除该组件。

一般情况下，相互作用矩阵的左下角和右上角呈对称状态，组件i对组件j产生一个作用，那么，组件j对组件i必产生一个反作用，这种情况下一般不列出反作用，但是在后续功能分析过程中必须识别是否需要考虑反作用影响。如果组件间存在多个相互作用，在构造矩阵列表时不用特别指出，但是在后续的功能分析中必须全部指出并进行相关分析工作。

表 4.7 和表 4.8 分别展示了热交换器和浸漆工艺系统的相互作用矩阵。

表 4.7 热交换器的相互作用矩阵

	壳体	端堵	管道	管道支撑	补偿装置	M_1	m_2	空气
壳体		+	-	-	+	+	-	+
端堵			+	-	+	-	-	+
管道				+	-	+	+	-
管道支撑					-	+	-	-
补偿装置						-	-	+
M_1							-	-
m_2								-
空气								

表 4.8 浸漆工艺系统的相互作用矩阵

	浮球	杠杆	开关	电机	油泵	油箱	油漆	油桶	工件	空气
浮球		+	-	-	-	+	-	-	-	+
杠杆			+	-	-	+	-	-	-	+
开关				+	-	+	-	-	-	+
电机					+	-	-	-	-	+
油泵						+	-	-	-	+
油箱							+	-	-	+
油漆								+	+	+
油桶									-	+
工件										+
空气										

从表 4.8 中可以看出,需要浸漆处理的工件只和油漆、空气存在相互作用。由于浸漆工艺系统的主要问题是"油泵不能及时停止工作而将多余油漆抽取到油箱中,导致油漆会漫出油箱边缘",该问题和需要浸漆处理的工件没有任何关系,可以将工件这一超系统组件从组件列表和相互作用矩阵中移除。在后续的功能分析与功能建模中,不再考虑工件这一超系统组件。同样,热交换器中的超系统组件"空气",虽然和壳体、端堵及补偿装置均存在相互作用,但由于和系统问题无关联,也可以移除而不予考虑。

4.3.2 功能模型的建立

从设计的观点看,任何系统内的组件必有其存在的目的,即提供功能。运用功能分析,可以重新发现系统组件的目的和其表现,进而发现问题的症结,并运用其他方法进一步加以改进。功能分析为创新提供了可能性,为后续技术系统裁剪、实现突破性创新提供可能。功能分析的结果是功能模型。

功能模型描述了技术系统和超系统组件的功能,以及有用功能、性能水平及成本水平。建立功能模型的流程为:

① 识别系统组件及超系统组件;
② 使用相互作用矩阵,识别及确定指定组件的所有功能;
③ 确定及指出功能等级;
④ 确定及指出功能的性能水平,可能的话,确定实现功能的成本水平;
⑤ 对其他组件重复步骤①～④。

功能模型采用图形、文字及图例综合的模板来进行表达,表 4.9 为功能模型的常用图例列表,表 4.10 为建立功能模型的模板。

表 4.9 功能模型图例

功能分类	功能等级	性能水平	成本水平
有用功能	基本功能(B)	正常(N)	微不足道的(Ne)
	辅助功能(Ax 或 A_x)	过度(E)	可接受的(Ac)
	附加功能(Ad 或 A_d)	不足(I)	难以接受的(UA)
有害功能		H	
图形	正常功能：——————→ 过度功能：══════⇒ 不足功能：- - - - - → 有害功能：——×——→ 或 ～～～→		

表 4.10 功能建模的模板

功能载体	功能名称	功能等级	性能水平	评价(成本)
功能载体 1	To/动词/对象 X	B,An,Ad,或 H	N,E,I	Ne,Ac,UA
	To/动词/对象 Z	B,An,Ad,或 H	N,E,I	Ne,Ac,UA
......				
功能载体 n	To/动词/对象 X	B,An,Ad,或 H	N,E,I	Ne,Ac,UA
	To/动词/对象 Z	B,An,Ad,或 H	N,E,I	Ne,Ac,UA

建立功能模型时的注意事项：

① 针对特定条件下的具体技术系统进行功能定义；

② 组件之间只有相互作用才能体现出功能，所以在功能定义中必须有动词来表达该功能且采用本质表达方式，不建议使用否定动词；

③ 严格遵循功能定义三要素原则，缺一不可；

④ 功能对象是物质，不能仅仅使用物质的参数；

⑤ 如果不能确定使用何种动词来进行功能定义，请采用通用定义方式：X 更改（或保持）Z 的参数 Y。

有两种方法来完成功能分析过程。

第一种是功能对象分析法，即以功能对象为单位，分析与功能对象相互作用的功能载体的功能，并且按照以下顺序：先分析与系统目标相互作用的功能载体的功能，然后分析与超系统组件相互作用的功能载体的功能，最后以前面两步分析得到的功能载体作为功能对象，来分析与其相互作用的其他功能载体的功能，直到每一个组件都分析完成。显然，这是一种由基本功能分析向附加功能分析，再向辅助功能分析转变的过程。

第二种是顺序分析法，即以相互作用矩阵为基础，按照矩阵中组件出现的先后顺序，将其作为功能载体，分析该功能载体可以提供的功能。

本书采用第二种方法来进行功能分析并建立功能模型，以案例 4-1 热交换器为例，说明功能模型的建立过程。参照表 4.7 热交换器的相互作用矩阵，分别以壳体、端堵、管道、管道支撑、补偿装置、M_1 和 m_2 作为功能载体进行功能分析。

壳体和端堵、补偿装置及 M_1 有相互作用，首先考虑壳体与系统目标 M_1 的作用。M_1 在壳体中流动，壳体对 M_1 的功能则是"导向和支撑"，属于基本功能、正常的有用功能（但不是系统的主要功能）。同样，M_1 对壳体除有反作用外，还会加热壳体，M_1 也可能通过与壳体内壁摩擦而磨损或腐蚀内壁，这个在以 M_1 为功能载体时再分析。端堵连接固定在壳体的端面，因此壳体对端堵的功能是"支撑（固定）端堵"，这是系统组件之间的相互作用，属于辅助功能，是系统所期望的，属于有用功能且是正常功能；补偿装置用于补偿 M_1

对管道的加热作用导致的管道伸长，壳体需要对补偿装置进行支撑固定，因此对补偿装置而言，壳体的功能是"支撑"，属于辅助功能、正常的有用功能。壳体的功能分析模板如表4.11所示。

表 4.11　壳体的功能分析表

功能载体	功能名称	功能等级	性能水平	评价（成本）
壳体	引导（支撑）M_1	B	N	
	支撑（固定）端堵	Ax	N	
	支撑补偿装置	Ax	N	

从表4.7可以看出，端堵与补偿装置、管道有相互作用。另外，由于壳体对端堵的支撑固定功能，端堵会对壳体产生一个反作用，这个作用对系统问题分析没有什么影响，则不予以考虑。端堵对补偿装置、管道而言，只起"支撑"功能，端堵的功能分析如表4.12所示。

表 4.12　端堵的功能分析表

功能载体	功能名称	功能等级	性能水平	评价（成本）
端堵	支撑补偿装置	Ax	N	
	支撑管道	Ax	N	

管道支撑安装在两端的端堵上，不和壳体内壁接触，多管道中间用几个管道支撑。因此，管道支撑的功能是"支撑管道"，属于正常的辅助功能。同时由于M_1在壳体内从左端流向右端，管道支撑会阻滞M_1的流动，属于有害功能。

高温介质M_1通过加热壳体和加热管道的方式来交换热量，加热壳体后由壳体散热到环境中去，属于被动方式，不属于系统设计功能范畴，作为正常有用功能。加热管道的散热方式属于系统设计目的，是基本（主要）功能，但是交换效率一般，属于功能不足。M_1高温作用（"热胀冷缩"原理）会对管道产生拉长且产生振动这两个有害作用。为消除这两个有害作用的影响，当前系统采用了在壳体左端安装补偿装置的方式来补偿管道的拉长与振动，但是效果不是很理想，是该系统目前最主要的问题。另外，M_1与壳体内壁摩擦而磨损或腐蚀内壁，属于有害功能，但由于有害作用微小且不是影响系统的主要问题，功能分析过程中可以忽略（如果腐蚀有害作用影响系统使用寿命，作为系统的主要问题之一的话，需要进行功能分析）。

管道受热后，通过加热内部的冷却介质m_2完成热量交换，交换效率一般，属于功能不足。管道受热后长度变化，会对端堵造成挤压，即对端堵而言，受热的管道功能是"移动端堵"，显然这是系统不期望的结果，属于有害功能。

冷却介质m_2的功能是"冷却（缩短）管道"，是管道"加热m_2"功能的反作用，属于功能不足，冷却的同时所造成管道的缩短，属于有害功能。而对于补偿装置而言，其设计的主要目的是补偿"管道受热造成端堵的位置移动"，功能是"补偿端堵"，为消除管道受热变形对端堵挤压影响而专门设计了补偿装置，显然属于功能过度。将热交换器的7个组件的上述功能分析进行汇总，得到如表4.13所示的热交换器的功能分析表。

表 4.13　热交换器的功能分析表

功能载体	功能名称	功能等级	性能水平	评价（成本）
壳体	引导（支撑）M_1	B	N	
	支撑（固定）端堵	Ax	N	
	支撑补偿装置	Ax	N	

续表

功能载体	功能名称	功能等级	性能水平	评价(成本)
端堵	支撑补偿装置	Ax	N	
	支撑管道	Ax	N	
管道支撑	支撑管道	Ax	N	
	阻滞 M_1		H	
M_1	加热壳体	B	N	
	加热管道	B	I	
	拉长管道		H	
	振动管道		H	
m_2	缩短管道		H	
管道	移动端堵		H	
	加热 m_2	B	I	
补偿装置	补偿端堵	Ax	E	

将系统的功能分析表以图形的方式表达出来，就可以得到系统功能模型图。图 4.1 显示出"组件""超系统组件"和"目标"的不同图符表达方式，各类计算机辅助创新（CAI）软件也有不同的图形表达。功能模型图例则可以参照表 4.9 对于正常功能、不足功能、过度功能和有害功能的图形表示，建议与 TRIZ 中"物-场模型"的表达方式保持一致。将表 4.13 进行一定的转化，就可以得到如图 4.9 所示的热交换器的功能模型图。

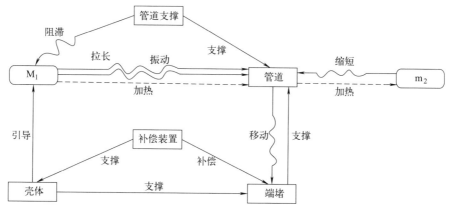

图 4.9 热交换器的功能模型图

按照同样的方法，可以得到案例 4-2 浸漆工艺系统的功能分析表（见表 4.14）和相应的功能模型图（见图 4.10）。

表 4.14 浸漆工艺系统的功能分析表

功能载体	功能名称	功能等级	性能水平	评价(成本)
浮球	支撑油漆（黏附）		H	
	移动杠杆	Ax	I	
杠杆	支撑浮球	Ax	N	
	控制开关	Ax	I	
开关	控制电机	Ax	I	
电机	旋转油泵	Ax	E	
油泵	移动油漆	B	E	
油箱	容纳油漆	B	I	
	支撑杠杆	Ax	N	
	支撑开关	Ax	N	

第4章 功能分析与裁剪 | 141

续表

功能载体	功能名称	功能等级	性能水平	评价(成本)
油漆	移动浮球	Ax	I	
油桶	容纳(支撑)油漆	B	N	
空气	固化油漆		H	

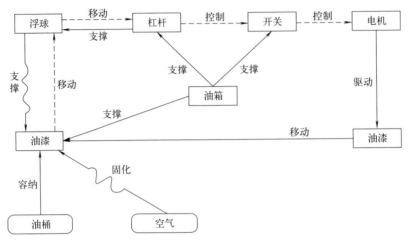

图 4.10 浸漆工艺系统的功能模型图

4.3.3 功能模型的应用

通过功能分析建立起技术系统的功能模型后，接下来的工作就是应用功能模型帮助我们解决系统存在的问题。按照 TRIZ 创新方法应用流程，有以下 3 条应用功能模型解决问题的路线。

(1) 直接应用 TRIZ 的解决问题工具

如果需要对系统做最小的变动或者期望改善成本最小的话，则可以应用物-场模型和 76 个标准解；如果功能模型中表现出非常明显的矛盾问题，可以应用 40 个发明原理和分离原理来产生解决问题方案；如果是明显的功能问题，可以将问题归纳为"How to"模型的话，通过功能导向搜索和查找科学效应知识库来寻找解决方案。直接应用 TRIZ 工具的关键在于可以在功能模型中提炼出"技术系统的关键问题模型"。

以案例 4-2 的浸漆工艺系统为例，由于空气干燥固化会将油漆黏附在浮球上，使浮球的重量增加，通过杠杆传递来控制开关的闭合失效，从而导致"油泵移动油漆"出现功能过度。系统需要浮球与油漆接触，由此产生的浮力可以移动浮球上下运动；为了防止油漆固化在浮球上，希望油漆不和浮球接触。显然，这是一个非常明显的物理矛盾。如果将这一物理矛盾转化成"如何（How to）让固体（浮球）表面不黏附黏性物质"的话，通过功能导向搜索和查找科学效应知识库或者依据自身经验，生活中的"不粘锅"可能会给我们一个启发：在浮球表面涂覆一层材料 X，X 的性能保证油漆不会由于空气的干燥固化作用而黏附在 X 表面。这时，原有的技术问题就变成了"X 是什么？""能否低成本地获得 X？""如果没有现成的 X，用什么样的方法可以获得 X？"等。

【案例 4-3】 安瓿。

安瓿是一种可熔封的硬质玻璃容器，用以盛装注射用药或注射用水。玻璃安瓿生产时，敞口瓶装好药水到一定的液面高度。在封口工序采用乙炔焰熔化瓶口玻璃并封口，但是安瓿内的药液在此高温下会发生变质。图 4.11（a）为安瓿火焰封口工艺系统示意图，图 4.11（b）为安瓿火焰封口工艺系统的功能模型图。

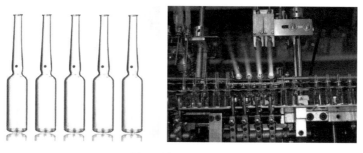

(a) 安瓿火焰封口工艺系统示意图

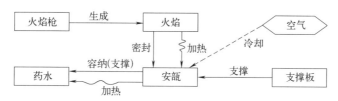

(b) 安瓿火焰封口工艺系统功能模型图

图 4.11　安瓿火焰封口工艺系统

从功能模型中，可以确定产生问题的几个功能，即（火焰）加热安瓿和（安瓿）加热药水属于有害功能，（空气）冷却安瓿属于功能不足。对于这三个问题，可以直接应用 TRIZ 的解决问题工具。火焰、安瓿可构建一个物质场，火焰除对安瓿产生一个正常有用功能（安瓿尖端需要高温，以便融化玻璃，实现安瓿密封）外，火焰高温作用到安瓿瓶身产生了一个有害作用（加热药水使其变质）。按照标准解，同时需要大/强的和小/弱的效应时，需要小的效应的部位用物质 S_3 保护，安瓿尖端需要大效应，而安瓿瓶身需要小效应，则可能的解决方案是"安瓿瓶身药液部分浸入冷水（S_3）中"，同时也增强了不足功能"（空气）冷却安瓿"。

如果将问题归纳为"How to"模型，则系统问题功能可描述为"How to eliminate the function heating medicine?（如何消除加热药水的功能?）"和"How to intensify the function cooling the ampule?（如何增强冷却安瓿的功能?）"［功能导向搜索（FOS）在 Google 等搜索引擎中使用英文才能得到比较理想的参考范例］，进一步提炼为"How to cool the ampule?（如何冷却安瓿?）"，然后在 https：//www.Google.com/patents 中进行搜索，就可以得到一些类似问题的参考解决方案。

（2）裁剪

如果改善目的是降低系统成本、提高系统稳健性、消除问题或者是进行专利规避、专利增强的话，则可以将系统中产生有害作用、功能不足、功能过度或高成本组件等系统组件进行裁剪。显然，如果产生有害作用的组件消失了，那么该组件产生的有害作用也就没有了，接下来的问题是该组件的有用功能也消失了，这就出现了"裁剪问题"。显然，改善的目的是消除有害功能，但是组件的有用功能必须保留，此时解决裁剪问题需要将原组件的有用功能转移到其他组件、新增组件或超系统组件中去。例如，将浸漆工艺系统中的浮球裁剪，

"浮球支撑油漆"的有害功能便消失了,但是"浮球移动杠杆"的有用功能如何保留就成了"裁剪问题"。进一步裁剪杠杆,"浮球移动杠杆"的功能不需要了,但是"(杠杆)控制开关"的功能如何实现依然是"裁剪问题"。因此,对技术系统实施裁剪,得到裁剪模型,原有技术系统问题就转化成"裁剪问题"。对于"裁剪问题",可以通过建立"技术系统的关键问题模型"转而去直接应用 TRIZ 工具;也可以进行下一步"因果分析(根原因分析)"。

(3) 因果分析(根原因分析)

因果分析也称因果链分析,目的是寻找技术系统中产生问题的最关键的根本原因,常用工具是"因果链图"。因果链图采用"结果-原因回溯"的方法,从结果中去查找导致该结果的可能原因,并最终期望找出产生系统问题的根本原因(问题),通过消除根本原因(问题)或者对根本原因(问题)进行问题建模,将其变成 TRIZ 的一般化问题模型,最后应用 TRIZ 工具来解决问题。

4.4 功能裁剪与裁剪模型

如果技术系统需要删减其某些组件,同时保留这些组件的有用功能,从而降低成本,提高系统理想度,则称此类问题为技术系统的裁剪问题。对技术系统实施裁剪的关键在于"确保被裁剪的组件有用功能得到重新分配"。

裁剪问题也属于一类发明问题。针对技术系统实施裁剪,可以简化系统结构,提高理想度。在企业实施专利战略的过程中,裁剪方法也是进行专利规避的重要手段,有用功能得以保留和加强,降低成本,产生新的设计方案。

裁剪的作用:

① 精减组件数量,降低系统的组件成本;
② 优化功能结构,合理布局系统架构;
③ 体现功能价值,提高系统实现功能效率;
④ 消除过度、有害、重复功能,提高系统理想化程度。

4.4.1 裁剪对象的选择

按照功能分析的结果,对各组件进行价值评价,通常选择价值最低的组件作为裁剪对象开始实施系统裁剪,如选择提供辅助功能的组件、实现相同功能的组件、具有有害功能的组件等,不能选取超系统组件作为裁剪对象。

① 基于项目目标和约束选择组件作为裁剪对象:降低成本、稳健设计、消除问题、增强专利。如果系统本身没有什么问题,只是出于降低成本的目的,则可以考虑裁剪系统中功能价值较低但是成本高昂的组件。对于专利规避,假定竞争专利的技术系统是没有问题的,针对竞争专利权利书中独立权利声明的相关组件的一个或者几个实施裁剪,并将其原来承载的功能转移到独立声明中剩下的其他组件中或者超系统组件中,从而可以绕开竞争对手专利保护。如果需要最大限度地改善技术系统,则可以考虑裁剪有主要缺点的组件,提高系统的稳定性。

图 4.12 为摩托车系统的简易功能模型图,为了将摩托车的成本降低,可以假定现有摩托车系统没有大的技术问题,只是期望通过裁剪来降低摩托车的成本。如果裁剪发动机组件,成本可以降低非常多,但是系统缺少了动力系统,变成了"单车",原有系统的性能大

幅降低了，显然裁剪发动机不合适。如果裁剪油箱的话，发动机需要的汽油储存在剩下的哪个组件中，即原来油箱"储存汽油"的功能转移到哪一个系统组件中去？通过资源分析，需要分析剩余组件中，哪些组件可以提供足够的空间来储存汽油且安全性良好。那么车架、座位等可以进行结构改变，既保留原来组件的功能，同时增加封闭空间以储存汽油。另外，也可以考虑裁剪一个摩托车轮，获得单轮摩托车的创意设计（此时系统的主要问题是单轮的前后平衡），两种裁剪得到的创新设计如图 4.13 所示。

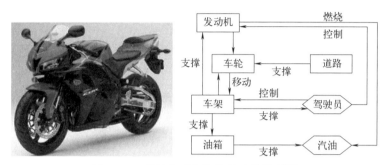

图 4.12　摩托车系统的简易功能模型图

(a) 一体式摩托车　　　　　　　(b) 单轮摩托车

图 4.13　通过裁剪得到的新型摩托车创意设计

② 选择"具有有害功能的组件"作为裁剪对象，需要进行因果分析，构造因果链图，找出最根本的有害原因，然后只需要裁剪产生根本有害原因的组件，由此产生的一系列问题就可以一次性全部解决。例如，浸漆工艺系统中的"浮球支撑油漆"是产生系统问题的根本原因，如果消除该有害作用，由其导致的一系列的功能不足、功能过度等问题就可以全部解决。

③ 选择价值最低的组件作为裁剪对象。评估"具有有用功能的组件"的价值参数有三个：功能等级、性能水平和成本。

根据对功能等级的划分，评估组件功能价值时，对功能等级赋予一定的等级分值。基本功能（B）分值为 3，附加功能（A_d）分值为 2，辅助功能（A_x）分值为 1。特别地，对于辅助功能的功能对象，如果是提供基本功能的组件，则该辅助功能分值为 2。图 4.14 为某系统的功能模型示意图，组件 1 的功能等级分值为 $F_1=3$，组件 2 的功能等级分值为 $F_2=3(=2+1)$，组件 3 的功能等级分值为 $F_3=2$，组件 4/5 的功能等级分值为 $F_4=1$ 和 $F_5=1$。

功能性能水平是指功能载体对功能对象参数的改善值和期望的改善值之间的差异，即功能产生问题的严重程度，用 H 来表示，由工程技术人员结合自身专业知识和问题实质进行

第4章　功能分析与裁剪　｜　145

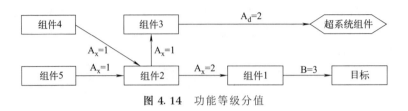

图 4.14 功能等级分值

确认,正常功能的 $H=0$。一般地,有害功能产生问题的严重性最大,功能不足和功能过度的问题严重性根据实际确定。

功能成本主要由功能载体的设计制造等成本因素构成,实际工作中有相当多的成本计算方法,公司、企业均有一套成熟的成本计算方法。

当对功能等级、性能水平和成本识别之后就可以计算每一功能的价值参数:$PV_i = F_i/(H_i + C_i)$。这样一来,技术系统就可以计算出很多的功能价值参数 PV,以 $H+C$ 作为横坐标,F 作为纵坐标,就可以画出技术系统的功能-成本图,如图 4.15 所示($H=0$ 时)。根据实际情况,可以将各价值参数 PV 划分为 4 个区域。

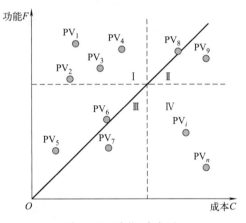

图 4.15 功能-成本图

如果某些价值参数 PV 落在 Ⅰ 区,说明其功能价值高,这是系统所期望的。落在 Ⅱ 区的功能价值参数 PV,虽然功能很强,但是实现功能的成本较高或产生问题的严重性较高,此时的改善策略是降低成本,减少某些功能产生问题的严重性。落在 Ⅲ 区的功能价值参数 PV,虽然成本较低或对系统不产生什么问题,但是功能偏弱,此时的改善策略是功能增强。对于 Ⅱ 区和 Ⅲ 区的功能价值参数 PV,均可使用裁剪和其他 TRIZ 工具进行系统功能改进。对于落在 Ⅳ 区的功能价值参数 PV,价值低且成本高,一般采取裁剪的方法去除这些功能,同时分配其有用功能给其他组件来完成。

在技术系统的多个功能参数中,总有一些对产品或者服务消费决策过程做出关键贡献或者结果的 PV 存在,称为主要价值参数(MPV)。MPV 的架构思路聚焦于实现客户价值(需求),同时也关注公司新产品的未来盈利能力高低。MPV 体现了客户的重要需求信息,应该是指导创新的指南针。TRIZ 认为,技术系统的主要价值参数 MPV 的显著提升就是创新。

确定技术系统的裁剪对象之后,以下一些建议可以用于指导裁剪:
① 基于项目目标和约束选择组件;
② 裁剪具有主要缺点的组件,以最大限度地改善技术系统;
③ 根据裁剪规则进行裁剪;
④ 如果没有可接受的替代品可供再分配,就不要裁剪;
⑤ 如果项目的目标和约束条件允许,执行极端(暴力)裁剪而不是渐进式裁剪;
⑥ 根据裁剪组件的数量和相对重要性,裁剪可以更极端,也可以很保守。

4.4.2 裁剪规则

裁剪规则是指对技术系统的组件进行裁剪时必须遵循的一些基本法则。世界各地的TRIZ研究者提出了许多裁剪规则，比较常用的有C2C Solutions公司的David Verduyn在2006年PDMA会议上介绍的技术系统裁剪六规则（见表4.15）、国际MATRIZ协会主席Sergei所在的GEN3 PARTNERS公司提出的三个裁剪规则。另外，河北工业大学的檀润华教授和中国台湾地区的学者朱晏樟提出了技术系统裁剪四规则，计算机辅助创新软件Tech Optimizer中也采用了类似的四规则。

表 4.15 C2C Solutions公司的技术系统裁剪六规则

编号	规则内容	应用实例
1	The function does not need to exist（不再需要某种功能，则裁剪功能载体）	裁剪磁带，随身听→MP3
2	The function can be performed by another component or an element in the larger system（功能可由其他系统组件或超系统组件提供）	牙刷手柄功能由超系统替代
3	The recipient of the function can perform the function itself（功能对象能对自己提供功能）	喷水牙刷
4	The recipient of the function can be eliminated（功能对象可以去除）	去除支撑脚的长脚杯
5	The function can be performed better by a new/improved part providing enhanced performance or other benefits（新的/改进的组件可以提供更好的功能）	固体硬盘在体积与存取速度上比目前的磁介质硬盘具有更显著的性能，因此高性能的平板电脑大多数已采用该组件，而裁剪掉原来使用的磁介质硬盘
6	A new or niche market can be identified for the trimmed product（裁剪产品有新市场或利基市场）	无轮辐自行车

由于裁剪对象只能是系统组件，要么裁剪功能载体，要么裁剪功能对象。如果裁剪功能对象，功能载体所产生的功能没有作用对象了，那么这个功能也就没有意义，即功能载体也不需要了。如果裁剪对象是功能载体，有两种情况：一是功能对象自身能提供相应的功能，功能载体的功能不再需要，也就可以裁剪功能载体；二是功能载体的功能可以由已有的或新

增的其他系统组件（或超系统组件）来提供的话，功能载体可以裁剪。这也是 GEN3 PARTNERS 公司的三规则的核心，下面介绍该公司三规则的详细内容。

规则 A：如果移除有用功能的作用对象 B，那么功能载体 A 可被裁剪（见图 4.16）。另一种表达为：如果功能对象 B 不需要功能载体 A 提供的有用功能，则功能载体 A 可被裁剪。

实例分析：浸漆工艺系统中，如果杠杆被移除了，作为功能载体的浮球"移动杠杆"也就没有功能对象了，那么功能载体浮球就可以被裁剪。

规则 B：功能对象 B 能自我完成功能载体 A 的有用功能（见图 4.17）。

图 4.16　裁剪规则 A　　　　　　　图 4.17　裁剪规则 B

实例分析：由于笔记本电脑提供的 USB 插口有限，当需要同时连接多个 USB 设备时，通常会外接一个 USB-HUB［见图 4.18（a）］，需要花费一定的购置成本，携带也不太方便。对用户而言，USB-HUB 的功能是"扩充 USB 插口的数量"，需要的插口数量越多，USB-HUB 也就越复杂，体积越庞大。如果 USB 设备的插头在占用计算机的一个 USB 插口的同时自身又能提供出一个 USB 插口的话，USB-HUB 也就可以裁剪了。因此，将现有的 USB 设备需用的插头设计成图 4.18（b）所示的结构，理论上计算机能连接的 USB 设备是没有限制的。

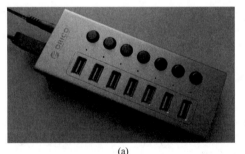

(a)　　　　　　　　　(b)

图 4.18　自服务 USB 接线口

规则 C：技术系统或超系统中其他的组件 C 可以执行功能载体 A 的功能。组件 C 可以是系统中已有的，也可以是新增加的，如图 4.19 所示。

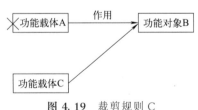

图 4.19　裁剪规则 C

实例分析：浸漆工艺系统中，应用规则 A 时假定杠杆被移除了，浮球就可以被裁剪。对于功能对象"开关"而言，原来功能载体"杠杆"提供控制功能，在杠杆被裁剪后必须重新分配到系统中的已有组件或新增组件，或者超系统组件。如果"（杠杆）控制开关"的功能可以由超系统组件——空气来执行的话，则功能载体 A——杠杆可以被裁剪。

如何将裁剪后的有用功能分配到系统组件或超系统组件上去，使之成为新的功能载体并提供已裁剪旧功能载体所保留的功能，这是新功能载体的选择问题。一个新的功能载体必须满足如下 4 个条件之一：

① 组件已经对功能对象执行了相同的或类似的功能；
② 组件已经对另一个对象执行了相同的或类似的功能；
③ 组件对功能对象执行任一功能，或至少简化与功能对象的交互作用；
④ 组件拥有必要的资源组合，以执行所需的功能。

【案例 4-4】 戴森风扇（无叶风扇）。

有叶电风扇［见图 4.20（a）］主要的问题是高速旋转的叶片可能对人造成伤害。为解决这个问题，目前有叶电风扇增加了前后栏栅罩盖，但手指或其他小物件还是有可能不小心伸进前后栏栅罩盖内从而被高速叶片伤害。如果能将风扇的叶片裁剪，前后栏栅罩盖也就可以裁剪了（规则 A）。如果裁剪了叶片，叶片"产生气流"的功能需要由剩下的组件或新增一个组件来完成（规则 C）。

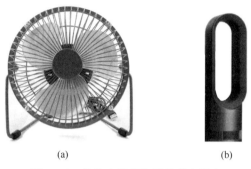

图 4.20　有叶电风扇和无叶戴森风扇

2009 年 10 月 12 日，由英国人詹姆斯·戴森发明的无叶风扇问世，如图 4.20（b）所示。戴森风扇在普通有叶电风扇的基础上，裁剪了叶片和前后栏栅罩盖，将叶片"产生气流"的功能转移到戴森风扇的出风环来完成。戴森风扇的出风环如何产生气流，则是裁剪了叶片和前后栏栅罩盖之后的裁剪问题。

詹姆斯·戴森借用了很多在飞机构造上应用到的空气动力学知识，利用涡轮增压原理：空气从基座进入，形状似机翼的环高速转动，由于离心作用，基座内的空气从环内一条裂缝中高速喷至环外，同时带动环内的空气流动，从而能将周围比喷出气流量大最高 16 倍的空气加压并带动喷出，而由于环内空气被甩至环外，形成负压，也使空气不断从基座被吸入，进入环体内补充。

通过对三个裁剪规则的应用分析可知，对技术系统实施裁剪的关键在于"确保被裁剪的组件有用功能得到重新分配"。新功能载体如何产生"被裁剪的组件有用功能"则是技术系统裁剪后产生的新问题，即裁剪问题。

4.4.3　裁剪模型的应用

裁剪模型是对技术系统实施裁剪后的功能模型，它包含为实施裁剪模型而需解决的一系列裁剪问题。显然，运用不同的裁剪规则，采用不同的裁剪方式，可以产生不同的裁剪模型，同时可能得到的裁剪问题也不一样。创建裁剪模型的流程为：

① 使用前述选择指南选择要裁剪的技术系统组件；
② 选择要裁剪的第一个有用的功能组件；
③ 选择适用的裁剪规则（不建议对基本功能使用规则 A）；
④ 如果选择了规则 C，需选择新的功能载体；
⑤ 拟定裁剪问题；
⑥ 对所有功能组件重复步骤②～⑤；
⑦ 对所有被裁剪的组件重复步骤①～⑥。

裁剪模型是指技术系统裁剪后剩余组件所构成的功能模型。按照裁剪模型建立流程，以浸漆工艺系统为例（参照图 4.10），选择要裁剪的系统组件为浮球和杠杆，第一个裁剪的功能载体为浮球，应用规则A：如果杠杆被移除了，作为功能载体的浮球"移动杠杆"也就没有功能对象了，那么功能载体浮球就可以被裁剪。裁剪带来的好处是：空气干燥固化油漆使得浮球支撑（黏附）油漆的有害功能消失了；油漆移动浮球的不足功能也不存在了；浮球移动杠杆的不足功能也没有了。所有这一切的前提是"杠杆被移除"，但是系统需要杠杆控制开关的功能，而且需要"正常功能"而不是"不足功能"。应用规则C：如果旧的功能载体"杠杆"的"控制开关"功能可以由其他组件（已有的或新增的）或超系统组件来完成的话，则杠杆可以被裁剪。浮球和杠杆被裁剪后的裁剪模型如图4.21所示。

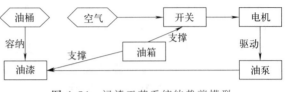

图4.21　浸漆工艺系统的裁剪模型

从图4.21所示的裁剪模型可以看出，开关的控制功能要求是正常的有用功能，那么"（开关）控制电机""（电机）驱动油泵"和"（油泵）移动油漆"三个功能也就改善为正常有用功能了。现在的问题是："控制开关"的功能由什么组件来承载？按照规则C，必须找到一个新功能载体，且新功能载体必须满足4个条件之一，超系统组件"空气"是新功能载体的选择之一。"空气如何控制开关"则是裁剪产生的裁剪问题，可以利用自身专业知识得到答案，也可将该问题转化成"How to control switch by air"的"How to"模型，在Google的patents中进行功能导向搜索，可以查找到很多空气控制开关的专利与文献（或者搜索科学效应知识库http://www.productioninspiration.com/）。

空气不能自动控制开关，可以利用空气的压力参数来控制开关。图4.22为浸漆工艺系统的空气控制开关示意图。

考虑对案例4-3安瓿火焰封口工艺系统实施裁剪。从图4.11的功能模型图中可以看出，导致系统问题的根本原因是火焰枪的火焰熔焊安瓿的高温使药水变质。可以考虑以下裁剪策略：

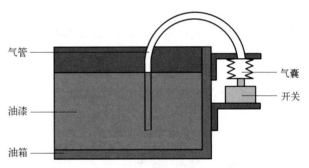

图4.22　浸漆工艺系统的空气控制开关示意图

① 火焰枪的功能价值最低，选择它作为第一裁剪对象。移除火焰枪，将"生成火焰"功能分配到其他组件、新增组件或超系统组件（规则C）；但是火焰加热安瓿瓶身导致药水变质的有害作用依然存在。

② 移除组件"火焰"，火焰枪也就可以裁剪（规则A）；火焰加热安瓿瓶身导致药水变质的有害作用消失，裁剪问题变成"如何密封安瓿"。

③ 移除功能"生成火焰"，火焰可被裁剪，但是火焰枪必须重新设计，使其具有非高温熔焊的密封功能，实现对安瓿的瓶尖端实施密封的功能。

④ 不改变功能"生成火焰"，消除火焰加热安瓿瓶身的有害作用。

策略④没有实施裁剪，可从3.7节"物-场模型分析"中寻求解决方案：通过引入第三种物质，或者系统中两种物质的变异，或者引入一个场，来消除火焰"加热安瓿（瓶身）"的有害作用。其他三种策略均对系统实施了裁剪，按策略②裁剪火焰枪和火焰，得到的裁剪模型如图4.23所示。裁剪问题是如何设计一个新的组件X，以完美实现"密封安瓿"功能。

一旦对已有的技术系统完成功能模型的建立，技术系统存在的问题就可以在功能模型中展现出来。对于工程技术人员而言，接下来就是通过裁剪工具对系统组件进行裁剪，目的是减少系统组件的数量，精简系统的构成，以降低系统成本，提高系统理想度。

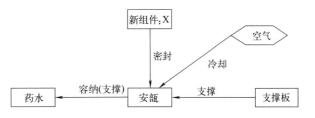

图 4.23　安瓿火焰封口工艺系统的功能裁剪模型

裁剪对于技术系统的绝大多数问题均适用，是 TRIZ 解决问题工具中最强大和最有效的工具之一，同时裁剪也是应用 TRIZ 工具进行专利规避和专利增强的最重要和最强大的工具之一。随着裁剪过程进行而出现的裁剪问题，要比已有系统问题更尖锐、更复杂，往往会变成阻碍工程技术人员进行裁剪的绊索。因此，在裁剪工具的应用过程中，需要克服心理惯性和心理障碍。但是通过裁剪得到的解决方案，尤其是极端裁剪得到的解决方案往往创新级别比较高。经过几次这样的裁剪创新训练之后，工程技术人员在解决问题的时候，头脑中的第一反应往往是：系统需要这么多组件吗？这样一来，很自然地就会应用裁剪工具，减少系统组件数量，增强系统稳定性、可靠性。

当然，裁剪并不是消除有害功能、增强不足功能和降低系统构成成本的唯一工具，但通过裁剪可以获得创意灵感、创新思维和获得意想不到的解决方案。这种创意创新就体现在尽量搜寻可用的系统资源、超系统资源来执行被裁剪系统组件的有用功能上面，从根本上改变或消除至少一个主要系统组件来解决系统的矛盾。按照 TRIZ 中发明等级划分的依据，裁剪后所获得的创新方案或发明基本上可以达到三级及以上。系统性寻找可用资源的有效方法是正确使用裁剪规则，本节中关于创建裁剪模型的流程是非常简单而有效的，这和精益生产中消除一切浪费、着重于增值的实现这一基本思想是一致的。

裁剪应用过程中，识别系统中哪些组件可以被裁剪、哪些组件最应该被裁剪，寻找资源来执行这些被裁剪组件的有用功能，多数情况下采用的是 TRIZ 工具和方法。事实上，实施裁剪的工程技术人员的经验以及项目小组成员的头脑风暴法也是创意创新的有效方法。

第5章 因果分析方法

因果分析方法是研究事物发展的结果与产生的原因之间的关系,并对影响因果关系的因素进行分析的方法。因果分析就是在研究对象的先行情况时,把作为它的原因的现象与其他非原因的现象区别开来,或者是在研究对象的后行情况时,把作为它的结果的现象与其他现象区别开来。因果分析主要解决"为什么"的问题。

常见的因果分析方法有因果轴分析、5W分析、鱼骨图分析、故障树、失效模式与后果分析,等等。

5.1 因果轴分析

5.1.1 因果轴分析相关概念

三轴问题分析法(图5.1),即沿流程时序轴(操作轴)、系统层次轴(系统轴)和因果关系轴(因果轴)对初始问题进行分析与定义,将复杂的工程问题分解为若干子问题,以帮助工程师发现隐藏在表层问题之下的真正问题,并充分利用系统资源途径的方法。

三轴问题分析法的目的是:发现问题产生的根本原因,寻找解决问题的"薄弱点",并分析解决问题的资源,以降低解决问题的成本。

因果轴(也称为因果链)分析:通过构建因果链,探明事件发生的原因和产生的结果之间的关系,以找出问题产生的根本原因。

因果轴分析的目的:由于根本原因与产生的结果之间存在一系列因果关系,这样便可构成一条或多条因果关系链(图5.2),通过发现问题的产生原因与发现链中的"薄弱点",为

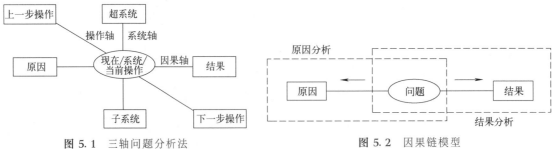

图 5.1 三轴问题分析法　　　　　图 5.2 因果链模型

解决问题寻找切入点。

根据图 5.2，从问题往前可以寻找问题出现的原因，示例过程如图 5.3 所示。

图 5.3 从问题寻找原因

从问题寻找问题出现的结果，示例过程如图 5.4 所示。

5.1.2 因果轴分析步骤

1）原因轴分析

目的：了解事件的根本原因，确定解决问题的最佳时间点。

分析过程如下。

① 从发现的问题出发，列出其直接原因。

② 以这些原因为结果，寻找产生这些结果的上一层原因。

按照①→②的方法继续分析，直至找到根本原因。

③ 结束原因轴分析的判定条件是：当不能继续找到上一层的原因时，或当达到自然现象时，或当达到制度/法规/权利/成本等极限时，则不再寻找原因。

④ 将每个原因与其结果用箭头连接，箭头从原因指向结果，构成原因链，见图 5.5。

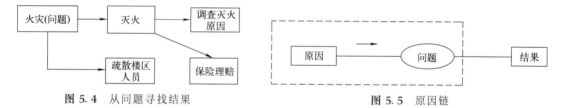

图 5.4 从问题寻找结果　　　　　图 5.5 原因链

对应一个问题，可能会有多个原因，因此原因轴可以有多条链，如图 5.6 所示。

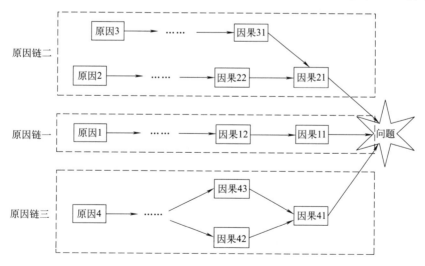

图 5.6 多条原因链模型

【案例 5-1】 大楼火灾原因轴分析（见图 5.7）。

【案例 5-2】 某大楼起火分析。

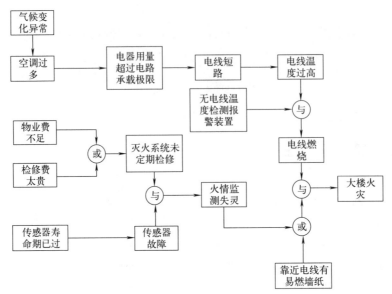

图 5.7 大楼火灾原因轴

2009年2月9日，某大楼（图5.8）发生火灾。据分析，可能的原因如下。

烟花与金属幕墙相撞，烧穿装饰幕墙；

火种落入内侧，引燃内侧保温材料，保温材料大面积闷烧过火，烧穿防水层进入室内；

引燃室内可燃物，可燃装饰材料和施工材料着火又扩大了火势；

沿外墙面连续的金属幕墙部分形成了竖向火势延伸通道；

图 5.8 某大楼

中庭部分产生"烟囱效应"，最终突破空中花园玻璃，发生爆炸。

2）结果轴分析

目的：了解问题可能造成的影响，并寻找可以控制结果发生和蔓延的时机和手段。分析过程如下。

① 从目前的现象（问题）出发，推测其继续发展可能会造成的各种直接结果。

② 从每个直接结果出发，再寻找可能产生的下一步结果，按照①→②的方法继续分析。

③ 结束结果轴分析的判定条件是：当不能继续找到下一层的结果时，或当达到重大人员、经济和环境损失时，或当达到技术系统的可控极限时，结束分析。

④ 将每个现象与其后果用箭头连接，箭头从现象指向后果，构成结果链（见图5.9）。

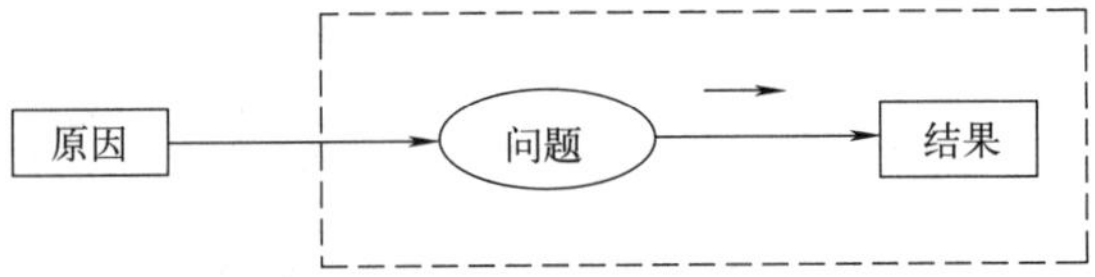

⑤ 原因链与结果链构成因果轴。

图 5.9 结果链模型

对应一个问题，可能会有多个结果，因此结果轴可以有多条链（图5.10）。某大楼火灾

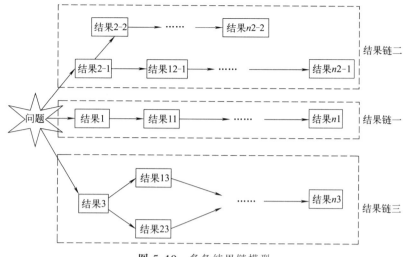

图 5.10 多条结果链模型

的结果轴分析见图 5.11。

因果轴分析的注意点如下。

① 如果因果关系不能确定,应增加其他方法进行分析,如:

a. 定性分析方法:鱼骨图、因果矩阵、失效模式与影响分析等;

b. 定量分析方法:假设检验、柏拉图、实验设计与分析等。

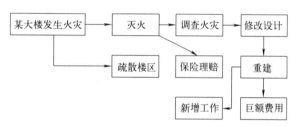

图 5.11 某大楼火灾结果轴分析

② 如果同一个结果有多个原因,应该分析这些原因与造成的问题(现象)之间,以及原因之间的关系。通常只有一个是原因,其他是导致结果出现的条件。条件与原因之间存在以下逻辑关系:

a. 与关系:几个条件或原因同时存在,才会导致结果;

b. 或关系:几个条件或原因只要有一个存在,就会导致结果;

c. 必要时可以加上每个原因发生的概率,以便轻重缓急加以处理。

③ 有时候从一个实际问题开始进行结果轴分析,其严重后果已经显而易见,就不需要继续分析结果轴。如果一个问题会引发后续多种后果,有必要了解这些后果出现的关系,如时间先后关系、共存关系或排斥关系。

3)因果问题分析法的规范化格式

对图 5.2 所示的因果链模型,其规范化描述如下。

(1)因果的规范化

因果的规范化原则:原因的规范化应与功能描述一致。

功能定义采用功能定义的表达方式,即 V+O(动宾结构),表示改变(或保持)物体的某个参数。

问题:功能没有达到预计的效果,功能对象的参数表现出偏离目标值。

原因:因果是相对的,对象的某参数没有达到预计要求,直接导致结果的参数偏离目标。

因果的规范化描述类型如下。

① 缺乏：应该提供有用的功能，但是没有对象提供此功能。

规范描述：缺乏—对象。

实例：仓库的零件因搁置时间太长生锈了，原因是没有上油保护。

零件生锈原因的规范描述：缺乏—防锈油。

② 存在：某个对象在提供有用功能的同时，也产生了有害影响。

规范描述：存在—对象。

实例：家具上的油漆能使家具表面变得美观，但挥发的气体影响人的健康。

影响人的健康原因的规范描述：存在—油漆。

③ 有害：不需要某个对象，但这个对象却出现了。

规范描述：（存在）有害的—对象。

实例：汽车缩短了出行时间，改善了人们的生活品质，但是产生的尾气污染了环境。

污染环境原因的规范描述：有害的—尾气。

"存在的"对象是为了提供有用功能而存在的，但同时它有时存在负作用，即有害影响。

"有害的"对象是不希望有的，因为其提供的是有害影响。但当"有害的"对象能够提供一些有用功能时，其描述可转化为"存在"；当"存在的"对象的有用功能完全消失，其描述可转化为"有害"。

实例：现在，有的汽车生产厂家开始利用尾气，如尾气制热。

尾气制热的原因：存在—尾气。

实例：汽车缩短了出行时间，改善了人们的生活品质，但是产生的尾气污染了环境。

污染环境的原因：有害的—尾气。

产生尾气的原因：存在—汽车。

④ 有用：当有用的对象提供了有用功能，但是其效果不令人满意时，按照导致问题的功能参数特征，又分为过度、不足、不稳定、不可控。此时功能描述的一般格式为 A＋S＋P，即定语＋主语＋表语，表示物体存在某个参数的状态。

a. 过度：有用的功能，因其性能水平超过了上阈值而产生有害影响。

规范描述：对象（的）—参数—（是）过度（的）。简写为：对象—参数—过度。

实例：工厂的围墙太高，造成厂区通风不好。

厂区通风不好原因的规范描述：围墙—高度—过度。

b. 不足：有用的功能，因其性能水平低于下阈值而效果不足。

规范描述：对象（的）—参数—（是）不足（的）。简写为：对象—参数—不足。

实例：自行车负重太大，轮胎爆了。

轮胎爆裂原因的规范描述：轮胎—强度—不足。

实例：用老式计算机显示器，眼睛看久了很累。

眼睛累的原因的规范描述：显示器—刷新频率—不足。

实例：笔记本电脑用了2年后，需要经常充电。

需要经常充电原因的规范描述：笔记本电脑电池—待机时间—不足。

c. 不可控：有用的功能，但是无法有效地控制其性能水平。

规范描述：对象（的）—参数—（是）不可控（的）。简写为：对象—参数—不可控。

实例：夏季南方城市的机场经常因恶劣天气造成大量航班延误。

航班延误原因的规范描述：机场—天气—不可控。

d. 不稳定：有用的功能，但是其性能水平不够稳定，带来了有害影响。

规范描述：对象（的）—参数—（是）不稳定（的）。简写为：对象—参数—不稳定。

实例：恒温车间由于人员进出频繁，造成车间内温度发生一定变化。

恒温车间温度不稳定原因的规范描述：恒温车间—温度—不稳定。

"不可控"的原因有时也可以表示为"不稳定"。

（2）因果分析的图形化表示

因果类型标准描述有缺乏、存在、有害、有用4类。

因果格式标准描述：对象＋（参数）＋描述。

因果图形标准描述如图5.12（a）所示，图5.12（b）为电线燃烧的图形标准描述实例。

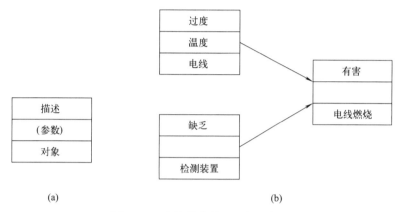

图 5.12 电线燃烧的图形标准描述

例如，存在—尾气、显示器—刷新频率—不足、笔记本电脑电池—待机时间—不足、机场—天气—不可控、恒温车间—温度—不稳定的图形标准描述如图5.13所示。

图 5.13 图形标准描述实例

（3）因果分析图形标准化描述示例

① 缺乏。

实例：电路中缺少电流过载保护装置，见图5.14。

② 存在。

实例：电路有电流过载保护装置，见图5.15。

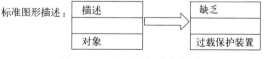

图 5.14 缺乏的标准化描述

③ 有害。

实例：电路存在电流过载现象，引起短路，见图5.16。

④ 有用。有用功能具体体现在不足、过度、不稳定、不可控4个方面。

a. 不足。

实例：电路中的电流过载保护装置的灵敏度太低，导致电流有过载时，保护装置仍未反应,见图 5.17。

　　b. 过度。

　　实例:电路中的电流过载保护装置的灵敏度太高,导致电流未过载时也出现跳闸现象,导致电路切断,见图 5.18。

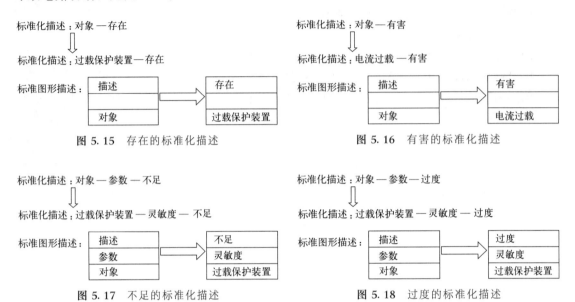

图 5.15　存在的标准化描述　　　　　　　图 5.16　有害的标准化描述

图 5.17　不足的标准化描述　　　　　　　图 5.18　过度的标准化描述

　　c. 不稳定。

　　实例:电路中电流过载保护装置性能不稳定,在过载时有时切断电路,但有时却不能切断电路,见图 5.19。

　　d. 不可控。

　　实例:电路中的电流过载保护装置灵敏度不能控制,比如在希望电路短时间内允许过载时却被切断,见图 5.20。

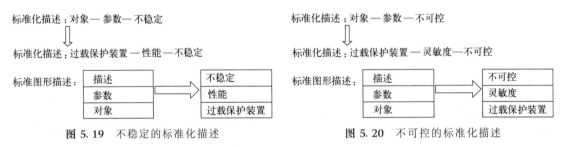

图 5.19　不稳定的标准化描述　　　　　　图 5.20　不可控的标准化描述

　　综上所述,因果关系标准化类型汇总如下。

　　① 缺乏:对象—缺乏。

　　② 存在:对象—存在。

　　③ 有害:对象—有害。

　　④ 有用:

　　　a. 不足:对象—参数—不足;

　　　b. 过度:对象—参数—过度;

　　　c. 不稳定:对象—参数—不稳定;

d. 不可控：对象—参数—不可控。

在以上所有类型的因果描述中，有用功能是需要参数的，其他不需要参数。

4）选择解题的入手点

选择解题的入手点，就是要发现从原因到问题所构成的整个链中的"薄弱点"，如果能够从根本原因上解决问题，则应首先从根本原因入手。但如果根本原因不可改变或不可控制，那么就需从原因链中逐个检查原因节点，找到第一个可以改变或控制的原因节点，提出解决问题的方法。在解决问题时，要考虑解决问题的成本，如果消除结果的不良影响的成本比消除原因低，就从结果上采取解决不良影响的方法。

在选择解题入手点时，如果有多个原因节点，在解题方法上，可以选择其中容易实现、周期较短、成本较低、技术成熟等的节点实施解题。

在解决问题时，也可以利用专利分析的结果，按照企业的专利战略选择其中一个节点。例如，专利进攻：竞争对手在某个方向的专利薄弱，一旦攻克，就可以形成竞争优势。专利规避：竞争对手在某个方向的专利强大，可以选择专利规避方法以解决问题，或者进行专利交易以直接利用对方的资源，或者放弃在此方向解决问题。

5.1.3 因果轴分析实例

下面为一个因果轴分析实例。

【案例5-3】 铁路机车柴油机油泵振动因果轴分析。

某公司主要制造多系列电力机车以及多系列柴油机等产品。试制新型发动机的过程中，遇到了多项技术问题，其中最严重的问题之一是：润滑油管路振动超标。当柴油机运转的时候，润滑管路系统会产生高频振动，影响了产品的性能。表5.1描述了几个主要振动测量部位的测量值和期望值。

表 5.1 振动测量值

位置	测量的振动速率/(mm/s)	期望的振动速率/(mm/s)
油泵出口	30～40	25
溢流阀	50～60	40
波纹管阀	35～50	30

图 5.21 所示为油泵结构简图。

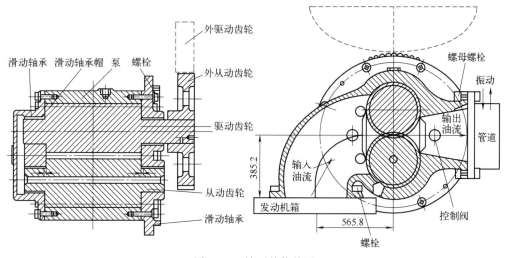

图 5.21 油泵结构简图

从振动测量结果结合结构图可以看出，柴油机管路的振动主要有三个方面：波纹管振动、溢流阀连接处的振动、油泵出口振动。

对于"油泵出口振动"，我们采用上文提到的各种因果分析方法，可进一步分析其产生的原因，并把这些原因运用因果轴分析的形式表达出来，如图5.22（a）所示。图5.22（b）是采用图形化的规范描述后的情形。

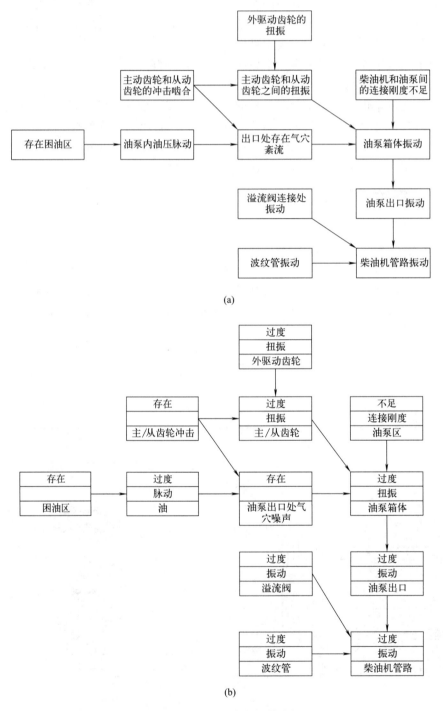

图 5.22 油泵振动因果轴分析

5.2 鱼骨图分析法

鱼骨图（fishbone diagram）：1953 年，日本管理大师石川馨提出的一种把握结果（特性）与原因（影响特性的要因）的极方便而有效的方法，名为"石川图"。因其形状很像鱼骨，是一种发现问题根本原因和透过现象看本质的分析方法，也称为"鱼骨图"（亦称"鱼刺图""特性要因图""因果图"）。

问题的特性总是受到一些因素的影响，我们可以通过头脑风暴法找出这些因素，并将它们与特性值一起，按相互关联性整理，形成的层次分明、条理清楚，并标出重要因素的图形就构成"鱼骨图"。

头脑风暴法（brain storming，BS）：一种通过集思广益、发挥团体智慧，从各种不同角度找出问题所有原因或构成要素的会议方法。头脑风暴法有四大原则：严禁批评、自由奔放、多多益善、搭便车。

5.2.1 鱼骨图的类型与画法

鱼骨图是一个非定量的工具，可以帮助我们找出引起问题的潜在的根本原因，提示问题为什么会发生，使项目小组聚焦于问题的原因，而不是问题的症状。

鱼骨图能够聚焦于问题的实质内容，以团队努力，聚集并攻克复杂难题；辨识导致问题或情况的所有原因，并从中找到根本原因。

（1）鱼骨图的三种类型

整理问题型：各要素与特性值间不存在原因关系，而是由结构构成关系，对问题进行结构化整理。

原因型：鱼头在右，特性值通常以"为什么……"来写。

对策型：鱼头在左，特性值通常以"如何提高和改善……"来写。

（2）鱼骨图的基本结构

见图 5.23 和图 5.24，鱼骨图由特性（现象或待解决的问题）①、主骨②、要因③、大骨④、中骨⑤、小骨⑥、孙骨⑦等构成。

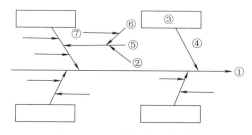

图 5.23 鱼骨图基本形状图

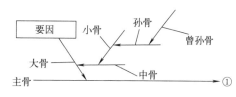

图 5.24 鱼骨图的构成

特性①是指某种现象或待解决的问题，画在鱼骨图的最右端。

主骨②（也称为主刺），画在特性①的左端。

要因③，也称为大原因，一般鱼骨图有 3~6 个要因，并用大骨④将要因和主骨连接起来。绘图时，一般情况下应保证大骨与主骨成 60°夹角，中骨与主骨平行。要因一般用四方框圈起来。

要因的确定方法：召开头脑风暴研讨会，在最初的草案阶段，对于制造类鱼骨图的大骨通常采用 6M 确定要因，见图 5.25。6M 是指人员（man）、测量（measurement）、环境（mother-nature）、方法（methods）、材料（materials）、机器（machine）。

6M 方法常规鱼骨图，见图 5.26。

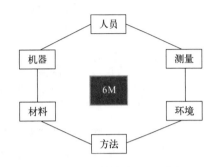

图 5.25 制造类 6M 要因

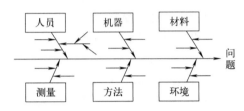

图 5.26 6M 方法常规鱼骨图

对于服务与流程类鱼骨图，见图 5.27 和图 5.28。

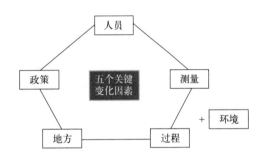

图 5.27 服务与流程类鱼骨图模板

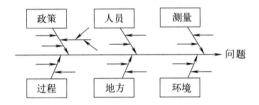

图 5.28 服务与流程类鱼骨图

中骨⑤要说明"事实"，小骨⑥要围绕"为什么会那样"来描述，孙骨⑦要更进一步来追查"为什么会那样"。

中骨、小骨、孙骨的记录要点：要围绕事实系统整理要因，要因一般使用动宾结构的形式。如："没有照明""没有盖子""没有报警""没有干劲""学习不足""注意不足"。

进行因果分析时，也可以用以下嵌套式鱼骨图的形式进行分析，见图 5.29。

（3）鱼骨图的画法要点

怎么对某个现象进行原因分析？具体做法是，在绘制时，重点应放在为什么会有这样的原因，并依照 5W1H 的方法进行提问分析，这样可以理顺现象与原因之间的关系（表 5.2）。

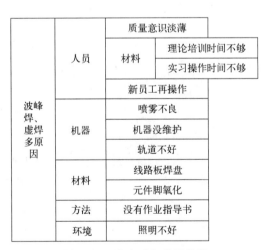

图 5.29 嵌套式鱼骨图样例

【案例 5-4】 搬运空箱较费时间的问题。

搬运空箱较费时间问题的鱼骨图分析见图 5.30。

表 5.2　5W1H 提问表

	为什么	能否改变	该怎么改变
1. What(做什么)	为什么生产这种产品或配件?	是否可以生产别的?	到底应该生产什么?
2. Where(何地)	为什么在那干?	是否可在别处干?	在何处做效率才最高?
3. When(何时)	为何在那时做?	是否在别的时间做更有利?	应该什么时候做?
4. Who(何人)	为何要这个人做?	是否有可以做得更好的人?	到底应该谁做?
5. How(如何做)	为何要这么做?	有无其他可替代的更好的方法?	应该怎么做?
6. Why(为何)	为何要按照目前的工作方式进行?	有无其他更好的方式?	更好的方式是什么?

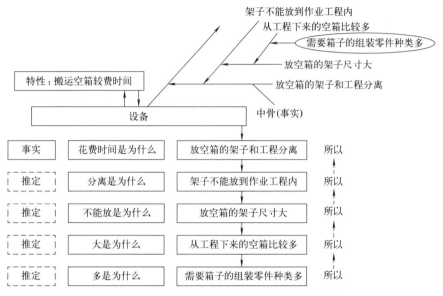

图 5.30　搬运空箱较费时间问题的鱼骨图分析

【案例 5-5】 改善活动不活跃。

改善活动不活跃的鱼骨图分析,见图 5.31。

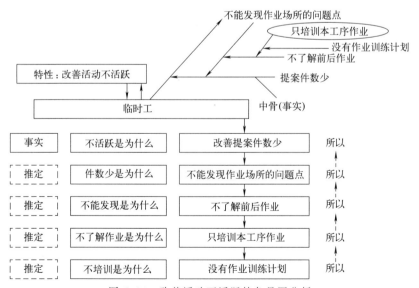

图 5.31　改善活动不活跃的鱼骨图分析

【案例 5-6】 曲别针安装不良品多。

曲别针安装不良品多的鱼骨图见图 5.32。

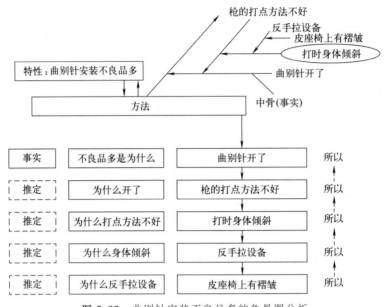

图 5.32 曲别针安装不良品多的鱼骨图分析

(4) 鱼骨图分析案例

【案例 5-7】 管道焊接裂缝问题。

图 5.33 中的"鱼头"表示需要解决的问题，即管道焊接出现裂缝的问题。根据现场调查，可以把管道焊接出现裂缝问题的要因概括为 3 类，即管道缺陷、扩产和人的因素。在每一类要因中包括若干造成管道焊接裂缝的可能因素，如焊接设备存在缺陷、采购的管道存在裂缝、无人监控裂缝等。

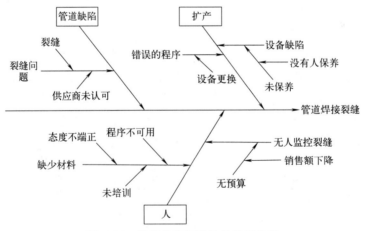

图 5.33 管道焊接裂缝的鱼骨图分析

将 3 类要因及其相关因素分别以鱼骨分布态势展开，形成鱼骨分析图。

下一步的工作是找出产生问题的主要原因，为此可以根据现场调查的数据，计算出每种原因或相关因素在产生问题过程中所占的比重，以百分数表示。最后针对这三大因素提出改进方案，以解决管道焊接裂缝的问题。

【案例 5-8】 A12 立式车床换件准备时间过长。

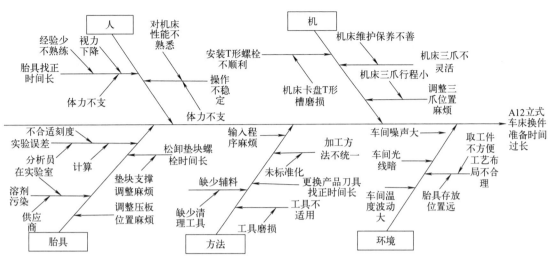

图 5.34　立式车床换件准备时间过长的鱼骨图分析

图 5.34 中的"鱼头"表示需要解决的问题是 A12 立式车床换件准备时间过长的问题。通过现场调查与分析可知，换件准备时间过长的要因为 5 类，即人、机、胎具、方法和环境。在每一类中包括若干造成这些换件准备时间过长的可能因素，如机类要因就包括以下可能因素：安装 T 形螺栓不顺利、机床三爪不灵活、调整三爪位置麻烦。再如人的要因，也包括以下可能的因素：胎具找正时间长、操作不稳定，而操作不稳定的原因又可能是操作工人对机床性能不熟悉或者体力不支等。

根据经验规律，20% 的原因往往产生 80% 的问题。以上五类要因中，根据现场调查的数据，在人力有限的条件下，抓住主要原因并想出办法解决，可以大大提高换件效率。

5.2.2　鱼骨图的评价与实例

鱼骨图画好后，可进一步评价所找出的原因发生的可能性（图 5.35）。用下面三种类型来标示：

V：非常可能（very likely to occur）；
S：有些可能（somewhat likely to occur）；
N：不太可能（not likely to occur）。

原因	非常可能	有些可能	不太可能
××××	V	S	N

图 5.35　原因发生可能性标示

对标有 V 和 S（图 5.35 中椭圆框内的部分）的原因，评价其解决的可能性（图 5.36）。用下面三种类型来标示：

V：非常容易解决（very easy to fix）；
S：比较容易解决（somewhat easy to fix）；
N：不太容易解决（not likely to fix）。

对标有 VV、VS、SV、SS（图 5.36 中椭圆框内部分）的原因，评价其实施纠正措施的难易度（图 5.37）。用下面三种类型来标示：

V：非常容易验证（very easy to test）；

S：比较容易验证（somewhat easy to test）；

N：不太容易解决（not likely to test）。

发生可能性	解决可能性		
	V	S	N
V	VV	VS	VN
S	SV	SS	SN

图 5.36 原因发生可能性和解决可能性标示

发生与解决的可能性	验证难易度		
	V	S	N
VV	VVV	VVS	VVN
VS	SVV	VSS	VSN
SV	SVV	SVS	SVN
SS	SSV	SSS	SSN

图 5.37 原因发生与解决可能性和验证难易标示

为了全面了解上述三个方面，也可以通过图 5.38 所示的鱼骨图分析评估表，将以上内容合并到一起。

序号	因素	发生可能性			解决可能性			验证可能性		
		V	S	N	V	S	N	V	S	N
1										
2										
3										
4										
5										
6										
7										
8										
9										
10										

图 5.38 合并后样式

通过上述三个步骤的评价，将 VVV、VVS 等原因在鱼骨图中标示出来。图 5.39 是针对"某物流企业管理问题"所绘制的鱼骨图，通过三方面评价后，将比较容易解决的方面直接在图 5.39 中标示出来。

【案例 5-9】 送货时间太长（见图 5.39）。

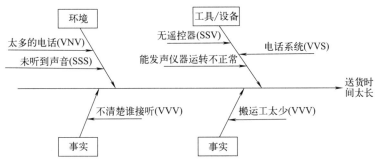

图 5.39 完整鱼骨图样例

5.3 5W 分析法

5W 分析法又称五问法（亦称 5 个为什么分析法、5Why 分析法），最初由丰田公司提出并被丰田公司广泛采用，因此也被称为丰田五问法。

5W 分析法是一种用不断问"为什么"来寻找现象的根本原因的方法，这种方法是对现象发生的可能原因进行分析，在事实的基础上寻找根本原因的分析方法。它是一种更进一步的因果分析方法。

在遇到实际问题时，怎么找到问题发生的根本原因？在丰田公司有一个著名的案例，这是大野耐一先生提到过的一个例子。有一次，大野耐一发现一条生产线上的机器总是停转，虽然修过多次，但问题总不能解决。于是，大野耐一与工人进行了一段对话。

一问："为什么机器停了？"
答："因为超过了负荷，保险丝就断了。"
二问："为什么超负荷呢？"
答："因为轴承的润滑不够。"
三问："为什么润滑不够？"
答："因为润滑泵吸不上油来。"
四问："为什么吸不上油来？"
答："因为油泵轴磨损、松动了。"
五问："为什么磨损了呢？"
答："因为没有安装过滤器，混进了铁屑等杂质。"

经过连续 5 次不停地问"为什么"，找到了问题的真正原因和解决的方法，解决方法就是在油泵上安装过滤器。如果没有这种追根究底的精神来发掘问题，而只看到问题的表象，很可能就换根保险丝了事，真正的问题还是没有解决。

下面介绍另一个例子。林肯纪念堂外墙是花岗岩制成的，后来脱落和破损严重，再继续下去就需要重建，这需要花纳税人一大笔钱，还需要市议会进行商讨决议，于是在投票之前请专家进行了分析。针对外墙花岗岩经常脱落和破损的问题，专家经过分析提出了以下 5 个问题。

① 脱落和破损的直接原因是经常清洗，而清洗液中含有酸性成分。为什么需要用酸性清洗液？

② 花岗岩表面特别脏，因此使用去污性能强的酸性清洗液，究其原因主要是由鸟粪造

成的。为什么这个大楼的鸟粪特别多？

③ 楼顶常有很多鸟。为什么鸟愿意在这个大厦上聚集？

④ 大厦上有一种鸟喜欢吃的蜘蛛。为什么这个大厦的蜘蛛特别多？

⑤ 楼里有一种蜘蛛喜欢吃的虫。为什么这个大厦会滋生这种虫？

问题的根源是大厦采用了整面的玻璃幕墙，阳光充足，温度适宜（图5.40）。

至此，解决方案就简单了：拉上窗帘！

从以上两个例子来看，5W分析法的目的是：鼓励解决问题的人努力避开主观或自负的假设和逻辑陷阱，从结果着手，沿着因果关系链条，顺藤摸瓜，找出问题的根本原因。

图 5.40 林肯纪念堂外墙脱落和破损问题的 5W 分析

5.3.1 5W 分析法的特点与步骤

5W分析法用在原因调查阶段。要真正解决问题，必须找出问题的根本原因，而不是问题表象。根本原因总是隐藏在问题的背后，因此在原因调查阶段需认真收集问题发生的原因以及相关的数据。

用5W分析法寻找问题的根本原因时，要注意以下两点。

① 所找的原因必须建立在事实基础上，而不是猜测、推测、假设的。

② 阐明现象时为避免猜测，需到现场去察看现象。这里，现象是指能观察到的事件或事实。

如图5.41所示，当遇到异常现象时，先问第一个"问什么"，获得答案后，再问为何会

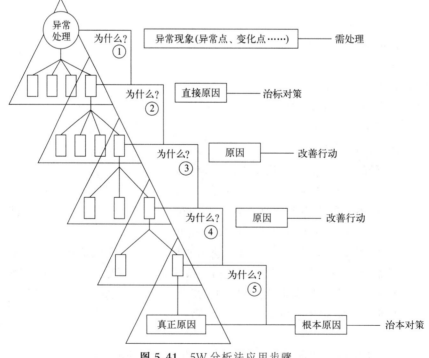

图 5.41 5W 分析法应用步骤

发生，以此类推，层层递进，直到找到问题的根本原因，并确定治本对策。运用5W分析法进行分析时，真因必须靠更加深入的挖掘，询问问题何以发生。

5.3.2 5W分析法实例

【案例5-10】 针对螺栓松了的问题进行原因查找。

不好的分析，见图5.42。图中的分析没找到螺栓松了这个问题的根本原因。

图 5.42　螺栓松了问题不好的分析

好的分析见图5.43。图中的分析对螺栓松动的原因做了进一步原因查找。为什么螺栓松了？扭力太小。为什么扭力太小？螺栓的直径太小。这样就找到根本原因了。

图 5.43　螺栓松了问题好的分析

【案例5-11】 设备清扫问题的原因查找。不好的分析见图5.44。图中的分析没找到设备没有清扫的根本原因。对没有清扫问题，只是采取简单的加强清扫的对策。

图 5.44　设备没有清扫问题不好的分析

好的分析见图5.45。好的分析中追究到了没有清扫的原因，采取了合适的对策。

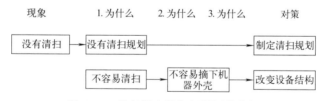

图 5.45　设备没有清扫问题好的分析

5.4　因果矩阵分析简介

矩阵图法是从多维问题的事件中，找出成对的因素，排列成矩阵图，然后根据矩阵图来分析问题，确定关键点（图5.46）。它适用于分析多个结果与不同的原因之间的影响关系，是一种通过多因素综合思考探索问题的方法。

因果矩阵分析采用头脑风暴法，由客户确定主要价值参数，作为输出 Y 及其重要度 I；团队搜集影响因素作为输入，然后评价每个输入与输出之间的相关性 R，从而找出影响这些 Y 的最重要因素。

顾客重要度																	
			1	2	3	4	5	6	7	8	9	10	11	12	13	14	15
			Y1	Y2	Y3	Y4	Y5										累计值
	过程步骤	过程输入															
1																	
2																	
3																	
4																	
5																	
6																	
7																	
8																	
9																	

图 5.46　因果矩阵样式

因果矩阵分析的实施步骤，一般可分为以下 5 步（①～④见图 5.47）：

① 列出输出；

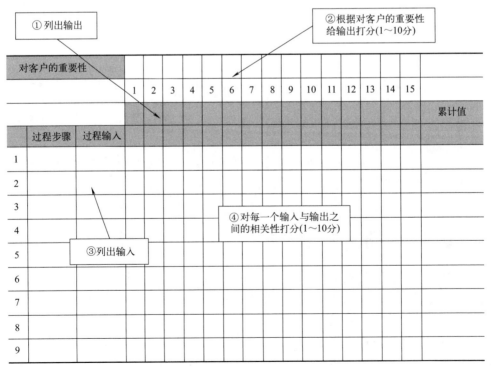

图 5.47　因果矩阵五部分位置示意图

② 根据对客户的重要性给输出打分（1～10分）；
③ 列出输入；
④ 对每一个输入与输出之间的相关性打分（1～10分）；
⑤ 交叉相乘，累计数由相乘之和决定，然后选择重点。

【案例5-12】 如何开好咖啡店？

如何开好咖啡店？对于这个问题，考察哪些参数是影响MPV的重要参数。假设对客户而言，咖啡店最重要的MPV是：服务速度、口味、咖啡浓度。咖啡店老板选出了制作咖啡的输入参数：咖啡豆的品种（豆的种类），装水量，烧煮时间，咖啡辅料。然后对每一个输入与输出之间的相关性打分，并最后累计出重点的影响因素。从图5.48可以看出，"豆的种类"是最关键的影响因素。

	客户打分	5	10	4											
	工序输入	1	2	3	4	5	6	7	8	9	10	11	12	13	14	15
		服务速度	口味	咖啡浓度											累计值
1	豆的种类	2	10	3											122
2	装水量	0	5	10											90
3	烧煮时间	8	5	1											94
4	咖啡辅料	3	8	2											103
5															
6															
7															
8															
9															

图5.48 因果矩阵实例

第6章 机构创新设计

创新设计的过程中经常涉及产品的机械部分,因而机械创新设计是工业创新实践的重要组成部分。机械创新设计包括的内容很多,限于篇幅,仅在本章和第 7 章介绍机械创新设计的基本方法,即机构创新设计和结构创新设计。

6.1 常见机构的运动及性能特点

一个机械的工作功能,通常是要通过传动装置和机构来实现。机构设计具有多样性和复杂性,一般在满足工作要求的条件下,可采用不同的机构类型。在进行机构设计时,除了要考虑满足基本的运动形式、运动规律或运动轨迹等工作要求外,还应注意以下几点要求。

① 机构尽可能简单。可通过选用构件数和运动副较少的机构、适当选择运动副类型、适当选用原动机等方法来实现。

② 尽量缩小机构尺寸,以减少重量,提高机动、灵活性能。

③ 应使机构具有较好的动力学性能,提高效率。

在实际设计时,要求所选用的机构能实现某种所需的运动和功能。表 6.1 和表 6.2 归纳介绍了常见机构的运动和性能特点,可为人们设计时提供参考。

表 6.1 常见机构实现的运动

运动类型 (执行构件能实现 的运动或功能)	常见机构			
	连杆机构	凸轮机构	齿轮机构	其他机构
匀速转动	平行四边形机构	—	可以实现	摩擦轮机构 有级、无级变速机构
非匀速转动	铰链四杆机构 转动导杆机构	—	非圆齿轮机构	组合机构
往复移动	曲柄滑块机构	移动从动件凸轮机构	齿轮齿条机构	组合机构 气动、液动机构
往复摆动	曲柄摇杆机构 双摇杆机构	摆动从动件凸轮机构	齿轮式往复运动机构	组合机构 气动、液动机构
间歇运动	可以实现	间歇凸轮机构	不完全齿轮机构	棘轮机构 槽轮机构 组合机构等
增力及夹持	杠杆机构 肘杆机构	可以实现	可以实现	组合机构

表 6.2　常见机构的性能特点

指标	具体项目	特　点			
		连杆机构	凸轮机构	齿轮机构	组合机构
运动性能	运动规律、轨迹	任意性较差,只能实现有限个精确位置	基本上任意	一般为定比转动或移动	基本上任意
	运动精度	较低	较高	高	较高
	运转速度	较低	较高	很高	较高
工作性能	效率	一般	一般	高	一般
	使用范围	较广	较广	广	较广
动力性能	承载能力	较大	较小	大	较大
	传力特性	一般	一般	较好	一般
	振动、噪声	较大	较小	小	较小
	耐磨性	好	差	较好	较好
经济性能	加工难易	易	难	较难	较难
	维护方便性	方便	较麻烦	较方便	较方便
	能耗	一般	一般	一般	一般
结构紧凑性能	尺寸	较大	较小	较小	较小
	重量	较轻	较重	较重	较重
	结构复杂性	复杂	一般	简单	复杂

6.2　机构的变异与演化

6.2.1　运动副的变异与演化

运动副用来连接各种构件,转换运动形式,同时传递运动和动力。运动副特性对机构功能和性能从根本上产生着影响,因而,研究运动副的变异与演化对机构创新具有重要意义。

(1) 运动副尺寸变异

① 转动副的扩大是指将组成转动副的销轴和轴孔在直径上增大,而运动副性质不变,仍是转动副,形成该转动副的两构件之间的相对运动关系没有变。由于尺寸增大,提高了构件在该运动副处的强度与刚度,常用于冲床、泵、压缩机等。

如图 6.1 所示的颚式破碎机,转动副 B 扩大,其销轴直径增大到包括了转动副 A,此时,曲柄就变成了偏心盘,该机构实为一曲柄摇杆机构,1 为偏心盘(曲轴),2 为动颚,3 为肘板,4 为机架。类似的机构还有图 6.2 所示的冲压机构,也采用了偏心盘,该机构实为一曲柄滑块机构,1 为偏心盘,2 为连杆,3 为滑块,4 为机架。

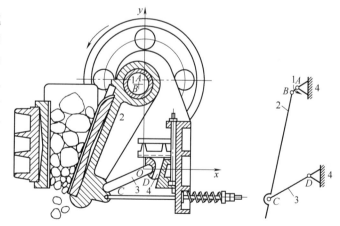

图 6.1　颚式破碎机中的转动副扩大

图 6.3 所示为另一种转动副扩大的形式，转动副 C 扩大，销轴直径增大至与摇块 3 合为一体。该机构实为一种曲柄摇块机构，实现旋转泵的功能。图中，曲柄 1 为原动件，2 为连杆，4 为机架。

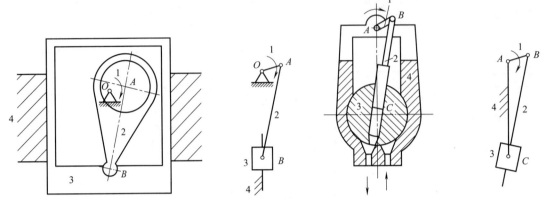

图 6.2　冲压机构中的转动副扩大和移动副扩大　　　　图 6.3　旋转泵中的转动副扩大

② 移动副扩大是指组成移动副的滑块与导路尺寸增大，并且尺寸增大到将机构中其他运动副包含在其中。因滑块尺寸大，故质量较大，将产生较大的冲压力。常用在冲压、锻压机械中。

图 6.2 所示的冲压机构中，移动副扩大，并将转动副 O、A、B 均包含在其中。大质量的滑块将产生较大的惯性力，有利于冲压。

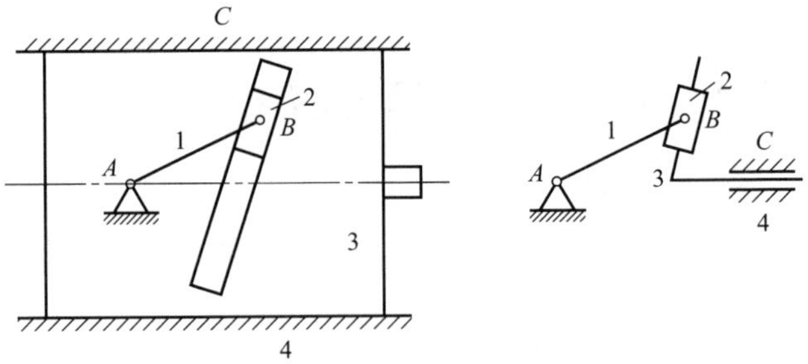

图 6.4 所示为一曲柄导杆机构，通过扩大水平移动副 C 演化为顶锻机构，大质量的滑块将会产生很大的顶锻压力。图中，1 为曲柄，2 为小滑块，3 为大滑块，4 为机架。

图 6.4　顶锻机构中的移动副扩大

（2）运动副形状变异

① 运动副形状通过展直将变异、演化出新的机构。图 6.5 所示为曲柄摇杆机构通过展直摇杆上 C 点的运动轨迹演化为曲柄滑块机构。

图 6.6 所示为一不完全齿条机构，不完全齿条为不完全齿轮的展直变异。不完全齿条 1 主动，做往复移动，不完全齿扇 2 做往复摆动。

图 6.7 所示是槽轮机构的展直变异。拨盘 1 主动，做连续转动，从动槽轮被展直并只采用一部分轮廓，成为从动件 2，从动件 2 做间歇移动。

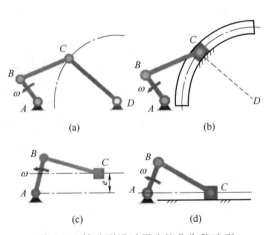

图 6.5　转动副通过展直演化为移动副

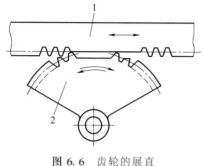

图 6.6　齿轮的展直　　　　　　　　图 6.7　槽轮的展直

② 运动副通过绕曲将变异、演化出新的机构。楔块机构的接触斜面若在其移动平面内进行绕曲，则演化成盘形凸轮机构的平面高副；若在空间上绕曲，就演化成螺旋机构的螺旋副（图 6.8）。

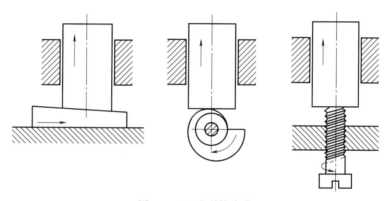

图 6.8　运动副的绕曲

（3）运动副性质变异

① 滚动摩擦的运动副变异为滑动摩擦的运动副可减小摩擦力，减轻摩擦、磨损。组成运动副的各构件之间的摩擦、磨损是不可避免的，对于面接触的运动副，采用滚动摩擦代替滑动摩擦可以减小摩擦系数，减轻摩擦、磨损，同时也使运动更轻便、灵活，运动副性质由移动副变异为滚滑副，如图 6.9 所示。

滚动副结构常见于凸轮机构的滚子从动件、滚动轴承、滚动导轨、滚珠丝杠、套筒滚子链等。

实际应用中这种变异是可逆的，由移动副替代滚滑副可以增加连接的刚性。

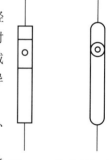

图 6.9　移动副变异为滚滑副

② 空间副变异为平面副更容易加工制造。图 6.10 所示的由构件 1、2 构成的球面副具有三个转动的自由度，它可用汇交于球心的三个转动副替代，更容易加工和制造，同时也提高了连接的刚度，常用于万向联轴器。

③ 高副变异为低副可以改善受力情况。高副为点接触，单位面积上受力大，容易产生构件接触处的磨损，磨损后运动失真，影响机构运动精度。低副为面接触，单位面积上受力小，在受力较大时亦不会产生过大的磨损。图 6.11 所示为偏心盘凸轮机构通过高副低代形成的等效机构。图 6.11 中（a）和（b）的运动等效，（c）和（d）的运动等效。

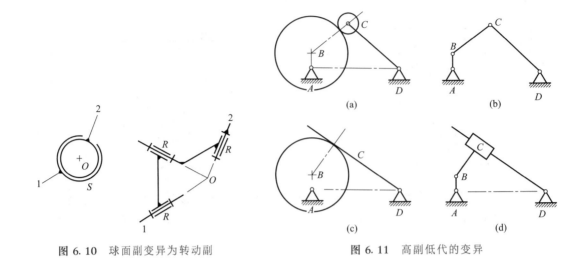

图 6.10　球面副变异为转动副　　　　　图 6.11　高副低代的变异

6.2.2　构件的变异与演化

机构中构件的变异与演化通常从改善受力、调整运动规律、避免结构干涉和满足特定工作特性等方面考虑，主要包括构件个数的变异、构件形状的变异。

（1）构件个数的变异

图 6.12 所示的周转轮系中行星轮个数产生了变异，图 6.12（a）的构件形式比图 6.12（b）的构件形式受力更均衡，旋转精度更高。图中，1 和 3 为中心轮，2、2′ 和 2″ 为行星轮，H 为转臂。

图 6.13 所示的内燃机动力系统中活塞个数产生了变异，图 6.13（a）的构件形式比图 6.12（b）的构件形式产生的动力更大且受力均衡。

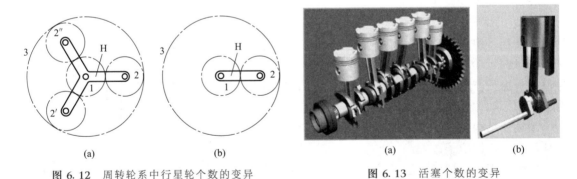

图 6.12　周转轮系中行星轮个数的变异　　　图 6.13　活塞个数的变异

（2）构件形状的变异

图 6.14 所示的摆动导杆机构中，曲柄 1 为原动件，若将导杆 2 的导槽一部分做成圆弧状，并且其槽中心线的圆弧半径等于曲柄 OA 的长度，则当曲柄的端部销 A 转入圆弧导槽时，导杆停歇，实现了单侧停歇的功能，结构简单。

如图 6.15 所示，将滑块设计成带有导向槽的结构形状，直接驱动曲柄做旋转运动，形成无死点的曲柄机构，可用于活塞式发动机。

如图 6.16 所示，为避免摆杆与凸轮轮廓线发生运动干涉，经常把摆杆做成曲线状或弯臂状。图 6.16（a）为原机构，图 6.16（b）、（c）为摆杆变异后的机构。

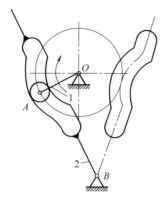
图 6.14 间歇摆动导杆机构

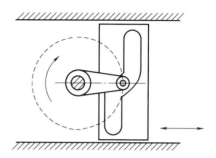
图 6.15 无死点曲柄机构

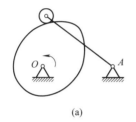
(a)

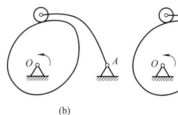
(b)

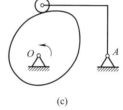
(c)

图 6.16 凸轮机构中摆杆形状的变异

图 6.17 所示为凸轮机构从动件末端形状的变异。常用的末端形状有尖顶、滚子、平面和球面等，不同的末端形状使机构的运动特性各不相同。

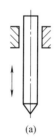
(a)

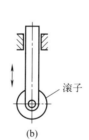
(b)

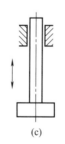
(c)

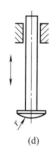
(d)

图 6.17 凸轮机构中从动件末端形状的变异

构件形状变异的形式还有很多，如齿轮有圆柱形、截锥形、非圆形、扇形等；凸轮有盘形、圆柱形、圆锥形、曲面体等。总体来讲，构件形状的变异规律为：一般由直线形向圆形、曲线形以及空间曲线形变异，以获得新的功能。

6.2.3 机架变换与演化

（1）连杆机构的机架变换

图 6.18 所示的铰链四杆机构取不同的构件为机架时可得曲柄摇杆机构 [图 6.18（a）、(b)]、双曲柄机构 [图 6.18（c）]、双摇杆机构 [图 6.18（d）]。

图 6.19 所示为含一个移动副的四杆机构，取不同构件为机架时可得曲柄滑块机构 [图 6.19（a）]、转（摆）动导杆机构 [图 6.19（b）]、曲柄摇块机构 [图 6.19（c）]、定块机构 [图 6.19（d）]。

第6章 机构创新设计

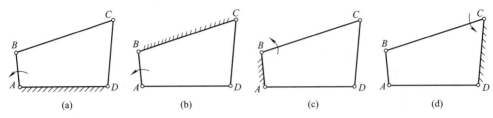

图 6.18 铰链四杆机构的机架变换

图 6.20 所示为含 2 个移动副的四杆机构，取不同构件为机架时可得双滑块机构 [图 6.20 (a)]、正弦机构 [图 6.20 (b)]、双转块机构 [图 6.20 (c)]。

（2）凸轮机构的机架变换

凸轮机构机架变换后可产生很多新的运动形式。图 6.21 (a) 所示为一般摆动从动件盘形凸轮机构，凸轮 1 主动，摆杆 2 从动；若变换主动件，以摆杆 2 为主动件，则机构变为反凸

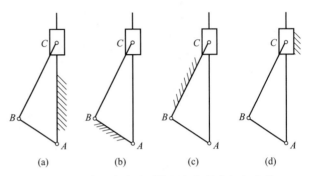

图 6.19 含一个移动副的四杆机构的机架变换

轮机构 [图 6.21 (b)]；若变换机架，以构件 2 为机架，构件 3 主动，则机构成为浮动凸轮机构 [图 6.21 (c)]；若将凸轮固定，构件 3 主动，则机构成为固定凸轮机构 [图 6.21 (d)]。

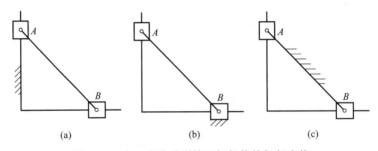

图 6.20 含 2 个移动副的四杆机构的机架变换

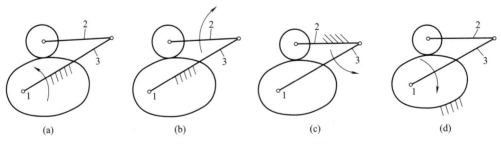

图 6.21 凸轮机构的机架变换

图 6.22 所示为反凸轮机构的应用。摆杆 1 主动，做往复摆动，带动凸轮 2 做往复移动，凸轮 2 采用局部凸轮轮廓（滚子所在的槽）并将构件形状变异成滑块。图 6.23 所示是固定凸轮机构的应用，圆柱凸轮 1 固定，构件 3 主动，当构件 3 绕固定轴 A 转动时，构件 2 在随构件 3 转动的同时，还按特定规律在移动副 B 中往复移动。

图 6.22 反凸轮机构的应用

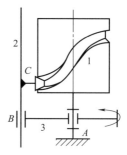

图 6.23 固定凸轮机构的应用

（3）齿轮机构和挠性传动机构的机架变换

一般齿轮机构[图 6.24（a）]机架变换后就生成了行星齿轮机构[图 6.24（b）]。齿形带或链传动等挠性传动机构[图 6.25（a）]机架变换后也生成了各类行星传动机构[图 6.25（b）]。

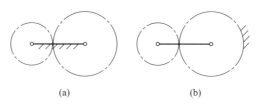

图 6.24 齿轮传动的机架变换

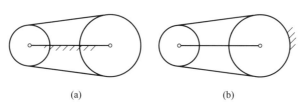

图 6.25 挠性传动机构的机架变换

图 6.26 所示为挠性件行星传动机构的应用，用于汽车玻璃窗清洗。其中，挠性件 1 连接固定带轮 4 和行星带轮 3，转臂 2 的运动由连杆 5 传入。当转臂 2 摆动时，与行星带轮 3 固结的杆 a 及其上的刷子做复杂平面运动，实现清洗工作。

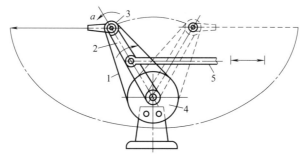

图 6.26 挠性件行星传动机构的应用

（4）螺旋传动的机架变换

图 6.27 所示为螺旋传动中固定不同零件得到的不同运动形式：螺杆转动，螺母移动[图 6.27（a）]；螺母转动，螺杆移动[图 6.27（b）]；螺母固定，螺杆转动并移动[图 6.27（c）]；螺杆固定，螺母转动并移动[图 6.27（d）]。

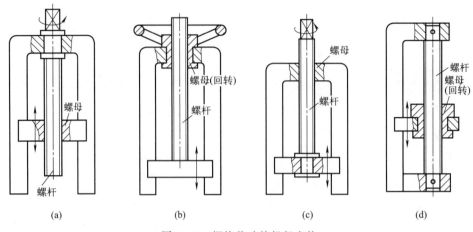

图 6.27 螺旋传动的机架变换

6.3 机构的组合方法

在工程实际中，单一的基本机构应用较少，而基本机构的组合系统却应用于绝大多数机械装置中。因此，机构的组合是机械创新设计的重要手段。

任何复杂的机构系统都是由基本机构组合而成的。各基本机构必须互相协调配合，才能准确完成各种各样的所需动作。基本机构主要包括各类四杆机构、凸轮机构、齿轮机构、间歇运动机构、螺旋机构、带传动机构、链传动机构、摩擦轮机构等。

只要掌握基本机构的运动规律和运动特性，再考虑到具体的工作要求，选择适当的基本机构类型和数量，对其进行组合设计，就为设计新机构提供了一条最佳途径。

基本机构的连接组合方式主要有串联式组合、并联式组合、叠加式组合、封闭式组合和混合式组合等。

6.3.1 串联式组合

机构的串联式组合是指若干个基本机构顺序连接，每一个前置机构的输出运动是后置机构的输入，连接点设置在前置机构输出构件上，可以设在前置机构的连架杆上，也可以设在前置机构的浮动构件上。串联式组合是应用最普遍的组合。串联式组合的原理框图如图 6.28 所示。

图 6.28 串联式组合原理框图

串联式组合可以是两个基本机构的串联，也可以是多级串联，即至少 3 个基本机构的串联。串联组合可以改善机构的运动与动力特性，也可以实现工作要求的特殊运动规律。

图 6.29（a）所示为双曲柄机构与槽轮机构的串联组合，双曲柄机构为前置机构，槽轮机构的主动拨盘固连在双曲柄机构的 $ABCD$ 从动曲柄 CD 上。对双曲柄机构进行尺寸综合设计，要求从动曲柄 E 点的变化速度能中和槽轮的转速变化，实现槽轮的近似等速转位。图 6.29（b）所示为经过优化设计获得的双曲柄槽轮机构与普通槽轮机构的角速度变化曲线

的对照。其中,横坐标 α 是槽轮动程时的转角,纵坐标 i 是从动槽轮与其主动件的角速度比。可以看出,经过串联组合的槽轮机构的运动与动力特性有了很大改善。

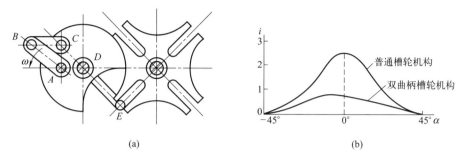

图 6.29 双曲柄机构与槽轮机构的串联组合

工程中应用的原动机大都采用转速较高的电动机或内燃机,而后置机构一般要求转速较低。为实现后置机构的低速或变速的工作要求,前置机构经常采用齿轮机构与齿轮机构[图 6.30 (a)]、V 带传动机构与齿轮机构[图 6.30 (b)]、齿轮机构与链传动机构[图 6.30 (c)]等进行串联组合,实现后置机构的速度变换。

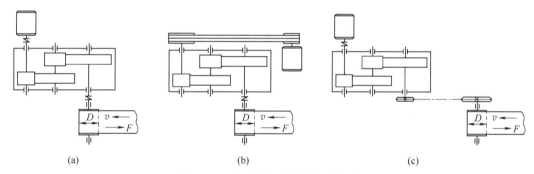

图 6.30 实现速度变换的串联组合

图 6.31 所示为一个具有间歇运动特性的连杆机构串联组合。前置机构为曲柄摇杆机构 OABD,其中连杆 E 点的轨迹为图中虚线所示。后置机构是一个具有两个自由度的五杆机构 BDEF。因连接点设在连杆的 E 点上,所以当 E 点运动轨迹为直线时,输出构件将实现停歇;当 E 点运动轨迹为曲线时,输出构件再摆动,实现了工作要求的特殊运动规律。

图 6.32 所示家用缝纫机的驱动装置为连杆机构和带传动机构的串联组合,1 为脚踏板(摇杆),2 为连杆,3 为曲轴(曲柄),4 为机架,实现了将摆动转换成转动的运动要求。

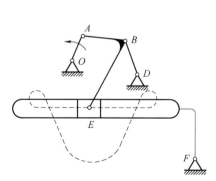

图 6.31 具有间歇运动特性的连杆机构串联组合

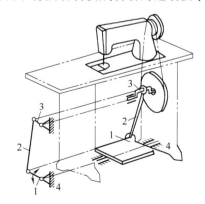

图 6.32 连杆机构和带传动机构的串联组合

6.3.2 并联式组合

机构的并联式组合是指两个或多个基本机构并列布置，运动并行传递。机构的并联组合可实现机构的平衡，改善机构的动力特性，或完成复杂的、需要互相配合的动作和运动。如图 6.33 所示，并联组合的类型有并列式 [图 6.33（a）]、时序式 [图 6.33（b）] 和合成式 [图 6.33（c）]。

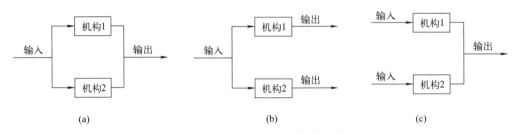

图 6.33　并联式组合机构的类型

（1）并列式并联组合

并列式并联组合要求两个并联的基本机构的类型、尺寸相同，对称布置。它主要用于改善机构的受力状态、动力特性、自身的动平衡、运动中的死点位置以及输出运动的可靠性等。并联的两个基本机构常采用连杆机构或齿轮机构，它们的输入或输出构件一般是两个基本机构共用的。有时是在机构串联组合的基础上再进行并联式组合。

图 6.34 所示是活塞机的齿轮连杆机构的并联组合。其中，两个尺寸相同的曲柄滑块机构 ABE 和 CDE 并联组合，同时与齿轮机构串联。AB 和 CD 与气缸的轴线夹角相等，并且对称布置。齿轮转动时，活塞沿气缸内壁往复移动。若机构中两齿轮与两个连杆的质量相同，则气缸壁上将不会受到由构件的惯性力引起的动压力。

图 6.35 所示为一压力机的螺旋连杆机构。其中，两个尺寸相同的双滑块机构 ABP 和 CBP 并联组合，并且两个滑块同时与输入构件 1 组成导程相同、旋向相反的螺旋副。构件 1 输入转动，使滑块 A 和 C 同时向内或向外移动，从而使构件 2 沿导路 P 上下移动，完成加压功能。由于并联组合，滑块 2 沿导路移动时滑块与导路之间几乎没有摩擦阻力。

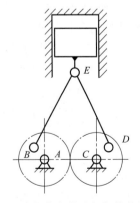

图 6.34　活塞机的齿轮连杆机构的并联组合

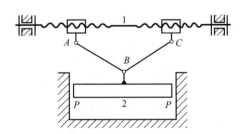

图 6.35　螺旋连杆机构的并联组合

图 6.36 所示为铁路机车车轮，利用错位排列的两套曲柄滑块机构使车轮通过死点位置。图 6.37 所示为某飞机上采用的襟翼操纵机构。它是由两个齿轮齿条机构并列组合而成，

用两个直移电动机驱动。这种机构的特点是：两台电动机共同控制襟翼，襟翼的运动反应速度快，而且如果一台电动机发生故障，另一台电动机可以单独驱动（这时襟翼摆动速度减半），这样就增大了操纵系统的安全程度，即增强了输出运动的可靠性。

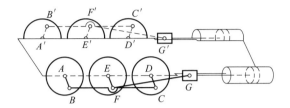

图 6.36 机车车轮的两套曲柄滑块机构并联组合

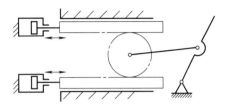

图 6.37 襟翼操纵机构

（2）时序式并联组合

时序式并联组合要求输出的运动或动作严格符合一定的时序关系。它一般是同一个输入构件通过两个基本机构的并联，分解成两个不同的输出，并且这两个输出运动具有一定的运动或动作的协调。这种并联组合机构可实现机构的惯性力完全平衡或部分平衡，还可实现运动分流。

图 6.38 所示为两个曲柄滑块机构的并联组合，把两个机构曲柄连接在一起，成为共同的输入构件，两个滑块各自输出往复移动。这种采用相同结构对称布置的方法，可使机构总惯性力和惯性力矩达到完全平衡，从而提高连杆的强度和抗振性。

图 6.39 所示为某种冲压机构，齿轮机构先与凸轮机构串联，凸轮左侧驱动一摆杆，带动送料推杆；凸轮右侧驱动连杆，带动冲压头（滑块），实现冲压动作。两条驱动路线分别实现送料和冲压，动作协调配合，共同完成工作。

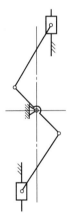

图 6.38 曲柄滑块机构并联组合

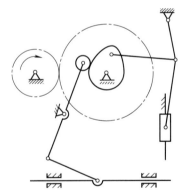

图 6.39 冲压机构中的并联组合

图 6.40 所示的双滑块驱动机构为摇杆滑块机构与反凸轮机构并联组合。共同的原动件是做往复摆动的摇杆1，一个从动件是大滑块2，另一个从动件是由连杆3带动的小滑块4。两滑块运动规律不同。工作时，大滑块在右端位置先接收工件，然后左移，再由小滑块将工件推出。需进行运动的综合设计，使两滑块的动作协调配合。

图 6.41 所示为一冲压机构，该机构是移动从动件盘形凸轮机构与摆动从动件盘形凸轮机构的并联组合。共同的原动件是凸轮1，凸轮1上有等距槽，通过滚子带动推杆2，靠凸轮1的外轮廓带动摆杆3，再通过摆杆3带动连杆4和滑块5。工作时，推杆2负责输送工件，滑块5完成冲压。

第6章 机构创新设计 | 183

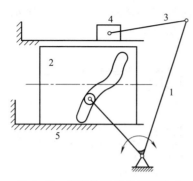
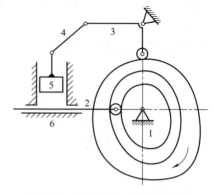

图 6.40　双滑块机构的并联组合　　　　图 6.41　冲压机构中的并联组合

（3）合成式并联组合

合成式并联组合是将并联的两个基本机构的运动最终合成，完成较复杂的运动规律或轨迹要求。两个基本机构可以是不同类型的机构，也可以是相同类型的机构。其工作原理是两基本机构的输出运动互相影响和作用，产生新的运动规律或轨迹，以满足机构的工作要求。

图 6.42 所示为一大筛机构，原动件分别为曲柄 1 和凸轮 7，基本机构为连杆机构和凸轮机构，两机构并联，合成滑块 6（大筛）的输出运动。4 为机架，2、3、5 为连杆。

图 6.43 所示为钉扣机的针杆传动机构，由曲柄滑块机构和摆动导杆机构并联组合而成。原动件分别为曲柄 1 和曲柄 6，从动件为针杆 3，可以实现平面复杂运动，以完成钉扣动作。图中 2 为连杆，4 为摇杆，5 为滑块。设计时两个原动件一定要配合协调。

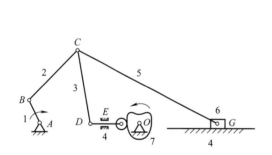
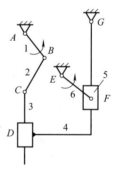

图 6.42　大筛机构中的并联组合　　　　图 6.43　针杆机构中的机构并联组合

图 6.44 所示为缝纫机送布机构，原动件分别为凸轮 1（带动摆动从动件 2）和摇杆 4，基本机构为凸轮机构和连杆机构，两机构并联，合成送布牙 3 的平面复合运动。

图 6.45 所示为小型压力机机构，由连杆机构和凸轮机构并联组合而成。齿轮 1 上固连偏心盘，通过偏心盘带动连杆 2、3、4；齿轮 6 上固连凸轮，通过凸轮带动滚子 5 和连杆 4，运动在连杆 4 上被合成，连杆 4 再带动滑块 7 和压杆 8 完成输出动作，9 为机架。

6.3.3　叠加式组合

机构的叠加式组合也称装载式组合，是指在一个基本机构的可动构件上再安装一个及以上基本机构的组合方式。把支撑其他机构的基本机构称为基础机构，安装在基础机构可动构件上的机构称为附加机构。

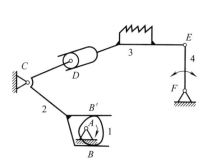

图 6.44 缝纫机送布机构中的并联组合

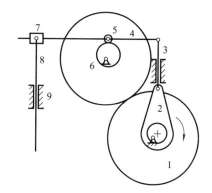

图 6.45 小型压力机机构中的并联组合

机构叠加组合有两种类型：具有一个动力源的叠加组合 [图 6.46（a）]；具有至少两个动力源的叠加组合 [图 6.46（b）]。

图 6.46 叠加式组合机构的类型

（1）具有一个动力源的叠加组合

具有一个动力源的叠加组合是指附加机构安装在基础机构的可动件上，附加机构的输出构件驱动基础机构的某个构件，同时也可以有自己的运动输出。动力源安装在附加机构上，由附加机构输入运动。

具有一个动力源的叠加组合机构的典型应用有摇头电风扇（图 6.47）和组合轮系（图 6.48）。

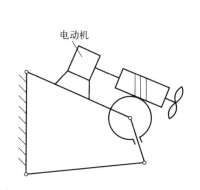

图 6.47 摇头电风扇机构中的叠加组合

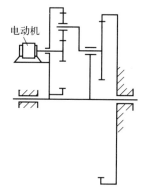

图 6.48 组合轮系机构中的叠加组合

（2）具有至少两个动力源的叠加组合

具有至少两个动力源的叠加组合是指附加机构安装在基础机构的可动件上，再由设置在基础机构可动件上的动力源驱动附加机构运动。附加机构和基础机构分别有各自的动力源，或有各自的运动输入构件，最后由附加机构输出运动。进行多次叠加时，前一个机构即为后一个机构的基础机构。

第6章 机构创新设计

具有两个及两个以上动力源的叠加组合机构的典型应用有户外摄影车（图6.49）、机械手（图6.50）。

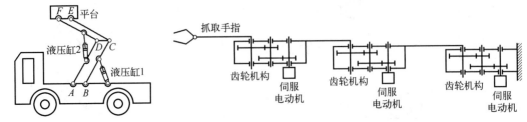

图6.49 户外摄影车机构中的叠加组合　　图6.50 机械手机构中的叠加组合

图6.51所示是电动玩具马的主体传动机构。基本机构 ABC 为一曲柄摇块机构（3为摇块），它装载在另一基本机构，即双杆机构4-5的运动构件4上。该机构有两个自由度，需要两个输入构件，分别是1和4。工作时，分别由转动构件4和曲柄1输入转动，组合机构末端输出构件2上马的运动轨迹是旋转运动和平面运动的叠加，产生了马飞奔向前的动态效果。

图6.52所示是一液压挖掘机，由3套液压摆缸机构装载组合而成。第一套液压摆缸机构1-2-3-4以挖掘机的机身4为机架，输出构件是大转臂3，该基本机构的运动可使大转臂3实现仰俯动作。第二套液压摆缸机构3-5-6-7，装载在第一套机构的大转臂3上，该机构输出构件是小转臂7，其运动导致小转臂实现伸缩、摇摆。第三套机构是由7-8-9-10组成的液压摆缸机构，装载在第二套机构的小臂7上，最终使铲斗10完成复杂的挖掘动作。该机构也具有3个自由度，3个输入构件分别是液压缸2、5和8。

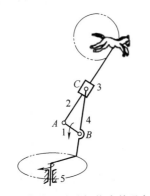

图6.51 电动玩具马机构中的叠加组合

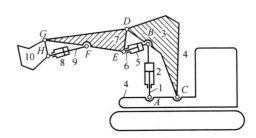

图6.52 挖掘机中的叠加组合

6.3.4 封闭式组合

机构的封闭式组合也称为复合式组合，是指一个二自由度的基础机构 A 和一个或多个单自由度的附加机构 B 并接在一起，用附加机构去约束基础机构的两个基本构件的运动，使整个组合机构成为单自由度机构的组合方式。这是一种比较复杂的组合形式，基础机构的两个输入运动，一个来自机构的主动构件，另一个则来自附加机构。来自附加机构的输入

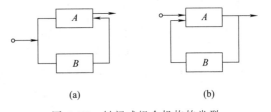

图6.53 封闭式组合机构的类型

有两种情况：一种是通过与附加机构的构件并接［图 6.53（a）］；另一种是通过附加机构回接［图 6.53（b）］。

封闭式组合机构中常见的二自由度基础机构有五杆机构、差动齿轮机构或引入空间运动副的空间运动机构，而附加机构则为各种基本机构及由其串联组合而成的单自由度机构。封闭式机构组合一般是不同类型基本机构的组合，且各种基本机构有机地融合成一种新机构，如齿轮-连杆机构、凸轮-连杆机构、齿轮-凸轮机构等。其主要功能是可以实现任意运动规律的输出，如一定规律的停歇、逆转、加速、减速、前进、倒退等，但设计比较复杂，缺乏共同规律，需要根据具体的机构进行分析和综合。

（1）构件并接式封闭组合

构件并接式封闭组合方式是指基础机构 A 与附加机构 B 各自取出一个做平面运动的构件并接，再各自取出一个连架杆并接，运动由基础机构中参加并接的连架杆输入，再由基础机构中另一个连架杆输出。

图 6.54 所示为摆式飞剪机剪切机构，其中具有两个自由度的五杆机构 ABCDE 为基础机构，四杆机构 AFGE 为附加机构。基础机构中的连架杆 AB 与附加机构中的连架杆 AF 并接，基础机构中的连架杆 DE 与附加机构中的连架杆 GE 并接，输出构件为基础机构中的连杆。当给整个机构一个输入运动时，由四杆机构带动五杆机构连架杆运动，合成后使基础机构中的连杆按指定运动规律输出。该飞剪机剪切机构可实现上刀刃输出图示运动轨迹，而在剪切时（相当于上刀刃 ab 段）刀刃的水平分速度与钢带连续送进速度相同，属于构件并接复合式组合。

图 6.55 所示的凸轮-连杆组合机构也是构件并接式封闭组合。该机构由凸轮机构 1'-4-5 和两个自由度的五杆机构 1-2-3-4-5 组合而成，其中原动件凸轮 1' 和曲柄 1 固连，构件 4 为两个机构的公共构件。当原动件凸轮转动时，从动件 4 移动，同时给五杆机构输入一个转角和移动，因此五杆机构具有确定的运动，这时构件 2 或 3 上任一点（如 P 点）便能实现比四杆机构连杆曲线更为复杂的轨迹。

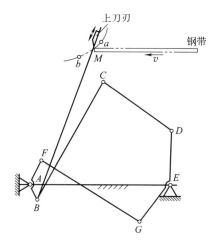

图 6.54 摆式飞剪机剪切机构

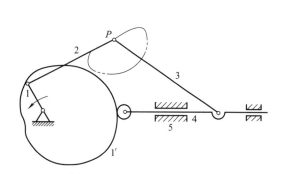

图 6.55 凸轮-连杆组合机构

（2）机构回接式封闭组合

机构回接式封闭组合方式是指基础机构与附加机构中两个连架杆并接，附加机构中另一个连架杆负责把运动回接到基础机构中做复杂运动的构件中去。

图 6.56 所示是由一个由可沿轴向移动的蜗杆机构和附加的凸轮机构复合组成的齿轮加工机床误差补偿机构,由具有两个自由度的蜗杆机构作为基础机构,主动构件为蜗杆 1。凸轮机构为附加机构,而且附加机构的一个构件又回接到主动构件蜗杆 1 上。从动构件是蜗轮 2。输入的运动是蜗杆 1 的转动,从而使蜗轮 2 以及与其固连的凸轮实现转动;凸轮机构的从动杆随着凸轮廓线的变化做往复直线运动,反过来又驱使蜗杆 1 实现往复移动,蜗杆转动和移动的合成使蜗轮 2 的转速变得时快时慢。该组合机构在齿轮加工机床上作为传动误差补偿机构而得到成功的应用。

图 6.57 所示为差动凸轮-连杆封闭组合机构。以差动凸轮机构 ABCD 为基础机构,以铰接在凸轮上的转块 M 为约束机构,用来约束凸轮与连杆 BC 间的运动关系,从而形成了单自由度封闭组合机构。凸轮为原动件,当给以匀速转动时,凸轮推动铰接在连杆 BC 的滚子,使连杆 BC 在转块 M 的约束下,得到确定的运动,从而使从动件摆杆 AB 获得变速摆动的运动规律。

在差动凸轮连杆封闭组合机构中,由于凸轮廓线的作用,它相当于在机构中提供了一个始终在变化的参数,从而使这种机构在理论上能完全精确地满足轨迹或函数再现的设计要求。机构中差动凸轮的作用是在一个运动循环中使某个杆件的长度可变或作为导槽来约束某些构件的运动。

差动凸轮-连杆封闭组合机构综合了凸轮机构和连杆机构各自的优点,具有单一基本机构所无法比拟的适应性。

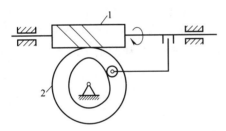

图 6.56 齿轮加工机床传动误差补偿机构

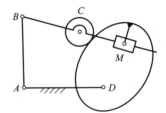

图 6.57 差动凸轮-连杆封闭组合机构

6.3.5 混合式组合

机构的混合式组合是指联合使用上述组合方法。如串联组合后再并联组合,并联组合后再串联组合,串联组合后再叠加组合等。前例的图 6.39、图 6.41、图 6.42、图 6.45、图 6.50 所示的机构中都存在着混合组合。

图 6.58(a)所示是一个复杂的印刷机中的传动机构,其组合关系如图 6.58(b)所示。

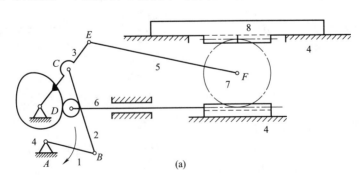

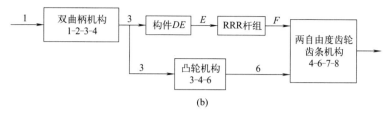

(b)

图 6.58 印刷机传动机构与组合关系

6.4 机械创新设计中的实用机构

在进行机构创新设计过程中，有一些实用机构对实际工程设计很有帮助。本节就其中常用的几种进行简单介绍，如增力机构、增程机构、调节（减程）机构快速夹紧机构、自锁机构、抓取机构、伸缩机构、送料机构等。

6.4.1 增力机构

(1) 杠杆机构

利用杠杆机构是获得增力的最常见办法。如图 6.59 所示，当 $l_1 < l_2$ 时，用较小的力 P 可得到较大的力 F。力的计算公式为：

$$F = \frac{l_2}{l_1} P \tag{6.1}$$

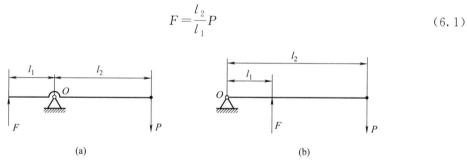

图 6.59 杠杆增力机构

图 6.60 所示下水道盖的开启工具就是杠杆机构的一种应用实例。

另外，人们日常生活中使用的剪子、钳子、起子等工具也都利用了杠杆机构。

(2) 肘杆机构

图 6.61 所示是一个肘杆机构。F 与 P 的关系可根据平衡条件求出：

$$F = \frac{P}{2\tan\alpha} \tag{6.2}$$

可见，当 P 一定时，随着滑块的下移，α 越小，获得的力 F 越大。

图 6.62 所示为某液压夹紧机构，由摆动液压缸驱动肘杆机构。这种液压机构可用较小的液压缸实现较大的压紧力，同时还具有锁紧作用。

图 6.63 所示为某压力机的主机构，曲柄 1 为原动件，通过连杆 2、3、4 带动滑块 5 冲头。当冲压工件时，机构所处的位置是 α 和 θ 角都很小的位置。通过分析可知，虽然冲头 5 受到较大的冲压阻力 F，但曲柄 1 传给连杆 2 的驱动力 F_{12} 很小。当 $\theta=0°$、$\alpha=2°$ 时，F_{12}

仅为 F 的 7%左右。由此可知，采用了这种增力方法后，即使瞬时需要克服的工作阻力很大，电动机的功率也不需要很大。

对于执行构件行程不大，而短时需克服的工作阻力很大的机构（如冲压机械中的主机构），可采用肘杆增力机构。

图 6.60　下水道盖的开启工具

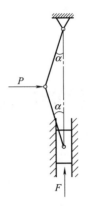

图 6.61　肘杆机构

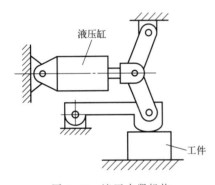

图 6.62　液压夹紧机构

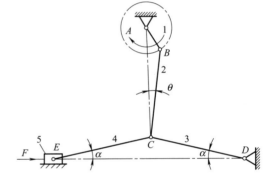

图 6.63　某压力机主机构

（3）螺旋机构

利用螺旋机构可以在其轴向上获得增力。如图 6.64 所示，若螺杆中径为 d_2，螺旋升角为 λ，当量摩擦角为 ρ_v，当在螺杆上施加转矩 T 时，在螺杆轴向产生推力 F，F 的计算式为：

$$F = \frac{2T}{d_2 \tan(\lambda + \rho_v)} \tag{6.3}$$

螺旋千斤顶是典型的螺旋增力机构的应用，如图 6.65 所示。

除上述增力机构外，通常还可以利用斜面、楔面、滑轮和液压等方法实现增力。

（4）二次增力机构

杠杆机构、肘杆机构、螺旋机构等通过组合能获得二次增力机构，增力效果更为显著。

图 6.66 所示为杠杆二次增力机构，使杠杆效应二次放大。图 6.67 所示简易拔桩机利用肘杆（绳索）实现二次增力。

图 6.68 所示为手动压力机，利用杠杆机构和肘杆机构组合实现了二次增力。图 6.69 所示千斤顶则利用螺旋和肘杆实现二次增力。

图 6.64 螺旋机构

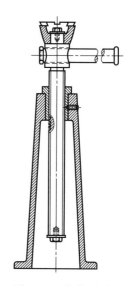

图 6.65 螺旋千斤顶

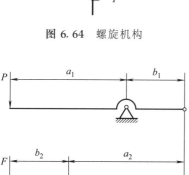

图 6.66 杠杆二次增力机构

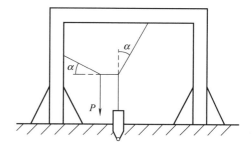

图 6.67 肘杆二次增力机构

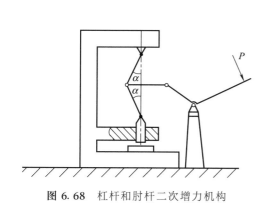

图 6.68 杠杆和肘杆二次增力机构　　　　图 6.69 螺旋和肘杆二次增力机构

6.4.2 增程机构

增程机构分位移增程机构和转角增程机构两种。通常采用机构的串联组合来实现增程。机构中连杆机构、齿轮机构的参与比较多。

(1) 增加位移

图 6.70 所示的连杆齿轮机构中，曲柄滑块机构 OAB 与齿轮齿条机构串联组合。其中，齿轮 5 空套在 B 点的销轴上，它与两个齿条同时啮合，在下面的齿条 4 固定，在上面的齿条 6 能做水平方向的移动。当曲柄 1 回转一周，带动连杆 2 和滑块 3，滑块 3 的行程为 2 倍的曲柄长，而齿条 6 的行程又是滑块 3 的 2 倍。该机构用于印刷机械中。

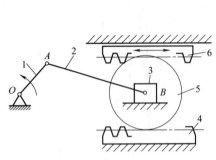

图 6.70 用于增程的连杆齿轮机构

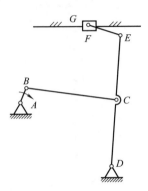

图 6.71 用于增程的连杆机构

图 6.71 所示为自动针织横机上导线用的连杆机构，因工艺要求实现大行程的往复移动，所以将曲柄摇杆机构 ABCD 和摇杆滑块机构 DEG 串联组合，E 点的行程比 C 点的行程有所增大，则滑块的行程可实现大行程往复移动的工作要求。调整摇杆 DE 的长度，可相应调整滑块的行程，因此，可根据工作行程的大小来确定 DE 的杆长。

图 6.72 所示的杠杆机构对于位移放大也是一种可行的简单机构，力臂长的一端垂直位移也大，常用于测量仪器。图 6.72（a）为正弦型（$y=l_1 \sin\alpha$）；图 6.72（b）为正切型（$y=l_1 \tan\alpha$）。

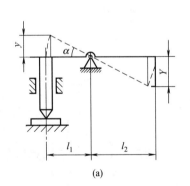 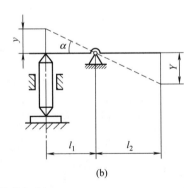

图 6.72 杠杆增程机构

(2) 增加转角

很多测量仪器中常用齿轮机构来增加转角。如图 6.73 所示百分表的增程机构，为齿轮齿条机构和齿轮机构的串联组合。齿条（测头）移动，带动左边小、大齿轮转动，再把运动传递给指针所在的小齿轮。由于大齿轮的齿数是小齿轮齿数的 10 倍，因而指针的转角被放大了 10 倍，用于测量微小位移。

如图 6.74 所示的是香烟包装机中的推烟机构，由凸轮机构、齿轮机构和连杆机构串联组合而成。凸轮 1 为原动件，由于凸轮机构的摆杆行程较小，后面利用齿轮机构和连杆机构进行了两次运动放大。构件 2 为部分齿轮，相当于大齿数齿轮，而齿轮 3 的齿数较少，因而

2 和 3 组成的齿轮机构将转角进行了第一次放大；杆件 4 是一个杠杆，其上段比下段长，对位移实现了第二次放大。

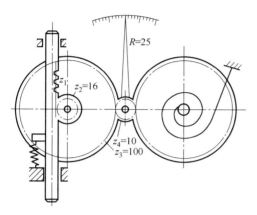

图 6.73　百分表增程机构

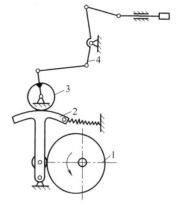

图 6.74　齿轮连杆增程机构

6.4.3　调节（减程）机构

调节机构是科学研究、工程技术及生产过程的检测计量和数据传递中，用以调节或控制各种被测参数的大小、强弱、变化规律、精确度的装置。调节机构输出的位移或转角通常较小，通常需要把输入件（原动件）的运动缩小，所以调节机构也是减程机构。调节机构通常利用螺旋、杠杆、齿轮、凸轮和摩擦轮等机械传动的机械位移量（线位移和角位移）与被测参数建立一定的比例关系，进行数据传递。调节机构是探测量度、感受转换、调节控制及复现显示被测参数的重要工具，下面以应用最广泛的螺旋传动调节机构为例加以介绍。

螺旋调节机构在仪器中应用广泛。常用的有读数调节机构、精密位移微调机构、力传递调节机构和一般的驱动机构。其基本形式如图 6.75 所示。

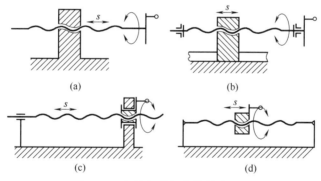

图 6.75　螺旋调节机构的基本形式

组合式微动调节机构，一般利用螺杆、杠杆、斜面、锥面、齿轮、蜗轮蜗杆和凸轮等构件及有关运动副按调节功能和使用要求组合而成。图 6.76 所示为螺旋-单级杠杆组合微调机构。机构主要由输出构件 1、杠杆 2 和螺杆 3 组成。输出构件的微动量 s 的范围一般都很小，它与螺杆（单头）的输入调节量 nP 有如下关系：

$$s = \frac{bnP}{a} \quad (6.4)$$

式中，s 为输出构件的微动量，mm；P 为螺杆的螺距，mm；n 为螺杆转数；a、b 分别为杠杆长臂、短臂的长度，mm。

于是螺杆调节手轮转值 A 为：

$$A = \frac{s}{n} = \left(\frac{b}{a}\right)P \tag{6.5}$$

根据转值 A 的大小和实际控制精度要求，则可选择合适的螺距 P 和杠杆臂长比 b/a 及其几何尺寸。为便于指示或读取调节量的大小，还可以根据转值的大小及其代表的物理量设计相应的刻度盘和确定它的分划线数。

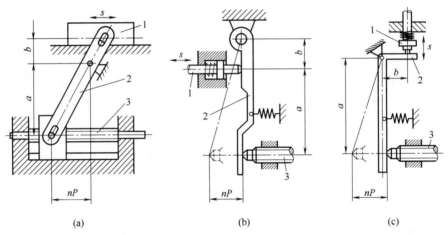

图 6.76　螺旋-单级杠杆组合微调机构

6.4.4　快速夹紧机构

夹紧机构一般在机床装卡工件时用，通常要求快速夹紧。

图 6.77 所示为利用连杆机构的死点位置快速夹紧。图 6.78 所示为偏心凸轮快速夹紧机构。

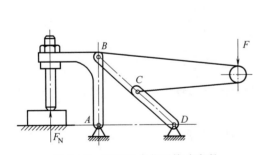

图 6.77　利用死点位置快速夹紧

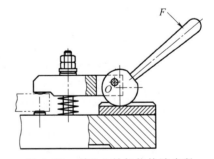

图 6.78　利用凸轮机构快速夹紧

图 6.79 所示为创新设计的三种双向快速夹紧夹具，它们操作简单，夹紧快速、方便。利用夹具体各构件的运动关系，工件在一方向受力夹紧时，另一方向也同时夹紧，构思巧妙。

6.4.5　自锁机构

一些有反向止动要求或安全性要求的机械装置中常需用到自锁机构。

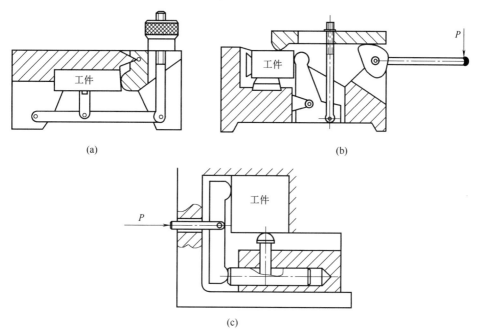

图 6.79 三种双向快速夹紧夹具

（1）自锁螺旋机构

自锁螺旋机构用于螺旋千斤顶、螺旋压力机等。理论上，螺旋传动自锁条件为：

$$\psi \leqslant \rho_v \tag{6.6}$$

式中，ψ 为螺旋升角；ρ_v 为当量摩擦角。

需要指出的是，进行滑动螺旋传动设计时不能按理论自锁条件来计算，如对于螺旋千斤顶、螺旋转椅等，因为当稍有转动时，静摩擦系数变为动摩擦系数，摩擦系数降低很多，导致 ψ 大于 ρ_v，螺杆就会自行下降。为了安全起见，必须将当量摩擦角减小 1°，即应满足：$\psi \leqslant \rho_v - 1°$。而取 $\psi \approx \rho_v$ 是极不可靠的，也是不允许的。

自锁螺旋机构的效率较低（可以通过理论证明，自锁螺旋传动的效率低于 50%），因而，只有当设计中有自锁要求时，才设计成自锁螺旋，反之则不必。

（2）自锁连杆机构

连杆机构在设计适当时也可以自锁。图 6.80 所示的简易砖夹装置，砖的重力为 G，人手提力为 P，为保持砖在装夹搬运过程中不掉下，在设计时应具有自锁特性，其自锁条件为：

$$a \leqslant f(l-b) \tag{6.7}$$

式中，f 为砖夹与砖在接触处的摩擦系数；a 为夹爪长度；b 为砖的左侧面至砖夹铰链中心的距离；l 为几块砖的总厚度。

图 6.81 所示为摆杆齿轮式自锁性抓取机构，该机构以气缸为动力带动齿轮，从而带动手爪做开闭动作。当手爪闭合抓住工件，在图示位置时，工件对手爪的作用力 G 的方向线在手爪回转中心的外侧，故可实现自锁性夹紧。

（3）自锁棘轮机构

棘轮机构常用作防止机构逆转的停止器，起反向自锁的作用。棘轮反向自锁机构广泛用于卷扬机、提升机以及运输机中。图 6.82 所示为提升机中的棘轮反向自锁机构。

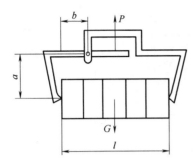
图 6.80 简易砖夹自锁机构

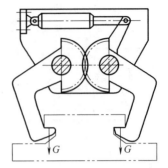
图 6.81 摆杆齿轮式自锁性抓取机构

还可以利用摆动的楔形块获得反向自锁。如图 6.83 所示摩擦式棘轮机构,1 为主动棘爪,2 为从动棘轮,机构的反向自锁通过制动棘爪 3 来完成。这种反向自锁机构具有能实现任意位置自锁的优点,结构简单,使用方便,工作平稳,噪声小,但其接触表面间容易发生滑动,运动准确性差。图 6.84 所示为家用缝纫机中带轮上的反向自锁机构。

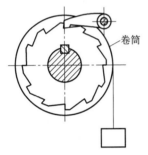

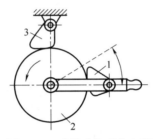

图 6.82 棘轮反向自锁　　图 6.83 摩擦式轮反向自锁　　图 6.84 缝纫机带轮反向自锁机构

除以上几种,少齿差、大传动比轮系在反向运动时通常也会产生自锁,这类机构都是用于降速的,由于摩擦力问题,想反向驱动以获得大传动比的增速几乎是不可能的。

为安全、可靠,有时即便是自锁的机构也可同时采用制动器或抱闸装置。

6.4.6　抓取机构

（1）柔性手爪抓取机构

柔软抓取机构由挠性带和开关组成。挠性爪把物件抓住,可以分散物件单位面积上的压力而不易损坏抓取的物件。

图 6.85 所示的柔性抓取机构,抓取物体时可以仿物体轮廓进行变形,使抓紧更可靠。当握紧电动机 1 运转时,接通离合器 2,将缆绳收紧,使其各链节包络物体 4;当放松电机 3 运转时,接通离合器 2,将缆绳放松,手爪松开工件。如在手爪外包覆海绵手套,就能模仿人手的动作,对所抓取的物体还能起到更好的保护作用。

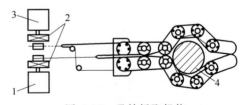
图 6.85 柔性抓取机构

图 6.86 所示是具有柔性的杠杆式手爪抓取机构,当活塞杆向右移动时,手爪抓紧,反之放开。

图 6.87 所示挠性带 2 的一端有接头 1,另一端是夹紧接头 9,它通过固定台 8 的沟槽后

固定在驱动接头 4 上。活塞杆 5 向右将挠性带拉紧的同时，又通过缩放连杆 3 推动夹紧接头 9 向左收紧挠性带，从而把物件夹紧。这是一种用挠性带包在被抓取物表面的柔软手爪。活塞杆向左时，将带松开。6 为手臂，7 为滑槽。

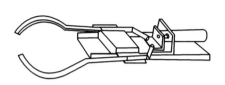
图 6.86　杠杆式柔软抓取机构

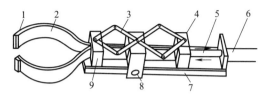
图 6.87　拉紧式柔性抓取机构

（2）自锁抓取机构

图 6.88 所示为连杆式自锁抓取机构。当拉杆 1 处于图示夹紧位置时，若 $\alpha \approx 0°$，即为自锁位置，这时如撤去驱动力 F，工件也不会自行脱落。若拉杆 1 再向下移，则手爪 2 反而会松开。为了避免上述情况的出现，对于不同尺寸的工件，可以更换手爪，以保证机构处于夹紧位置时，$\alpha \approx 0°$。

图 6.89 所示为一种杠杆式自锁抓取机构，图示位置为自锁位置，此时工件对手爪产生的夹紧反力与推杆产生的力 N_1、N_2 平衡。

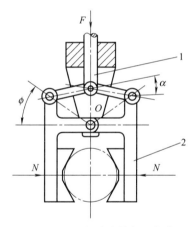
图 6.88　连杆式自锁抓取机构

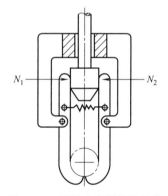
图 6.89　杠杆式自锁抓取机构

图 6.80、图 6.81 所示也是自锁抓取机构。

（3）具有弹性的抓取机构

如图 6.90 所示，两个手爪 1、2 用连杆 3、4 连接在滑块上，气缸活塞杆通过弹簧 5 使滑块运动。手爪夹持工件 6 的夹紧力取决于弹簧的张力，因此可根据工作情况，选取不同张力的弹簧。此外，还要注意当手爪松开时，不要让弹簧脱落，即应使弹簧安装空间不小于弹簧的自由长度。

图 6.91（a）所示的抓取机构中，在手爪 5 的内侧设有槽口，用螺钉将弹性元件（片簧）装在槽口中以形成具有弹性的抓取机构。当手爪夹紧工件 7 时，弹性材料便发生变形并与工件的外轮

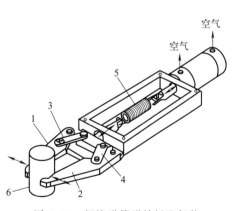
图 6.90　螺旋弹簧弹性抓取机构

廓紧密接触。也可以只在一侧手爪上安装弹性材料,这时工件被抓取时定位精度较好。1 是与活塞杆固连的驱动板,2 是气缸,3 是支架,4 是连杆,6 是弹性爪。图 6.91(b)是另一种固定弹性元件形式的弹性抓取机构。

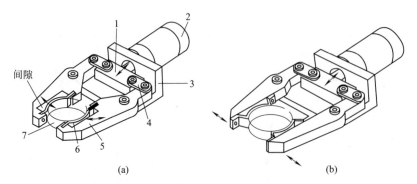

图 6.91　弹性元件弹性抓取机构

(4) 大开口抓取机构

如图 6.92 所示,用等长连杆组成交叉状缩放机构 1-4,其一端和手爪的基体 3 铰接,而另一端用铰销插在 3 的滑动槽中滑动。缩放机构的中间有一铰链 6 固定在固定基体 5 上,而对称的另一铰销则可在固定基体 5 的槽中滑动,此铰销是驱动装置。当驱动轴向上运动时,带动伸缩机构中所有下部铰链向上运动,而使爪 2 和 7 张开,获得很大的开口,如图 6.92(a) 所示。当驱动轴向下运动时,则各连杆收缩,两爪闭合,如图 6.92(b) 所示。

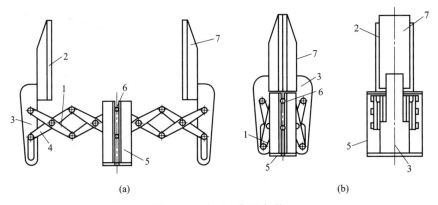

图 6.92　大开口抓取机构

(5) 气吸式和磁吸式抓取机构

气吸式抓取机构利用吸附作用取物。图 6.93 所示为利用气压变化原理设计的气吸式抓取机构,利用压缩空气的压力变化吸附物件。压缩空气经管道 4 进入喷嘴体 3,随着喷嘴孔道截面积的减小,气流速度逐渐增大;当气流到达最小截面时,空气扩散的气流速度最大;在喷嘴出口 A 处,由于高速气流喷射而形成低压空间,致使橡胶皮碗 1(被螺纹零件 2 固定于喷嘴体)内的空气被高速喷射气流不断地卷带走,形成负压,将工件 5 吸住;若停止供气,则吸盘就会放下工件 5。

图 6.94 所示抓取机构是利用抽气吸附作用完成对工件的夹持和搬运。1 为气缸体,由气孔 B 抽气使活塞杆 2 下降(动作Ⅰ),吸盘 3 接触工件 4,再从气孔 A 抽气,吸住工件后活塞上升(动作Ⅱ)。移动该装置(动作Ⅲ)到预定位置后,气孔 A 接大气压,工件落下。

由于活塞密封环作用,活塞杆不会下降。再移动该装置返回原位(动作Ⅳ)待命,重复上述动作。

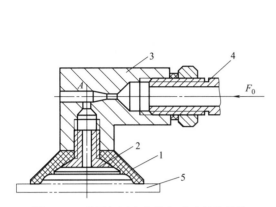

图 6.93 利用气压变化的气吸式抓取机构

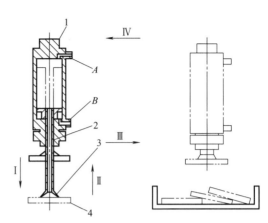

图 6.94 抽气气吸式抓取机构

图 6.95 所示为一台钢板运送机构,图中滚轮为磁性滚轮。工作人员操纵提升机构使滚轮下移,将钢板吸住,然后使机构上移,将钢板对准两输送辊之间的位置,驱动磁性滚轮转动,将钢板水平送入输送辊之间,完成钢板的运送作业。该机构由于采用了磁性滚轮作为钢板的抓取机构,使整个机构的结构和工艺动作大大简化,同时也降低了能耗,使维护变得简单而易于操作。

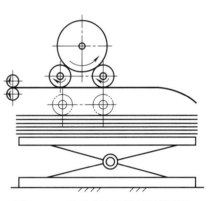

图 6.95 磁吸式滚轮钢板运送机构

6.4.7 伸缩机构

伸缩机构在生活生产中比较常见,如电动伸缩门、剪式升降台及起重设备的伸缩臂架等。一种是利用平行四边形原理,通过连杆铰接,实现伸缩,称为剪叉机构,如图 6.96(a)所示,对两端施力,或者一端固定,对另一端施力,机构可以拉长也可缩短;另一种是利用截面不同的套装结构,实现伸缩,如图 6.96(b)所示三节伸缩臂,在伸缩油缸作用下,非工作状态时三节臂 1 和二节臂 2 缩进基本臂 3 中,工作时,按工作需要伸缩。

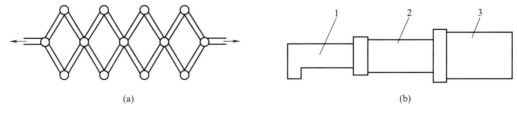

图 6.96 伸缩机构原理图

(1) 剪叉式伸缩机构

电动伸缩门主要由门体、驱动器、控制系统构成,如图 6.97 所示。门体采用优质铝合金及普通方管管材制作,采用平行四边形原理铰接,伸缩灵活、行程大。驱动器采用特种电机驱动，并设有手动离合器，停电时可手动启闭，控制系统有控制板、按钮开关，另可根据用户需求配备无线遥控装置。门体沿滑轨移动，两端装有行程开关传感器，可以自行控制门的两端极限位置。

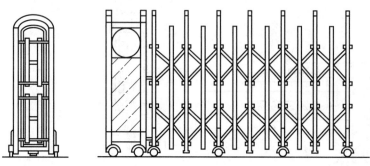

图 6.97 电动伸缩门

剪刀式升降台既可以载人，亦可载物，常用于车站、码头、机场和仓库等地作为辅助设备使用。升降台主要由平台、底座和台架等组成，如图 6.98 所示。台架 3 支撑在底座 1 上，在液压缸 2 的作用下伸缩，平台 4 是操作台。有的平台可以进退，底座可固定于地面或装在专用货车上，专用货车常附设外伸支腿以增加稳定性。有的升降台带有行走装置，长距离移动时由其他设备拖曳。剪刀式升降台台架为单节或多节的活动剪形撑杆，一般由液压缸顶起两组撑杆使平台升起。升降台几乎都采用手动油泵驱动，其操纵系统一般有两套：一套在地面上操纵，粗调升降高度；一套在工作台上操纵，进行细调。

图 6.99 所示为剪叉式伸缩梯，将连杆做成楼梯踏板，连接杆做成弯曲的弧形，用时拉伸至楼梯形状，不用时收起，在家居生活中使用简单方便，不占空间。

另外，剪叉机构在抓取机构中经常被用到，以增加机械臂的长度或机械手开口的大小，如图 6.87 和图 6.92 所示的抓取机构中都采用了剪叉式伸缩机构。

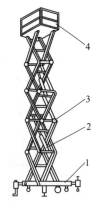

图 6.98 剪叉式升降台

图 6.99 剪叉式伸缩梯

（2）套装式伸缩机构

起重臂伸缩机构是以调节起重臂长度来改变起重机的工作幅度和起升高度的工作机构。起重机的起重臂是伸缩式的箱形结构，如图 6.100 所示。在基本臂 6 中装有一个双作用式伸缩油缸 4，油缸的根部铰接在基本臂尾端的支座上，而活塞杆的顶端铰接于伸缩臂 2 前端的支座上。当操纵起重臂换向阀将压力油通入油缸时，可驱动伸缩臂沿着基本臂内滑轨伸出或缩回。图 6.100 中 1 为滑轮，3 为托辊，5 为伸缩平衡阀。起重臂伸缩机构的作用是改变起重臂长度，以获得需要的起升高度和幅度，满足作业要求。臂架全部缩回以后，起重机外形尺寸减小，可提高起重机的机动性和通过性。

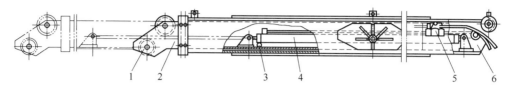

图 6.100　起重臂伸缩机构

图 6.101 所示为套装式伸缩梯子，将两侧立柱做成多层空心结构，从外往里直径逐渐减小，各层全部拉伸出来作梯子使用，不用时收起，使用简单方便，非常节省空间。

6.4.8　送料机构

送料机构比较多，如连杆机构、凸轮机构、齿轮机构、螺旋传动机构、各种间歇运动机构以及这些机构的组合机构。限于篇幅，本节只介绍比较有创新性的简单机构。

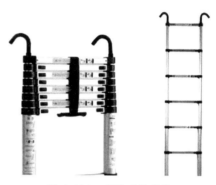

图 6.101　套装式伸缩梯

（1）利用重力的送料机构

图 6.102 所示机构为巧妙利用重力设计的在斜坡上工作的自动装卸矿车。这种矿车通过滑轮用绳索连接在重锤上，当空载时被自动拽到坡上。坡上有装沙子的料斗，矿车爬到坡的上端，车的边缘就会推开料斗底部的门，将沙子装入车中。装上沙子变得沉重的矿车克服重锤的拽力，从坡上降下来。在坡的下端，导轨面推动车上的销，靠它将车斗反倒卸沙，车子空载时又重新向上爬去。

图 6.103 所示为应用平衡重锤作用的平移机构，气缸驱动摆杆 3 摆动，摆杆上铰接一带平衡重锤 4 的工件座。图中 A 所示为放入工件 1 时的状态，工件座 2 因挡块 5 的作用而倾斜，这样便于工件放入。在工件放入后的搬运途中，工件座离开挡块，由于平衡重锤作用而水平移动到达取出位置 B。同样，若取出工件时也希望倾斜，则可设置挡块来实现。若设置缓冲装置，则可提高移动速度。

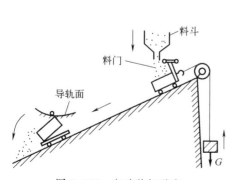

图 6.102　自动装卸矿车

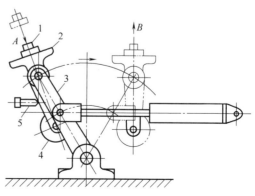

图 6.103　应用平衡重锤作用的平移机构

图 6.104 所示为液体（或散状固体）装卸装置。盛液体的容器 1（可绕轴 5 自由回转）上设置挡块 6，使其保持在作业位置上。当液体填满时，在重力作用下容器 1 下降，柱销 2 抵到挡板 3，容器翻转并倾泻出液体，倾泻出液体的质量由配重 4 决定。

图 6.105 所示为刨肉机，其目的是将冻肉块切成均匀且极薄的肉片。如果仿照手工切法，则要有刀片往复切片的动作、刀片横向往复拉动的动作以及肉块间歇推进的动作。若采用图 6.105 所示的刨切形式，刨台面做往复移动，肉块靠重力压在台面上兼起送进作用，则机构的结构就很简单，而且容易实现刨切薄片的要求。

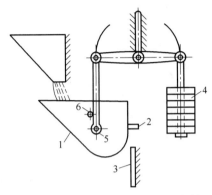 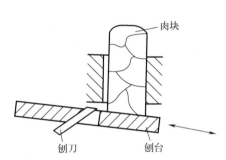

图 6.104 利用自重的液体装卸机构　　图 6.105 利用自重的刨肉机

图 6.106 所示为一简单而有效的工件转移机构，上送料板 1 上的工件 2 及 3 被逐个移至下送料板 7。机构没有专用的动力源，仅靠工件的重力势能进行工作。图 6.106（a）、（b）、（c）表示工件转移的过程，工件的重力使摆杆 4 摆动。工件离开摆杆 4 后，配重 5 使摆杆 4 复位。摆杆 4 摆动一次只送出一个工件。杆的摆动周期主要取决于工件重力 G_1 对支点 6 的力矩、杆 4（包括配重）的重力 G 对支点 6 的力矩和工件及杆对支点的惯性矩。

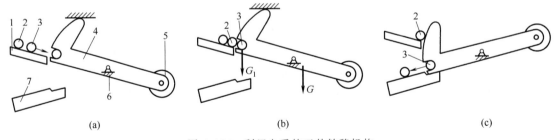

图 6.106 利用自重的工件转移机构

（2）步进式送料机构

图 6.107 所示钢材步进输送机的驱动机构，实现了横向移动的间歇运动，当曲柄 1 整周转动时 $E(E')$ 的运动轨迹为图中点画线所示连杆曲线，$E(E')$ 行经该曲线上部水平线时，推杆 5 推动钢材 6 前进，$E(E')$ 行经该曲线的其他位置时钢材 6 都停止不动。

图 6.108 所示为另一种步进送料间歇传送机构，由两个齿轮机构和一个平行四边形机构并联组成，5 为工作滑轨，6 为被推送的工件。主动齿轮 1 通过两个齿轮 2 与 2′ 带动平行四边形机构的两个连架杆 3 与 3′ 同步转动，使连杆 4（送料动梁）平动，送料动梁上任一点的运动轨迹都是半径相同的圆，如图 6.108 中的点画线所示，故可间歇地推送工件。该机构将

齿轮机构的连续转动转化为连杆的平动,并与工作滑轨配合,实现间歇推料动作,机构运动可靠。

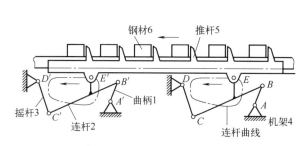

图 6.107 连杆步进送料机构

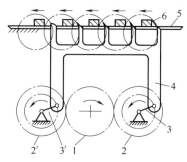

图 6.108 齿轮-连杆步进送料机构

对于一个多自由度的机构,当给定的原动件数小于机构的自由度数时,机构的运动是不确定的。但这时机构的运动受最小阻力定律的支配,即当机构的自由度大于机构的原动件数时,机构将优先朝着阻力最小的方向运动。在设计时有意识地利用这一规律,往往可以使机构大为简化,达到事半功倍的目的。图 6.109 所示即为利用这一原理设计的送料机构,它由曲柄 1、连杆 2、摇杆 3、滑块 4 和机架 5 等组成。机构的自由度为 2,但原动件只有一个(曲柄 1),故其运动不确定,但根据最小阻力定律可知,机构将朝阻力最小的方向运动。因此,推程时,摇杆 3 将首先逆时针转动,直到推爪 7 碰上挡销 a' 为止,这一过程使推爪向下运动,并插入工件 6 的凹槽中。此后,摇杆 3 与滑块 4 成为一体,一起向左推送工件。在回程时,摇杆 3 要先沿顺时针方向转动,直到推爪 7 碰上挡销 a'' 为止,这一过程使推爪向上抬起脱离工件。此后,摇杆 3 又与滑块 4 成为一体,一起返回。如此连续运动将工件一个个地推送向前。此机构适用于推送轻、小的物品,机构简单、紧凑。

图 6.110 所示为气缸爪钩式进料机构,机构中抓料钩的动作过程为:下摆抓料—直推送料—脱料上摆—直线返回—重复下摆抓料。特点是抓料钩的运动轨迹近似矩形回路。气缸 1 向前推进时,滑块 4 暂时不动,摆杆 2 摆动,其摆臂的弯头抓住工件 5;随之,摆杆连同滑块一起向前移动一个步距 p,也即将物料推进一个步距。气缸向后返回时,滑块也是暂时不动,摆杆向后摆动,其摆臂的弯头抬起,离开工件;随即,摆杆连同滑块一起向后返回一个步距而复位。钢球 3 的作用是:给滑块 4 每移动一个步距 p 定位;在摆杆摆动抓获工件或脱离工件时,使滑块暂时定位不动,起到延时动作的作用。

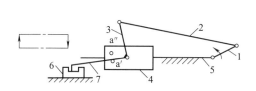

图 6.109 曲柄爪钩式步进送料机构

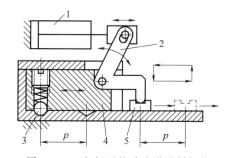

图 6.110 气缸爪钩式步进送料机构

(3) 翻转式送料

图 6.111 所示为铸锭供料机构,它由液压缸 5 通过连杆 4 驱动双摇杆机构 1-2-3-6,将

加热炉中出来的铸锭 8 送到升降台 7 上，完成送料动作。这种机构可以通过适当设计各构件的长度获得各种翻转角度的送料，结构简单。

图 6.112 所示为铸工车间翻台振实式造型机的翻转机构。它是用一个铰链四杆机构 1-2-3-4 来实现翻台的两个工作位置变化的。在图中实线位置Ⅰ，砂箱 7 与翻台 8 固连，并在振实台 9 上振实造型。当压力油推动活塞 6 移动时，通过连杆 5 使摇杆 4 摆动，从而将翻台与砂箱转到虚线位置Ⅱ。然后托台 10 上升接触砂箱，解除砂箱与翻台间的紧固连接并起模。

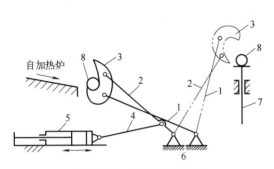

图 6.111　铸锭供料机构

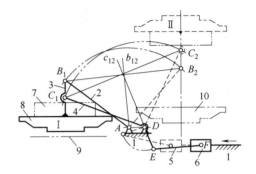

图 6.112　翻台振实式造型机的翻转机构

（4）螺旋送料机构

① 改变螺旋角。

传送矿物或化学药品之类的松散材料时，传统的装置是螺杆输送机。为了更好地控制材料的输送速度和对应于不同密度的材料进行调节，创新设计的方法是将输送机螺杆的螺旋角设计为可调的，如图 6.113 所示。螺杆的表面用橡胶之类的弹性材料制成，两个螺旋弹簧沿着旋转轴的伸长和压缩可控制螺杆的螺旋角，从而控制松散材料的传送速度。

② 改变螺距。

在需要密闭进、出料时，常常采用变螺距螺旋给料机，在采用螺旋进行计量时，也常采用变螺距螺旋。

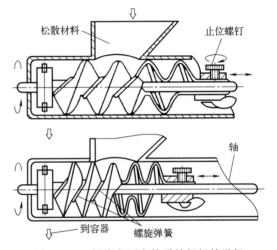

图 6.113　螺旋角可变的弹性螺杆输送机

图 6.114（a）所示变螺距螺旋给料机，输送方向上螺距由大变小，是靠满螺旋输送原理工作的，使用过程中经常出现物料堵塞而不能工作。

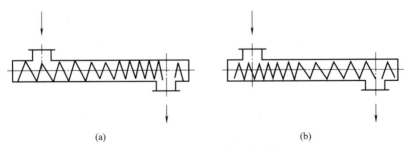

图 6.114　变螺距螺旋给料机

上述这种根据满螺旋输送原理工作，在实际工作中由于结构、摩擦阻力等多种原因，是很难实现的，即使改为等螺距螺旋，也还是很可能出现堵塞问题。可改进为如图 6.114（b）所示，在物料输送方向上，螺距由小变大，即输送量由小到大，可使料流畅通，不产生堵塞现象。

③ 螺旋输送机轴宜受拉。

图 6.115 所示为散状物料螺旋输送机。在配置螺旋输送机的传动机构和确定螺旋的旋向时，应考虑螺旋轴的受力方向。按图 6.115（a）所示，传动配置及旋转方向使螺旋轴受压，由于螺旋轴细长比较大而易失稳，加之螺旋轴吊轴承的工作环境较差，在此条件下受偏心载荷时，更加恶化，旋转轴容易发生异常变形，吊轴承磨损较快。可考虑将螺旋输送机的传动装置进行如图 6.115（b）所示配置，可使螺旋输送机的旋转轴在工作时处于受拉状态，则工作状态得以改善。

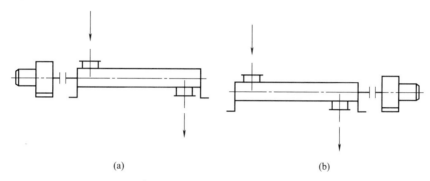

图 6.115 螺旋输送机轴宜受拉

（5）气动送料机构

气动机构与液动机构相比，由于工作介质为空气，故易于获取和排放，不污染环境。另外，气动机构还具有压力损失小，易于过载保护，易于标准化、系列化等优点。

图 6.116 所示为商标自动粘贴机示意图，该机构使用了一种吹吸气泵，这种吹吸气泵集吹气与吸气功能于一体，吸气头朝向堆叠着的商标纸下方，吹气头朝着商标纸压向方形盒产品的上方。当转动鼓吸气端吸取一张商标纸后，顺时针转动至粘胶滚子，随即滚上胶水（依靠右边上胶滚上胶），当转动轮带着已上胶的商标纸转到下面由传送带送过来的方形盒产品之上时，即被压向产品。当传送带带动它至最左端时，商标纸被压刷压贴于方盒上。

利用气泵进行送料、卸料的机构对于一些小型物件非常有效。类似的还有轴承钢球的检测机构，每检测完一个钢球就利用气动装置将其吹走，消耗的动力少且不伤害钢球表面。

图 6.117 所示为一种比较简单的可移动式气动通用机械手的结构示意图，其由真空吸头 1、水平气缸 2、垂直气缸 3、齿轮齿条副 4、回转缸 5 及小车等组成。该机械手可在三个坐标轴方向上工作，其工作过程是：垂直缸上升→水平缸伸出→回转缸转位→回转缸复位→回转缸退回→垂直缸下降。该机械手可用于装卸轻质、薄片工件，只要更换适当的手指部件，还可完成其他工作。

（6）辊筒送料机构

双链辊筒输送机依靠链条驱动辊筒来输送物品，具有输送能力强、运送货物量大、输送灵活等特点，可以实现多种货物合流和分流的要求。图 6.118（a）所示为双链辊筒输送机

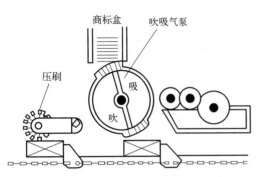

图 6.116 利用吸气和吹气的送料机构

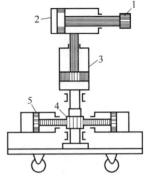

图 6.117 气动通用机械手

示意图，减速电机 5 为原动机，固定于机架 1 上，首先由减速电机 5 经过链条传动装置 4 将动力传递给辊子，驱动第一个辊子，然后再由第一个辊子通过链条传动装置驱动第二个辊子，这样逐次传递，实现全部辊子成为驱动辊子，达到运输货物的目的。图 6.118（a）中 2 为辊子，货件 3 置于辊子上。

辊筒输送机的双链动力辊筒采用高耐磨工程塑料链轮或钢质链轮及塑钢座，精密轴承，每个辊子上装有两个链轮，辊子排布如图 6.118（b）所示，1 为辊子，辊子一端装有链轮 2，辊子之间由传动链 3 连接。辊子直径一般为 15～73mm，长度根据被运货物尺寸而定（比货物长 10～50m），在制造时进行动平衡试验。由于每个辊子自成系统，所以更换维修比较方便，但是费用较高。

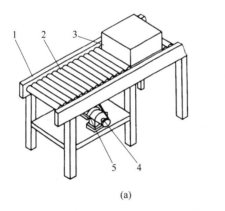

图 6.118 双链辊筒送料装置

6.4.9 分选和分流机构

（1）利用离心力分选

图 6.119 所示为谷物与草秆分离机，在圆桶的内周有一些嵌槽，当它旋转时，由于谷粒的单位质量较大，得到的离心力大，谷物进入嵌槽后被抛入圆桶内的承谷槽中，使谷粒与草秆分离。

（2）利用重量分选和分流

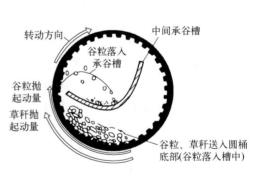

图 6.119 谷物自行分离机

图 6.120 所示机构可根据工件的重量进行分选,通过扭簧的刚度控制重量临界值。

图 6.121 所示为可按水果的重量进行分选的机构。例如,苹果经过采摘后,需按大小进行分类,不同大小的苹果装在同一个料箱里,挡板 2 打开时,苹果从料箱 1 滚落至旋转拨板 3 处,旋转拨板 3 旋转一定角度,确保只有一个苹果顺利通过,称重传感器 4 感应到水果的质量,控制相应的分拣箱的盖子 5 打开,苹果落入对应的分拣箱 6,实现分拣功能。这种分拣方式控制精确,大大节省了人工。

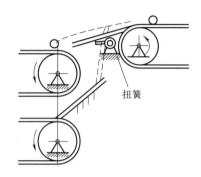

图 6.120 弹簧-重力分选机构

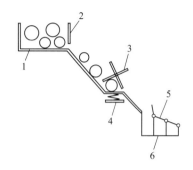

图 6.121 苹果称重分选机构

图 6.122 所示为利用物料重量的自动分流机构,可对流体或微粒物进行定量分流。

图 6.123 所示机构则对固体工件进行分流。

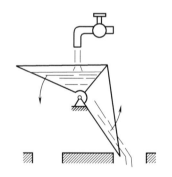

图 6.122 利用重量分流机构

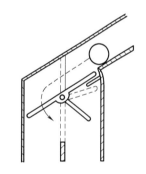

图 6.123 固体工件分流机构

(3) 利用光电检测分选

图 6.124 所示为具有光电管的杠杆式蛋品分选机构。当蛋品 7 沿传动带 1 在光电管附近通过时,受到来自光源 3 的光线照射;当蛋品内部呈现混浊现象时,光电管 2 发出电脉冲,通过电磁装置 4 使拨盘 8 产生运动,将蛋品推至导槽 9。电磁装置 4 的电枢 6 同杠杆 5 组成球面副 A,杠杆 5 上装有拨盘 8,杆 5 同机架组成圆柱副 B。

(4) 利用尺寸分选

图 6.125 所示机构可根据钢球的直径自动进行分选。在图示的分选机构中,钢球既是机构的运动构件,又是机构的工作对象,重力是机构的原动力。这一机构结构简单,分选效率高,分选精度好。

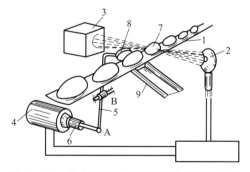

图 6.124 光电管杠杆式蛋品新鲜度分选机构

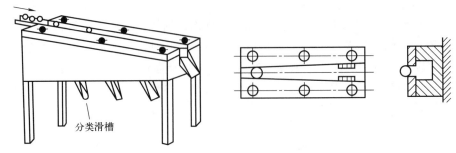

图 6.125 钢球直径分选机构

6.4.10 整列机构

(1) 利用形状整列

图 6.126（a）所示的螺钉自动上料整列机构广泛应用于标准件的生产中。未加工的螺钉无规则地盛放在料盘中（图中未画出料盘），当左边的输送槽上下运动时，螺钉根据物料的自重进行整列，未进入运动料槽的螺钉掉入料盘中。螺钉在左侧槽中上升至与右侧盛料槽并齐时，因槽身具有斜度，故被整列了的螺钉自动移向右侧盛料槽以备加工。这种机构利用了物料形状和自重达到整列的目的。图 6.126（b）所示的螺钉自动上料整列机构为旋转振动式，螺钉沿料桶壁的螺旋滑道缓慢上移，利用限制板将直立的螺钉推落到料桶的底部，只有横向的螺钉才可以通过限制板下面的空间到达通往滑槽的位置，此处豁槽，在振动作用下螺钉下部进入滑道上的豁槽，完成大头在上的整列。

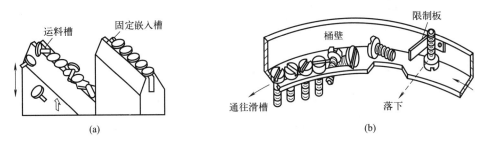

图 6.126 螺钉整列机构

图 6.127（a）所示的工件表面有凸起部分，工件通过振动从料桶底部沿桶壁的滑道不断上移，在滑道面有朝向桶中心的斜向沟槽，工件凸部朝下则嵌合进槽，前进时即被排除到料桶内，而凸部朝上的工件接下来经整列件进入滑槽。图 6.127（b）所示的工件为表面有凸榫的圆柱形，在限制板上作出榫槽，则可完成工件整列。

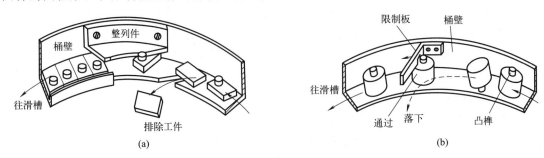

图 6.127 带凸起的零件整列机构

如图 6.128 所示，对于尺寸较小的 U 形零件，U 形零件的腿必须不能太长，旋转中心托板能够有效地托住 U 形零件。零件必须足够轻和有弹性，以防止当中心托板穿过一堆零件时所受的阻力使其产生塑性变形而损坏和磨损。这种传送通常是连续的。

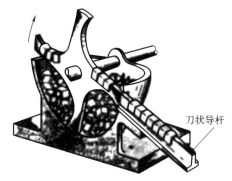

图 6.128　U 形零件整列机构

(2) 利用重心整列

图 6.129 所示为胶丸（或子弹）整列机构，从图中所示的胶丸或子弹的构造形状可见，它的重心在圆柱形部分，当滑块左右移动推动物料到达右方槽内尖角时，便可以由物料的重心自行整列，使圆柱体朝下，尖端朝上。图 6.129 (a) 所示为胶丸或子弹大头朝下落下时的运动状态，图 6.129 (b) 所示为胶丸或子弹小头朝下落下时的运动状态。

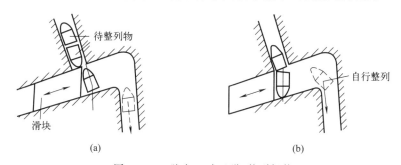

图 6.129　胶丸（或子弹）整列机构

图 6.130 所示是一种阶梯轴的自动整列装置，由振动轨道进料器将工件送入推出板的位置，与此同时由空气缸控制的推出板向外推出将工件推入整列箱。由于整列箱中部的整列用障碍棒，阶梯轴无论以什么位置送过来，最终都会由于重力的作用而大头向下落入箱中，并沿滑槽滑出整列箱，实现工件的整列。该装置要求整列箱中只能落入一个工件，否则容易卡住，因而工作效率受限。

(3) 其他整列装置

图 6.131 所示为环形工件整列装置，在带表面设计数个倾斜拦条，工件进入漏斗内后角度适当的则进入倾斜的拦条而随带上升，到达顶部后则滚落到滑槽内，送往加工机。该装置适用于环形工件（或球形工件）等不分正反面的情况，可用于将切削加工过的轴承座圈等供给磨床，供给速度快。

图 6.132 所示是槽轮滚子自动整列装置，适用于圆筒形状的工件高速并列列整，当滑槽内工件装满时，槽轮的摩擦轮打滑，使滑槽内保持工件满额状态，因而滑槽内的工件保持不混乱，可高速整列和供给。

图 6.133 所示为交替槽轮滚子自动整列机构，可将实心和空心两种滚子交替排列送入滑槽。

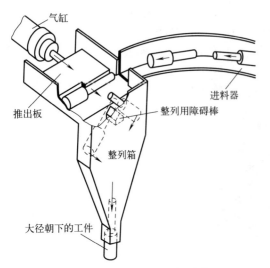

图 6.130 阶梯轴的自动整列装置

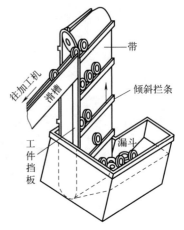

图 6.131 环形工件整列装置

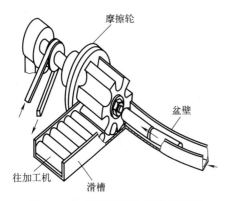

图 6.132 槽轮滚子自动整列装置

图 6.133 交替槽轮滚子自动整列装置

第7章 机械结构创新设计

7.1 机械结构设计的概念与步骤

(1) 机械结构设计的概念

机械结构设计就是将原理方案设计结构化，即把机构系统转化为机械实体系统，这一过程中需要确定结构中零件的形状、尺寸、材料、加工方法、装配方法等。

一方面，原理方案设计需要通过机械结构设计得以具体实现；另一方面，机械结构设计不但要使零部件的形状和尺寸满足原理方案的功能要求，还必须解决与零部件结构有关的力学、工艺、材料、装配、使用、美观、成本、安全和环保等一系列问题。进行机械结构设计时，需要根据各种零部件的具体结构功能构造它们的形状，确定它们的位置、数量、连接方式等结构要素。

在结构设计的过程中，设计者不但应该掌握各种机械零部件实现其功能的工作原理、提高其工作性能的方法与措施，以及常规的设计方法，还应该根据实际情况善于使用组合、分解、移植、变异、类比、联想等结构设计技巧，追求结构创新，才能更好地设计出具有市场竞争力的产品。

(2) 机械结构设计的步骤

机械结构设计是一个从抽象到具体、从粗略到精确的过程，它是根据既定的原理方案，确定总体空间布局、选择材料和加工方法、通过计算确定尺寸、检查空间相容性，由主到次逐步进行结构的细化。另外，机械结构设计还具有多解性特征，因此需反复、交叉进行分析、计算和修改，寻求最好的设计方案，最后完成总体方案结构设计图。

机械结构设计过程比较复杂，大致的设计步骤如下。

① 明确决定结构的要求及空间边界条件。

决定结构的要求主要包括：a. 与尺寸有关的要求，如传动功率、流量、连接尺寸、工作高度等；b. 与结构布置有关的要求，如物料的流向、运动方位、零部件的运动分配等；c. 与确定材料有关的要求，如耐磨性、疲劳寿命、抗腐蚀能力等。空间边界条件主要包括装配限制范围、轴间距、轴的方位、最大外形尺寸等。

② 对主功能载体进行初步结构设计。

主功能载体就是实现主功能的构件，如减速器的轴和齿轮、机车的主轴、内燃机的曲轴等。在结构设计中，应首先对主功能载体进行粗略构形，初步确定主要形状、尺寸，如轴的最小直径、齿轮直径、容器壁厚等，并按比例初步绘制结构设计草图。设计的结构方案可以是多个，要从功能要求出发，选出一种或几种较优的草案，以便进一步修改。

③ 对辅功能载体进行初步结构设计。

主要对轴的支承、工件的夹紧装置、密封、润滑装置等进行初步设计，初步确定主要形状、尺寸，以保证主功能载体能顺利工作。设计中应尽可能利用标准件、通用件。

④ 对设计进行可行性和经济性的综合评价。

从多个初步结构设计草案中选择满足功能要求、性能优良、结构简单、成本低的较优方案。必要时还可返回上两个步骤，修改初步结构设计。

⑤ 对主功能载体、辅功能载体进行详细结构设计。

进行详细设计时，应遵循结构设计的基本要求，依据国家标准、规范，通过设计计算获得较精确的计算结果，完成细节设计。

⑥ 完善结构方案和检查错误。

消除综合评价时已发现的弱点，检查在功能、空间相容性等方面是否存在缺陷或干扰因素（如运动干扰）；应注意零件的结构工艺性，如轴的圆角、倒角、铸件壁厚、拔模斜度、铸造圆角等，必要时对结构加以改进，并可采纳已放弃方案中的可用结构，通过优化的方法来进一步完善。

⑦ 完成总体结构设计方案图。

绘制全部生产图纸（装配图、零件图），结构设计的最终结果是总体结构设计方案图，它清楚地表达产品的结构形状、尺寸、位置关系、材料与热处理、数量等各要素和细节，体现了设计的意图。

7.2 机械结构元素的变异

结构元素在形状、数量、位置等方面的变异可以适应不同的工作要求，或比原结构具有更好和更完善的功能。下面简述几种有代表性的结构元素变异与演化。

7.2.1 杆状构件结构元素变异

(1) 适应运动副空间位置和数量的连杆结构

图 7.1 所示为一般连杆结构的几种形式。因运动副空间位置和数量不同，连杆的结构形状也随之产生变异。

(2) 提高强度的连杆结构

当三个转动副在同一个杆件上且构成钝角三角形时，应尽量避免做成弯杆结构。图 7.2 (a)、(b) 所示结构强度较差，图 7.2 (c) 所示结构强度一般，图 7.2 (d)、(e) 所示结构强度较好。

(3) 提高抗弯刚度的连杆结构

杆件可采用圆形、矩形等截面形状，如图 7.3 (a) 和图 7.1 所示，结构较简单。若需要提高构件的抗弯刚度，可将截面设计成工字形 [图 7.3 (b)]、T 形 [图 7.3 (c)] 或 L 形 [图 7.3 (d)]。

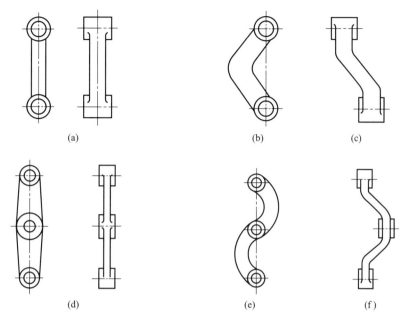

图 7.1 适应运动副空间位置和数量的连杆结构

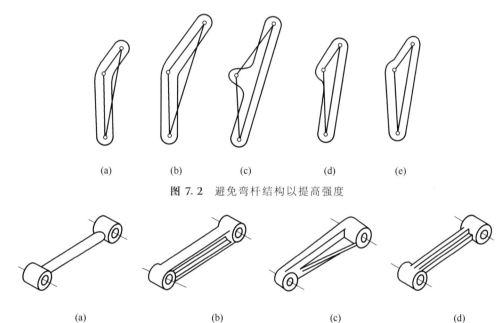

图 7.2 避免弯杆结构以提高强度

图 7.3 设计杆件截面形状以提高刚度

（4）提高抗振性的连杆结构

在有些工作情况下，需频繁地冲击和振动，对杆件的损害较大，这种情况下图 7.4 所示的连杆结构不好。在满足强度要求的前提下，采用图 7.4 所示结构，杆细些且有一定弹性，能起到缓冲吸振的作用，可提高连杆的抗振性。

（5）便于装配的连杆结构

与曲轴中间轴颈连接的连杆必须采用剖分式结构，因为如果采

图 7.4 提高抗振性的连杆结构

用整体式连杆，将无法装配。这种结构形式在内燃机、压缩机中经常采用。剖分式连杆的结构如图 7.5 所示，连杆体 1、连杆盖 4、螺栓 2 和螺母 3 等几个零件共同组成一个连杆。

(6) 桁架式结构提高经济性和可制造性

当构件较长或受力较大，采用整体式杆件不经济或制造困难时，可采用桁架式结构，如图 7.6 所示。不但提高了经济性和可制造性，还节省了材料、减轻了重量。

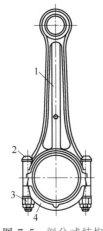
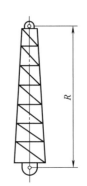

图 7.5　剖分式结构　　　　　　　　图 7.6　桁架式结构

7.2.2　螺纹紧固件结构元素变异

常用的螺纹紧固件有螺栓、螺钉、双头螺柱、螺母、垫圈等，如图 7.7 所示。在不同的应用场合，由于工作要求不同，这些零件的结构就必须变异出所需的结构形状。

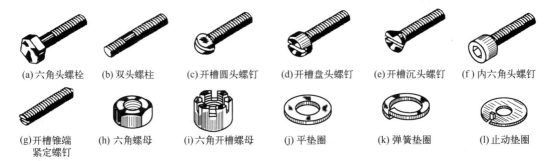

图 7.7　螺纹紧固件结构元素变异

六角头螺栓拧紧力能比较大，紧固性好，但需和螺母配用，且需一定扳手操作空间，因而所占空间大；圆头螺钉拧紧后露在外面的钉头比较美观；盘头螺钉可以用手拧，可作调整螺钉；沉头螺钉的头部能拧进被连接件表面，使被连接件表面光整；内六角头螺钉比外六角头螺钉头部所占空间小，拧紧所需操作空间也小，因而适合要求结构紧凑的场合；双头螺柱适合经常拆卸的场合；紧定螺钉用于确定零件相互位置和传力不大的场合。开槽螺母是用来防松的，平垫圈用来保护承压面，弹簧垫圈和止动垫圈都是用来防松的，用于防松的还有圆螺母及其止动垫片，以及其他多种形式的止动垫片。

7.2.3　齿轮结构元素变异

齿轮的结构元素变异包括：齿轮的整体形状变异、轮齿的方向变异、齿廓形状变异。

为传递不同空间位置的运动，齿轮整体形状可变异为圆柱形、圆锥形、齿条、蜗轮等；为实现两轴的变转速，齿轮整体形状可变异为非圆齿轮和不完全齿轮。

为提高承载能力和平稳性，轮齿的方向可变异为直齿、斜齿、人字齿和曲齿等。

为适应不同的传力性能，齿廓形状可变异为渐开线形、圆弧形、摆线形等。

常见的齿轮结构见图7.8。

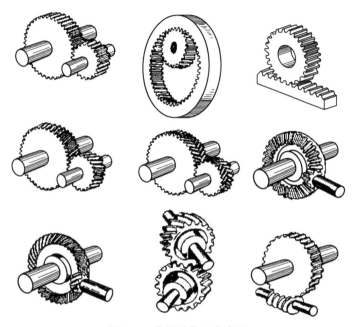

图7.8 齿轮结构元素变异

7.2.4 棘轮结构元素变异

棘轮的结构元素变异如图7.9所示。图7.9（a）所示为最常见的不对称梯形齿形，齿面是沿径向线方向，其轮齿的非工作齿面可做成直线形或圆弧形，因此齿厚加大，使轮齿强度提高。

图7.9（b）所示为棘轮常用的三角形齿，齿面沿径向线方向，其工作面的齿背无倾角。

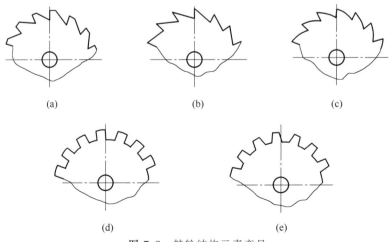

图7.9 棘轮结构元素变异

另外也有工作齿面具有倾角 θ 的三角形齿形，一般 $\theta=15°\sim20°$。三角形齿形非工作面可做成直线形 [图 7.9（b）] 和圆弧形 [图 7.9（c）]。

图 7.9（d）所示为矩形齿齿形。矩形齿齿形双向对称，同样对称的还有梯形齿齿形 [图 7.9（e）]。

设计棘轮机构，在选择齿形时，要根据各种齿形的特点选择。单向驱动的棘轮机构一般采用不对称形齿，而不能选用对称形齿形。

当棘轮机构承受载荷不大时，可采用三角形齿形。具有倾角的三角形齿形，工作时能使棘爪顺利进入棘齿齿槽且不容易脱出，机构工作更为可靠。

双向式棘轮机构由于需双向驱动，因此常采用矩形或对称梯形齿齿形作为棘轮的齿形，而不能选用不对称形齿形。

7.2.5 轴毂连接结构元素变异

轴毂连接的主要结构形式是键连接。单键的结构形状有平键和半圆键等 [图 7.10（a）、(b)]。平键通常是单键连接，但当传递的转矩不能满足载荷要求时需要增加键的数量，就变为双键连接。若进一步增加其工作能力，就出现了花键 [图 7.10（c）、(d)]。花键的形状又有矩形、梯形、三角形，以及滚珠花键。将花键的形状继续变换，由明显的凸凹形状变换为不明显的，就产生了无键连接，即成形连接 [图 7.10（e）]。

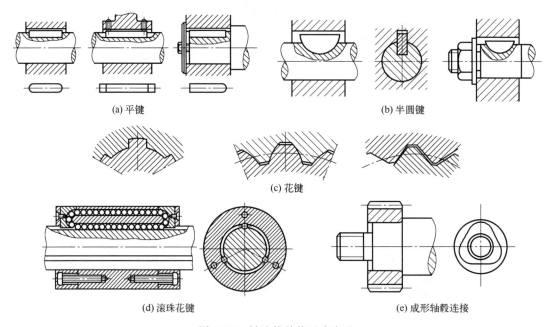

图 7.10　键连接结构元素变异

7.2.6 滚动轴承结构元素变异

滚动轴承的一般结构如图 7.11 所示。1 为内圈，2 为外圈，3 为滚动体，4 为保持架。图 7.11（a）所示轴承滚动体为球形，图 7.11（b）所示轴承滚动体为圆柱滚子。球形滚动体便于制造，成本低，摩擦力小，但承载能力不如圆柱滚子。根据工作要求，滚动体还可以变异为其他形式，如圆锥滚子 [图 7.12（c）]、鼓形滚子 [图 7.12（d）] 和滚针 [图 7.12（e）]

等。滚动体的数量随轴承规格不同而变异，在类型上有单排滚动体和双排滚动体之分。

当滚动体的结构变异后，与其配合的保持架、内圈和外圈在形状、尺寸上也都将产生相应的变异。

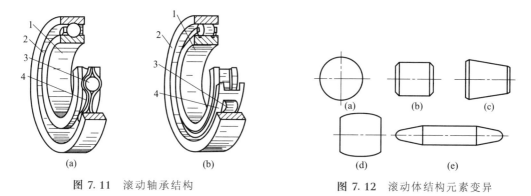

图 7.11 滚动轴承结构　　　　　图 7.12 滚动体结构元素变异

7.3 机械结构创新设计的基本要求

在机械结构创新设计过程中，从功能准确、使用可靠、容易制造、简单方便、经济性高等角度出发，要充分考虑以下各方面的基本要求。

7.3.1 实现功能要求

机械结构设计就是将原理设计方案具体化，即构造一个能够满足功能要求的三维实体的零部件及其装配关系。概括地讲，各种零件的结构功能主要是承受载荷、传递运动和动力，以及保证或保持有关零部件之间的相对位置或运动轨迹关系等。功能要求是结构设计的主要依据和必须满足的要求。设计时，除根据零件的一般功能进行设计外，通常可以通过零件的功能分解、功能组合、功能移植等技巧来完成机械零件的结构功能设计。主要设计方法如下。

（1）零件功能分解

每个零件的每个部位各自承担着不同的功能，具有不同的工作原理。若将零件的功能分解、细化，则有利于提高其工作性能，有利于开发新功能，也使零件整体功能更趋于完善。

例如，螺钉按功能可分解为螺钉头、螺钉体、螺钉尾三个部分。如前所述，螺钉头的不同结构类型，分别适用于不同的拧紧工具和连接件表面结构要求（图 7.7）。螺钉体有不同的螺纹牙形，如三角形螺纹（粗牙、细牙）、木螺钉用螺纹等，分别适用于具有不同连接紧固性不同材质的被连接件。螺钉体除螺纹部分外，还有无螺纹部分。无螺纹部分也有制成细杆的，被称为柔性螺杆。柔性螺杆常用于冲击载荷情况，因为冲击载荷作用下这种螺杆将会提高疲劳强度。为提高其疲劳寿命，可采用降低螺杆刚度的方法进行构型，例如，采用大柔度螺杆和空心螺杆，如图 7.13 所示。螺钉尾部有的带倒角起到导向作用，平端、锥端、短圆柱端或球面等形状的尾部可保护螺纹尾端不受碰伤与紧定可靠，还可设计成有自钻自攻功能的尾部结构，如图 7.14 所示。

轴按功能可分解为：轴环与轴肩，用于定位；轴身，用于支撑轴上零件；轴颈，用于安装轴承；轴头，用于安装联轴器。

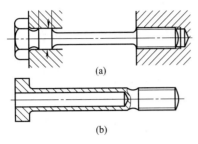
图 7.13 大柔度螺杆

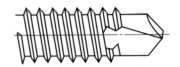
图 7.14 自钻自攻螺钉尾部结构

滚动轴承按功能可分解为：内圈，与轴颈连接；外圈，与座孔连接；滚动体，实现滚动功能；保持架，实现分离滚动体的功能。

齿轮的功能可分解为轮齿部分的传动功能、轮体部分的支撑功能和轮毂部分的连接功能。

零件结构功能的分解内容是很丰富的，为获得更完善的零件功能，在结构设计时可尝试功能分解的方法，再通过联想、类比与移植等进行功能扩展或新功能的开发。

（2）零件功能组合

零件功能组合是指一个零件可以实现多种功能，这样可以使整个机械系统更趋于简单化，简化制造过程，减少材料消耗，提高工作效率，是结构设计的一个重要途径。

零件功能组合一般是在零件原有功能的基础上增加新的功能，如前文提到的具有自钻自攻功能的螺纹尾（图 7.14），将螺纹与钻头的结构组合在一起，使螺纹连接结构的加工和安装更为方便。图 7.15 所示为三合一功能的组合螺钉，它是外六角头、法兰和锯齿的组合，不仅实现了支撑功能，还可以提高连接强度，并能防止松动。

图 7.16 所示是用组合法设计的一种内六角花形、外六角与十字槽组合式的螺钉头，可以适用于三种扳拧工具，方便操作，提高了装配效率。

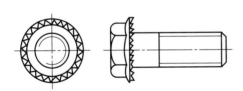
图 7.15 三合一功能的防松螺钉

图 7.16 组合式螺钉头

许多零件本身就有多种功能，例如花键既具有静连接又具有动连接的功能，向心推力轴承既具有承受径向力又具有承受轴向力的功能。

（3）零件功能移植

零件功能移植是指相同的或相似的结构可实现完全不同的功能。例如，齿轮啮合常用于传动，如果将啮合功能移植到联轴器，则产生齿式联轴器。同样的还有滚子链联轴器。

齿的形状和功能还可以移植到螺纹连接的防松装置上。螺纹连接除借助于增加螺旋副预紧力而防松外，还常采用各种弹性垫圈，诸如波形弹性垫圈［图 7.17（a）］、齿形锁紧垫圈［图 7.17（b）］、锯齿锁紧垫圈［图 7.17（c）、（d）］等，它们的工作原理是：一方面，依靠垫圈被压平产生弹力，弹力的增大又使结合面的摩擦力增大而起到防松作用；另一方面，也靠齿嵌入被连接件而产生阻力防松。

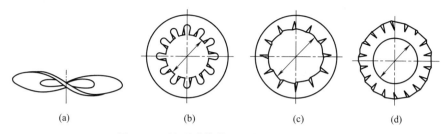

图 7.17 波形弹性垫圈与带齿的弹性垫圈

7.3.2 满足使用要求

对于承受载荷的零件,为保证零件在规定的使用期限内正常地实现其功能,在结构设计中应使零部件的结构受力合理,降低应力,减小变形,减轻磨损,节省材料,以利于提高零件的强度、刚度和延长使用寿命。

(1) 受力合理

图 7.18 所示铸铁悬臂支架,其弯曲应力自受力点向左逐渐增大。图 7.18 (a) 所示结构强度差;图 7.18 (b) 所示结构虽然强度高,但不是等强度,浪费材料,增加重量;图 7.18 (c) 所示为等强度结构,且符合铸铁材料的特点,铸铁抗压性能优于抗拉性能,故肋板应设置在承受压力一侧。

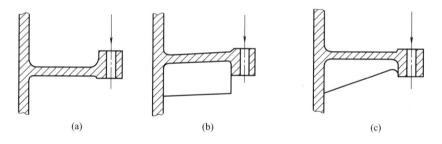

图 7.18 悬臂支架结构应尽量等强度

图 7.19 所示的转轴,动力由轮 1 输入,通过轮 2、3、4 输出。按图 7.19 (a) 布置,轴所受的最大转矩为 $T_{max}=T_2+T_3+T_4$;若按图 7.19 (b) 布置,将输入轮 1 放置在输出轮 2 和 3 之间,则轴所受的最大转矩 T_{max} 将减小为 T_3+T_4。因此,图 7.19 (b) 的布置方案更合理。合理布置轴上零件能改善轴的受力情况。

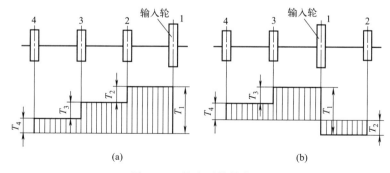

图 7.19 轴上零件的布置

图 7.20 中 $Z_1 \sim Z_4$ 为齿轮。图 7.20（a）所示双级斜齿圆柱齿轮减速器的中间轴上两斜齿轮螺旋线方向相反，则两轮轴向力方向相同，将使中间轴右端的轴承受力较大，螺旋线方向不合理。欲使中间轴Ⅱ两端轴承受力较小，应使中间轴上两齿轮的轴向力方向相反，如图 7.20（b）所示。由于中间轴上两个斜齿轮旋转方向相同，但一个为主动轮，另一个为从动轮，因此两斜齿轮的螺旋线方向应相同，才能使中间轴受力合理。

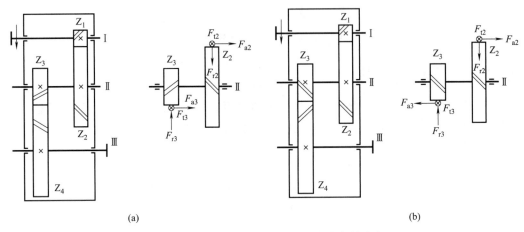

图 7.20　中间轴上的斜齿轮螺旋线方向的确定

（2）降低应力

图 7.21 所示的结构中，从图 7.21（a）到图 7.21（c）的高副接触中综合曲率半径依次增大，接触应力依次减小，因此图 7.21（c）所示结构有利于改善球面支承的接触强度和刚度。

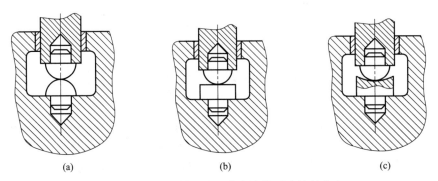

图 7.21　零件接触处综合曲率半径影响接触应力

如图 7.22 所示，若零件两部分交接处有直角转弯，则会在该处产生较大的应力集中。设计时可将直角转弯改为斜面和圆弧过渡，这样可以减少应力集中，防止热裂等。图 7.22（a）结构较差，图 7.22（b）结构合理。

图 7.22　应避免较大应力集中

如图 7.23 所示，在盘形凸轮类零件上开设键槽时，应特别注意选择开键槽的方位，禁止将键槽开在薄弱的方位上 [图 7.23（a）]，而应开在较厚的方位上 [图 7.23（b）]，以避免应力集中，延长凸轮的使用寿命。

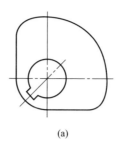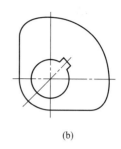

图 7.23 盘形凸轮上的键槽位置

（3）减小变形

用螺栓连接时，连接部分可有不同的形式，如图 7.24 所示。其中，图 7.24（a）的结构简单，但局部刚度差，为提高局部刚度以减小变形，可采用图 7.24（b）的结构形式。

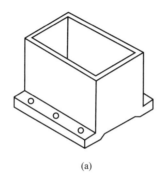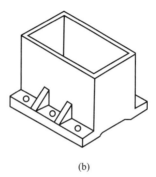

图 7.24 提高螺栓连接处局部刚度

图 7.25（a）所示为龙门刨床床身，其中 V 形导轨处的局部刚度低，若改为如图 7.25（b）所示的结构，即加一纵向肋板，则刚度得到提高，工作中受力时导轨处不容易发生变形，精度提高。

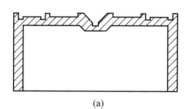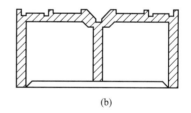

图 7.25 提高导轨连接处局部刚度

图 7.26 所示为减速器地脚底座，用螺栓将底座固定在基础上。图 7.26（a）所示地脚

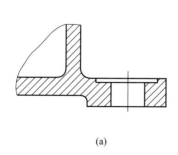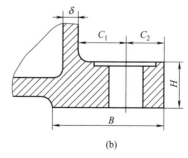

图 7.26 提高地脚底座凸缘刚度

第7章 机械结构创新设计

底座局部刚度不足。设计时应保证底座凸缘有足够的刚度，为此，图 7.26（b）中相关尺寸 C_1、C_2、B、H 等应按设计手册荐用值选取，不可随意确定。

（4）减轻磨损

对高速、轻载及精度不高的齿轮传动，为了降低噪声，常用非金属材料，如夹布塑胶、尼龙等做小齿轮；由于非金属材料的导热性差，与其啮合的大齿轮仍用钢和铸铁制造，以利于散热。为了不使小齿轮在运行过程中发生阶梯磨损［图 7.27（a）］，小齿轮的齿宽应比大齿轮的齿宽小些［图 7.27（b）］，以免在小齿轮上磨出凹痕。

图 7.28 所示的滑动轴承，当轴的止推环外径小于轴承止推面外径时［图 7.28（a）］，会在较软的轴承合金层上出现阶梯磨损，应尽量避免，

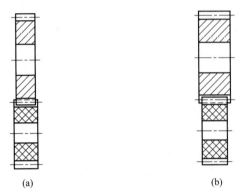

图 7.27 避免非金属材料齿轮阶梯磨损

改成图 7.28（b）的结构好些。设计的尺寸原则上应使磨损多的一侧全面磨损，但在有的情况下，由于事实上双方不可避免地都受磨损，最好是能够避免修配困难的一方（例如轴的止推环）出现阶梯磨损［图 7.28（c）］，图 7.28（d）所示较为合理。

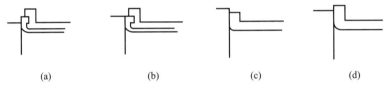

图 7.28 避免轴承侧面的阶梯磨损

非液体摩擦润滑止推轴承的外侧和中心部分滑动速度不同，止推面中心部位的线速度远低于外侧，磨损很不均匀。若轴颈与轴承的止推面全部接触［图 7.29（a）、（b）］，则工作一段时间后，中部会较外部凸起，轴承中心部分润滑油更难进入，造成润滑条件恶化，工作性能下降，为此可将轴颈或轴承的中心部分切出凹坑［图 7.29（c）、（d）］，不仅使磨损趋于均匀，还改善了润滑条件。

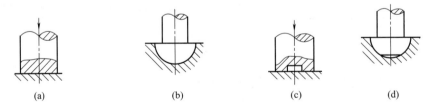

图 7.29 止推轴承与轴颈不宜全部接触

（5）节省材料

两钢制圆柱齿轮组成的齿轮传动中一般要求小齿轮齿宽比大齿轮齿宽大 5~10mm，以防止大小齿轮因装配误差或工作中产生轴向错位，导致啮合宽度减小而使强度降低。采用大、小齿轮宽度相等是错误的［图 7.30（a）］；大齿轮宽度比小齿轮宽度大的设计也是错误的［图 7.30（b）］，因为此方案虽然避免了装配或工作时错位导致的强度降低，但由于大齿轮比小齿轮直径大，将大齿轮加宽浪费材料。图 7.30（c）所示为正确结构，满足工作要求

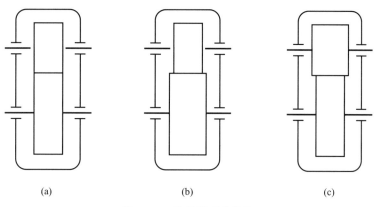

图 7.30 齿轮宽度的选取

并节省材料。

对于大直径圆截面轴，做成空心环形截面能使轴在受弯矩时的正应力和受扭转时的切应力得到合理分布，使材料得到充分利用；如采用型材，则更能提高经济效益。例如，图 7.31 所示解放牌汽车的传动轴 AB 在同等强度的条件下，空心轴的重量仅为实心轴重量的 1/3，节省大量材料，经济效益好。两种方案有关数据对比列于表 7.1。

表 7.1 汽车的传动轴方案对比

参　数	空　心　轴	实　心　轴
材料	45 钢管	45 钢
外径/mm	90	53
壁厚/mm	2.5	
强度	相同	
质量比	1∶3	
结构性能	合理	不合理

对于传递较大功率的曲轴，也可采用中空结构。采用中空结构的曲轴不但可以节省材料、减轻重量、减小其旋转惯性力，还可以提高曲轴的疲劳强度。若采用图 7.32（a）所示的实心结构，不但浪费材料，应力集中还比较严重，尤其是在曲柄与曲轴连接的两侧处，对曲轴承受疲劳交变载荷极为不利。图 7.32（b）所示结构不但可使原应力集中区的应力分布均匀，使圆角过渡部分应力平坦化，而且有利于后工艺热处理所引发的残余应力的消除，因此结构更为合理。

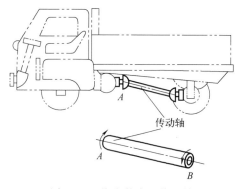

图 7.31 汽车的空心传动轴

7.3.3 满足结构工艺性要求

组成机器的零件要能最经济地制造和装配，应具有良好的结构工艺性。机器的成本主要取决于材料和制造费用，因此工艺性与经济性是密切相关的。通常应考虑：采用方便制造的结构；便于装配和拆卸；零件形状简单合理；合理选用毛坯类型；易于维护和修理；等等。

（1）采用方便制造的结构

结构设计中，应力求使设计的零部件制造加工方便，材料损耗少、效率高、生产成本

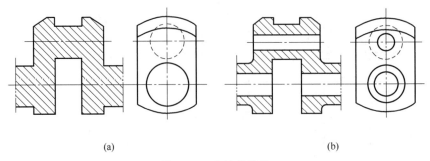

图 7.32 曲轴的结构

低、符合质量要求。

在零件的形状变化并不影响其使用性能的条件下，在设计时应采用最容易加工的形状。图 7.33（a）所示的凸缘不便于加工；图 7.33（b）采用的是先加工成整圆、切去两边再加工两端圆弧的方法，便于加工。

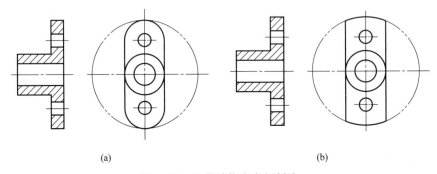

图 7.33 凸缘结构应方便制造

图 7.34（a）所示陡峭弯曲结构的加工需特殊工具，成本高。另外，曲率半径过小易导致裂纹，在内侧面上还会出现褶皱。改为图 7.34（b）所示的平缓弯曲结构就要好一些。

图 7.34 弯曲结构应利于加工

考虑节约材料的冲压件结构，可以将零件设计成能相互嵌入的形状，这样既能不降低零件的性能，又可以节省很多材料。如图 7.35 所示，图 7.35（a）的结构较差，图 7.35（b）的结构较好。

图 7.36（a）所示的零件采用整体锻造，加工余量大。修改设计后采用铸锻焊复合结构，将整体分为两部分，如图 7.36（b）所示，下半部分为锻成的腔体，上半部分为铸钢制成的头部，将两者焊接成一个整体，可以将毛坯质量减轻一半，机加工量也减少了 40%。

如图 7.37 所示，为减少零件的加工量、提高配合精度，应尽量减小配合长度。如果必须要有很长的配合面，则可将孔的中间部分加大，这样中间部分就不必精密加工，加工方便，配合效果好。图 7.37（a）所示结构较差，图 7.37（b）、（c）所示结构较好。

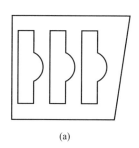 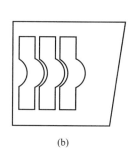

图 7.35 冲压件结构应考虑节约材料

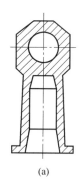 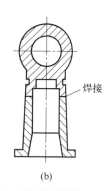

图 7.36 整体锻件改为铸锻焊结构更好

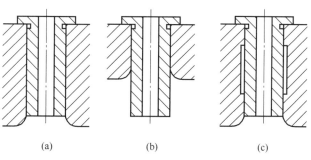

图 7.37 注意减小加工面

(2) 便于装配和拆卸

加工好的零部件要经过装配才能成为完整的机器，装配质量对机器设备的运行有直接的影响。同时，考虑机器的维修和保养，零部件结构通常设计成方便拆卸的。

在设计结构时，应合理考虑装配单元，使零件得到正确安装。图 7.38（a）所示的两法兰盘用普通螺栓连接，无径向定位基准，装配时不能保证两孔的同轴度；图 7.38（b）中结构以相配合的圆柱面为定位基准，结构合理。

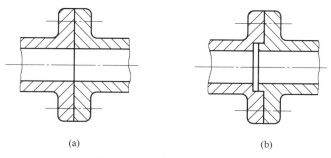

图 7.38 法兰盘的定位基准

对配合零件应注意避免双重配合。图 7.39（a）中零件 A 与零件 B 有两个端面配合，由于制造误差，不能保证零件 A 的正确位置，应采用图 7.39（b）的合理结构。

如图 7.40（a）所示的结构，在底座上有两个销钉，上盖上面有

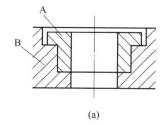 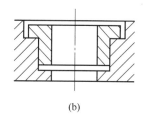

图 7.39 避免双重配合

两个销孔，装配时难以观察销孔的对中情况，装配困难。如果改成如图 7.40（b）所示的结构，把两个销钉设计成不同长度，装配时依次装入，就比较容易；或将销钉加长，设计成端部有锥度以便对准，如图 7.40（c）所示。

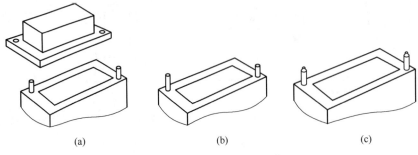

图 7.40　不易观察的销钉的装配

很多时候还要考虑零件的拆卸问题。在设计销钉定位结构时，必须考虑到销钉容易从销钉孔中拔出，因此就有了把销钉孔做成通孔的结构、带螺纹尾的销钉（有内螺纹或外螺纹）结构等。对不通孔，为避免孔中封入空气引起装拆困难，还应该有通气孔。图 7.41（a）所示的结构较差，图 7.41（b）所示的结构较好。

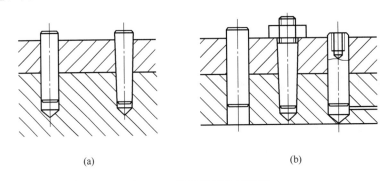

图 7.41　保证销钉容易装拆

密封圈安装的壳体上应有拆卸孔。图 7.42（a）所示的密封圈安装进壳体上容易，但如果想拆卸下来却很困难。因此，密封圈安装的壳体上应钻有 $d_1=3\sim 6$ mm 的小孔 3～4 个，以利于拆卸密封圈，拆卸孔有关尺寸如图 7.42（b）所示。

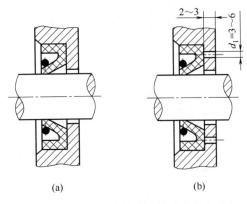

图 7.42　油封安装的壳体上应有拆卸孔

（3）零件形状简单合理

结构设计往往经历一个从简单到复杂，再由复杂到高级简单的过程。结合实际情况，化繁为简，体现精练，降低成本，方便使用，一直是设计者所追求的。

例如，塑料结构的强度较差，用螺纹连接塑料零件很容易损坏，并且加工制造和装配都比较麻烦。若充分利用塑料零件弹性变形量大的特点，使搭钩与凹槽实现连接，装配过程简单、准确，操作方便。图 7.43（a）所示结构较差，图 7.43（b）所示结构较好。

类似的简化连接结构还有很多。例如图 7.44 所示的软管的卡子，（a）图的螺栓连接机构改成（b）图的弹性结构，就变得简单多了。

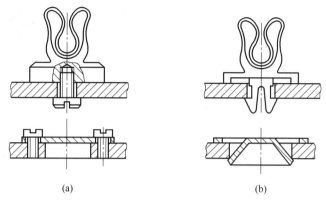

图 7.43 连接结构的简化

图 7.45（a）所示的金属铰链结构，在载荷和变形不大时，改成用塑料制作可大大简化结构，如图 7.45（b）所示。

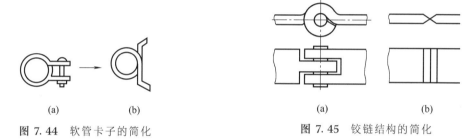

图 7.44 软管卡子的简化　　　　图 7.45 铰链结构的简化

图 7.46 所示为小轿车离合器踏板上固定和调节限位弹簧用的环孔螺钉。其工作要求是连接、传递拉力，并能实现调节与固定。图 7.46（a）所示是通过车、铣、钻等加工过程形成的零件；图 7.46（b）所示是用外购螺栓再进一步加工而成；图 7.46（c）所示是外购地脚螺栓，直接使用，其成本由 100% 降到 10%。

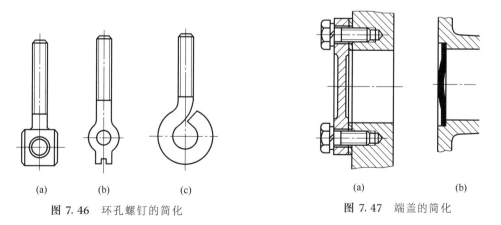

图 7.46 环孔螺钉的简化　　　　图 7.47 端盖的简化

图 7.47 中用弹性板压入孔来代替原有老式设计的螺钉固定端盖，节省加工装配时间。
图 7.48 所示为简单、容易拆装的吊钩结构。

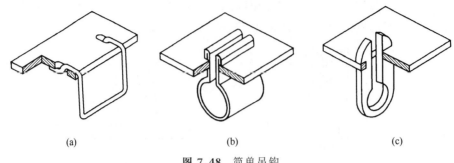

图 7.48 简单吊钩

7.3.4 满足人机学要求

在结构设计中必须考虑人机学方面的问题。机械结构的形状应适合人的生理和心理特点，使操作准确省力、简单方便，不易疲劳，有助于提高工作效率，且安全可靠。此外，还应使产品结构造型美观，操作舒适，降低噪声，避免污染，有利于环境保护。

(1) 减少操作疲劳的结构

进行结构设计与构型时应该考虑操作者的施力情况，避免操作者长期保持一种非自然状态下的姿势。图 7.49 所示为各种手工操作工具改进前后的结构形状。图 7.49（a）所示的结构形状呆板，操作者长期使用时处于非自然状态，容易疲劳；图 7.49（b）所示的结构形状柔和，操作者在使用时基本处于自然状态，长期使用也不觉疲劳。

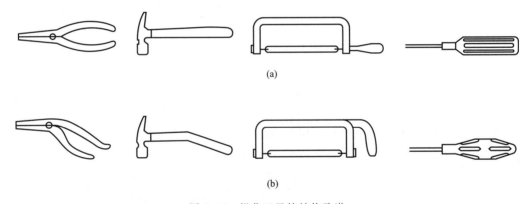

图 7.49 操作工具的结构改进

(2) 易于操作施力的结构

操作者在操作机械设备或装置时需要用力，人处于不同姿势、不同方向，以不同手段用力时发力能力差别很大。一般人的右手握力大于左手。握力与手的姿势与持续时间有关，当持续一段时间后握力明显下降。推拉力也与姿势有关：站姿前后推拉时，拉力要比推力大；站姿左右推拉时，推力大于拉力。脚力的大小也与姿势有关，一般坐姿时脚的推力大，当操作力超过 50～150N 时宜选脚力控制。用脚操作最好采用坐姿，座椅要有靠背，脚踏板应设在座椅前正中位置。图 7.50 所示为人处于坐姿时脚在不同方向上施力的分布。

(3) 不易出现错误操作的结构

用手操作的手轮、手柄或杠杆外形应设计得使手握舒服，不滑动，且操作可靠，不容易出现错误操作。图 7.51 所示为旋钮的结构形状与尺寸的建议。

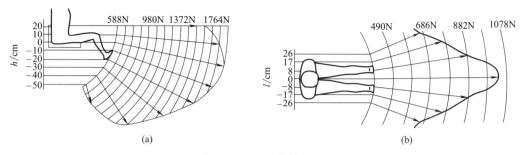

图 7.50 脚的力量分布

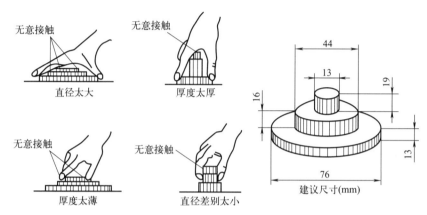

图 7.51 旋钮的结构形状与尺寸建议

机器或设备的操作按钮、手柄等应尽量布置在人手易于操作的位置,尤其是应急情况下需要操作的按钮、手柄等应在醒目的位置。另外,需要快速操作、准确性较高的操作时,尽量设计为手操作,其次才选择脚、手臂、肘、膝盖等的操作。

设备上有需要人工读数的仪表或刻度、指针等机械结构时,应合理安排相应读数结构的形状、尺寸,还有刻线的疏密、长短,以及数字和表盘的颜色等。例如,光线较好的场合宜采用白表盘黑色数字,而光线暗的场合宜采用黑表盘白色数字;需要在夜间读数的场合可利用荧光材料制作表盘数字和指针等。

另外,在进行结构创新设计时,除以上主要基本要求外,还应该考虑其他方面的要求。如:采用标准件和标准尺寸系列,有利于标准化;考虑零件材料性能特点,设计适合材料功能要求的零件结构;考虑防腐措施,可实现零件自我加强、自我保护和零件之间相互支持的结构设计;为节约材料和资源,使报废产品能够回收利用的结构设计;等等。

7.4 机械结构创新设计发展方向

(1) 机械结构的集成化

机械结构的集成化设计是指一个构件实现多个功能的结构设计。功能集成可以是在零件原有功能的基础上增加新的功能,也可以是将不同功能的零件在结构上合并。集成化设计具有突出的优点:①简化产品开发周期,降低开发成本;②提高系统性能和可靠性;③减轻重量,节约材料和成本;④减少零件数量,简化程序。其缺点是制造复杂,需要较高的制造水平作为技术支撑,但随着我国制造业的快速发展,这方面问题已逐渐被解决。

TRIZ 的 40 个发明原理中的组合原理、局部质量原理、不对称原理、多用性原理等与机械结构集成化设计关系密切。下面的集成化结构创新体现了这些发明原理的应用。

图 7.52 所示是一种带轮与飞轮的集成功能零件，按带传动要求设计轮缘的带槽与直径，按飞轮转动惯量要求设计轮缘的宽度及其结构形状。

现代滚动轴承的设计中也体现了集成化的设计理念。如侧面带有防尘盖的深沟球轴承 [图 7.53 (a)]、外圈带止动槽的深沟球轴承 [图 7.53 (b)]、带法兰盘的圆柱滚子轴承 [图 7.53 (c)] 等。这些结构形式使支承结构更加简单、紧凑。

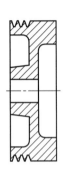

图 7.52　带轮-飞轮集成

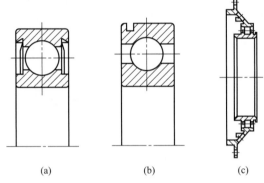

图 7.53　功能集成的滚动轴承

图 7.54 所示是航空发动机中应用的将齿轮、轴承和轴集成的轴系结构。这种结构设计大大减轻了轴系的质量，并对系统的高可靠性要求提供了保障。

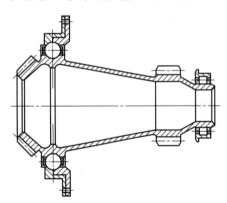

图 7.54　齿轮-轴-轴承的集成

机械结构的集成化设计不仅代表了未来机械设计的发展方向，而且在设计过程中具有非常大的创新空间。尽管我国目前的制造水平还落后于集成化设计的水平，但在不远的将来，我国在集成化设计与制造水平方面一定会进入世界先进行列。

（2）机械结构的模块化

机械结构的模块化设计始于 20 世纪初。1920 年左右，模块化设计原理产生于机床设计。目前，模块化设计的思想已经渗透到许多领域，如机床、减速器、家电、计算机等。模块是指一组具有同一功能和接合要素（指连接部位的形状、尺寸、连接件间的配合或啮合等）、性能、规格或结构不同却能互换的单元。模块化设计是在对产品进行市场预测、功能分析的基础上，划分并设计出一系列通用的功能模块，根据用户的要求，对这些模块进行选择和组合，就可以构成不同功能，或功能相同但性能不同、规格不同的产品。模块化设计的优点表现在：①为产品的市场竞争提供了有力手段；②有利于开发新技术；③有利于组织大量生产；④提高了产品的可靠性；⑤提高了产品的可维修性；⑥有利于建立分布式组织机构并进行分布式控制。

TRIZ 的 40 个发明原理中的分离原理、组合原理、多用性原理、动态化原理、维数变化原理、自服务原理、气压和液压结构原理、反馈原理等与机械结构模块化设计关系密切。下面的模块化结构创新体现了这些发明原理的应用。

例如，数控车床和数控加工中心，以少数几类基本模块部件，如床身、主轴箱和刀架等为基础，可以组成多种形式的不同规格、性能、用途和功能的数控车床或数控加工中心。

除机床外，其他机械产品也逐渐趋向于模块化设计。例如，德国弗兰德厂（FLENDER）开发的模块化减速器系列；西门子公司用模块化原理设计的工业汽轮机；由关节模块、连杆模块等模块化装配的机器人产品。

图 7.55 所示为笔记本电脑，包括中央处理器模块 CPU、电源供应器模块 PSU、图形控制器模块 GFX、硬盘模块、内存模块等；图 7.56 所示是由设计师 Alessandro De Dominicis 设计的模块化创意书架，采用了铝结构作为书架的骨架，然后用橡皮带（布带也可以）作为书架的隔板，想组合成什么样子的书架完全由个人喜好决定，非常有创意。

不同模块的组合，为设计新产品提供了良好的前景。模块化设计提高了产品质量，缩短了设计周期，是机械设计的发展方向，机械结构设计作为模块化设计的重要组成部分，必将大有发展空间。

图 7.55 笔记本电脑的模块结构

图 7.56 模块化创意书架

（3）仿生机械结构

仿生机械学主要是从机械学的角度出发，研究生物体的结构、运动与力学特性，然后设计出类生物体的机械装置的学科。当前，主要研究内容有拟人型机器人、工业机械手、步行机、假肢，以及模仿鸟类、昆虫和鱼类等生物的机械，领域涉及家用、医疗、军事、工业等，在国民生产中占很大的比重。

TRIZ 的 40 个发明原理中的复制原理、反馈原理、动态化原理、嵌套原理、维数变化原理、分离原理、组合原理、自服务原理、气压和液压结构原理、机械系统替代原理等与仿生机械结构设计关系密切。

仿生机械大多是机电一体化产品，在机构运动原理上较多采用空间开式运动链。运动复杂的仿生机械往往自由度较高，机械结构也较复杂。仿生机械在结构上大量采用杆状构件和回转副结构，也广泛采用齿轮、带、链、轴、轴承及其他常用机械零部件。图 7.57（a）所示机器人可代替人进行危险物品的运送，采用了齿形带传动作为行走执行部件。图 7.57（b）所示 8 足爬行机器人的腿采用的是四杆机构。图 7.57（c）所示飞行类仿生机械经常用到齿轮-连杆机构来带动翅膀的扇动。

基于人类对自然界中生物所具有的非凡特性的羡慕和好奇，仿生机械的发展使人类不断实现着各种梦想，如：飞机的发展使人们能像鸟儿一样在天上飞，潜艇使人类能像鱼一样深

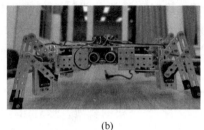
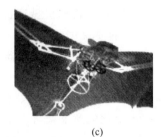

(a)   (b)   (c)

图 7.57 仿生机械结构

入海底，排雷机器人能代替我们完成危险的工作。但仿生机械的发展中还有很多未知的领域等待人们去研究。

（4）智能化结构

智能化是当前的热门技术，智能化亦是未来科技的发展趋势。对于机械行业，出现了对各种智能机械的研究，如智能机器人、智能加工中心、智能运输等，都综合利用了信息技术和自动化技术。

例如，智能轴承（图 7.58）。它带有很多传感器，而传感器就像轴承的神经线路一样，把轴承运转中的信息随时传送到电脑中枢，电脑中存储着各种运行中可能出现的毛病和相应的解决方法，这样我们就能直观地监测到它运行当中的各种状况，并且能更好地应对突发情况，采取措施，如控制润滑剂的自动补充、调整冷却系统或预紧力等。此外，还可以在主轴轴承中使用内置云计算和软件计算功能的集成传感器，再结合新开发的智能系统，就能为主轴轴承提供长期有效的健康状况监控、适时调整和保护。

智能化机械产品的未来需求非常大，智能教育机器人、智能服务机器人（图 7.59）、智能医疗机器人、无人驾驶汽车、自动泊车、智能家居等已经走进人们的生活，其他如航天、发电、高铁、军事等领域的发展也都离不开智能化机械。涉及智能化机械的结构伴随着很多高端技术而出现，在性能、精度、材料、适应性和可靠性等方方面面都提出了更高的要求，需要机械设计人员不断地深入研究和勇于探索。

图 7.58 智能轴承结构模型   图 7.59 智能服务机器人

第8章 创新设计实例

8.1 正畸矫治器摩擦力测量装置的创新设计

下面介绍基于 TRIZ 的正畸矫治器摩擦力测量装置的研发设计实例（图 8.1）。在问题解决过程中，首先应用了因果链分析、生命曲线分析、功能分析、资源分析、九屏幕法分析、系统完备性法则，分析了目前正畸矫治器摩擦力测量装置存在的问题。随后又利用了最终理想解、物-场模型分析、技术矛盾、物理矛盾、40个发明原理，解决了存在的问题。

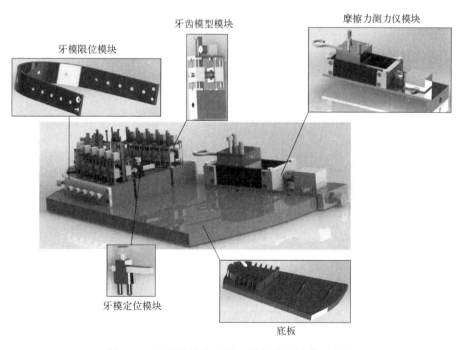

图 8.1 正畸矫治器摩擦力测量装置结构示意图

1）问题描述

根据世界卫生组织的研究，错颌畸形是口腔三大疾病之一。全球儿童和青少年错颌畸形患病率为56%，错颌畸形主要是由牙位不正确引起的。它的发生将影响咀嚼和发音，容易引发龋齿、牙周炎和呼吸道疾病等。最有效和成熟的治疗方法是正畸矫治，如图8.2所示，金属托槽预先粘贴于牙齿表面，托槽相对于牙齿是固定的，利用结扎丝将托槽与弓丝捆扎。正畸矫治是通过正畸弓丝形变产生有效矫治力带动托槽及牙齿产生生理性移动，但结扎丝不能完全保证二者的相对固定，托槽将沿着弓丝形变的方向产生相对滑动或具有滑动趋势，进而在接触面产生正畸摩擦力。研究显示，临床上50%~60%的正畸力要用来克服正畸过程中产生的摩擦力。矫治力必须克服摩擦力，并且不损伤牙齿和周围组织的健康，进而获得牙齿与周围组织的力学平衡，才能使牙齿产生生理性的移动。因此，使正畸治疗过程中产生的摩擦力具有合理的强度是促进牙齿最佳生物运动的关键。

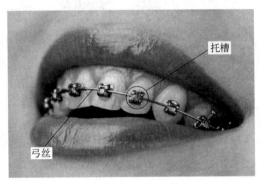

图8.2 正畸矫治技术

正畸矫治器由托槽和弓丝组成，托槽粘贴于待矫治的牙齿上。正畸医师根据临床矫治需求将弓丝弯制成特定形状，用以产生矫治畸形牙齿所需要的正畸矫治力，然后将弯制好的弓丝放入托槽内并用结扎丝进行固定，以便对弓丝位置及姿态进行限定。弓丝需要通过托槽才能将矫治力作用于牙齿本身，弓丝与托槽必然会接触，当弓丝与托槽间发生相对位移或者有相对位移的趋势时，就会产生正畸摩擦力，其大小与弓丝运动方向相反。在正畸矫治过程中，正畸力需要克服12%~60%的正畸摩擦力才能作用到牙齿上，若摩擦力增大，矫治器的有效性将降低，治疗时间延长；另外，摩擦阻力对作用于牙齿的力矩/力也产生影响，继而影响牙齿的旋转中心，出现牙齿无法移动、牙根吸收等并发症，临床矫治的周期会被严重延长。近年来，正畸摩擦力对正畸矫治效果的影响成为国内外学者研究热点，关于正畸摩擦力测量装置的研究成为重中之重。

2）发明问题初始形式分析

（1）系统工作原理

目前，针对正畸摩擦力的测量方法，主要是采用万能材料试验机进行测量。万能材料试验机也叫万能拉力机或电子拉力机，具有独立的伺服加载系统、高精度宽频电液伺服阀，确保系统高精高效、低噪声、快速响应；采用独立的液压夹紧系统，确保系统低噪声平稳运行，且试验过程中试样牢固夹持，不打滑。

正畸摩擦力的测量所用的试验机，如图8.3所示。首先需要将托槽固定，然后让弓丝穿过托槽槽沟，再利用配重的铅锤将弓丝固定在托槽槽沟内并提供弓丝与托槽槽沟底面间垂直于托槽基底方向的正压力，最后将弓丝固定于有测力装置的一端，在拉动弓丝的过程中，测量出正畸矫治器的摩擦力。

（2）存在的主要问题

图8.3 万能材料试验机

① 正畸矫治器中托槽与弓丝尺寸较小，使用万能材料试验机测量大材小用。

② 万能材料试验机适用于多种材料的拉伸试验、力的测量，其普遍适用性导致在针对正畸摩擦力测量这一特殊应用场景时无法很好地适配，如万能材料试验机每次只能进行单个托槽与弓丝间摩擦力测量，但在正畸治疗中，绝大多数使用场景为多托槽联合使用。

③ 万能材料试验机价格昂贵，难以推广使用。

（3）限制条件

相较于一些其他的正畸摩擦力测量装置，万能材料试验机精度较高，准确性较好。这成为接下来进行发明时的限制条件。

（4）目前的解决方案

方案一：口腔正畸矫治器摩擦测试实验台（图8.4）。

该实验台通过底板、驱动装置、滑动模块和夹紧模块配合，实现了对正畸矫治器摩擦力的测量，且该装置不仅能够测试口腔正畸中托槽与弓丝之间的静摩擦力，还可以测试出动摩擦力。其夹紧模块可以对不同规格大小的托槽进行夹紧，能够对圆丝弓、方丝弓与托槽之间的摩擦力进行测试，测试的范围广，具有结构相对简单、操作方便、成本低等优点。

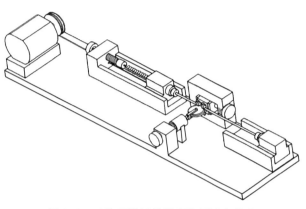

图 8.4　口腔正畸矫治器摩擦测试实验台

存在的问题：

① 该装置仅能进行单个托槽与弓丝间摩擦力的测量；

② 该装置无法测量在托槽的位姿发生变化时的正畸摩擦力。

方案二：一种用于正畸托槽摩擦力测定的辅助装置（图8.5）。

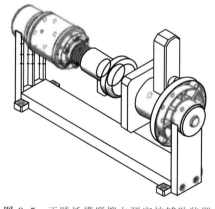

该正畸摩擦力测量装置，对现有的测量正畸摩擦力装置进行了改进，使其更加高效且易于操作，在一定程度上方便了正畸摩擦力的测量，便于研究人员更简便快捷地测量不同角度的正畸摩擦力。利用有效的固定装置、自锁装置和旋转角度装置，可以在固定好牙齿石膏模型后通过转动装置调整弓丝的角度，进而测量不同角度下弓丝与托槽的摩擦力，以此缩减操作时间，提高测量效率。

存在的问题：

① 该装置仍仅能进行单个托槽与弓丝间摩擦力的测量；

图 8.5　正畸托槽摩擦力测定的辅助装置

② 该装置仅能测量位于唇侧的矫治器摩擦力。

通过上述分析，我们不难发现，相较于万能材料试验机，虽然正畸摩擦力测量装置是更多学者采取的测量方法，且装置设计多种多样，但仍存在问题，如：

① 更多装置只适合唇侧矫治器，缺少舌侧矫治器摩擦力测量装置；

② 对牙齿畸形模拟程度低，导致测量结果参考价值降低。

3) 系统分析

(1) 因果链分析

因果链分析图如图 8.6 所示。

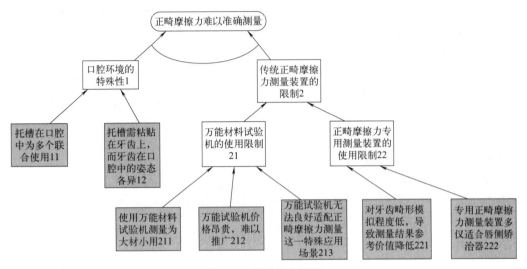

图 8.6 因果链分析图

通过因果链分析得到的所存在的问题有：11、12、211、212、213、221、222。初步分析可知问题 11 和 12 是客观存在的，在不改变正畸方式的条件下无法解决。因此通过解决其他存在的问题可以得到如下的解决方案。

因果链分析提出技术方案：

方案 1：212+213，即不再使用万能材料试验机，而改为使用一种结构简单的正畸矫治器专用摩擦力测量装置，以适配正畸摩擦力测量这一专业应用场景。但是现有的正畸矫治器摩擦力测量装置对牙齿畸形的模拟程度依然较低，且大多数同样仅能对单个托槽与弓丝间的摩擦力进行测量。

方案 2：212，即可将所需测量的正畸矫治器寄送至专业摩擦力测量实验室，自身不再购买万能材料试验机，降低了实验成本。但是该方案增加了时间成本，且增加了过程的复杂性，当所需测量的正畸矫治器较多时，仍然是一笔不小的开销。

方案 3：221+222，即设计一种泛用性好，能够精准模拟牙齿畸形的正畸矫治器摩擦力测量装置。

(2) 生命曲线分析

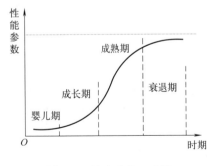

图 8.7 技术系统 S-曲线

一个技术系统的进化经历 4 个阶段：婴儿期、成长期、成熟期和衰退期。每个阶段会呈现出不同的特点。根据 TRIZ 理论从性能参数、发明数量、发明水平、经济利润 4 个方面描述技术系统在各个阶段所表现出来的特点，可以帮助我们有效地了解和判断产品所处的阶段，从而制定有效的产品策略。任何产品的性能在不同时期的变化如图 8.7 所示。

测量正畸矫治器摩擦力，主要是为了能够更好地计算正畸力的大小，从而施加更加精确的正畸力，进而提高正畸矫治效果。因此，通过扩大检索范围，以"正畸力"作为关键词对国内专利数据库进行专利检索，检索出 2008 年到 2020 年与"正畸力"有关的专利共计 95 项，其专利分析报告如图 8.8 所示。

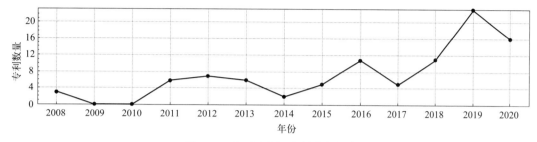

图 8.8 "正畸力"专利分析报告

相比之下，有关"正畸矫治器摩擦力测量装置"的专利相对较少，共检索出与其相关的 2008 年至 2018 年发明专利共计 4 项。其中，最早进行正畸矫治摩擦力测量的专利为 2013 年的"口腔正畸矫治器摩擦测试实验台"。随后，2019 年至今，与"正畸矫治器摩擦力测量装置"相关的专利又增加了 3 项。

通过分析报告的图线以及上述数据，我们可以看出，对于"正畸矫治器摩擦力测量装置"的专利相对较少。2013 年至 2020 年间专利才处于缓慢上升的阶段，说明对于正畸摩擦力测量装置的关注开始逐渐增加。结合图 8.7 技术系统 S-曲线分析，正畸矫治器摩擦力测量装置处于婴儿期。

专利的数量在不同时期的变化如图 8.9 所示。

方案 4：综上分析，在错颌畸形发病率逐年升高以及人们越来越重视自己口腔健康的今天，设计一款"正畸矫治器摩擦力测量装置"具有巨大意义。

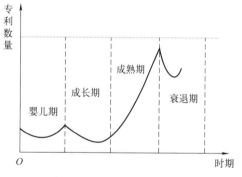

图 8.9 专利数量-时期关系

（3）功能分析

正畸矫治器摩擦力测量系统的结构矩阵如图 8.10 所示。

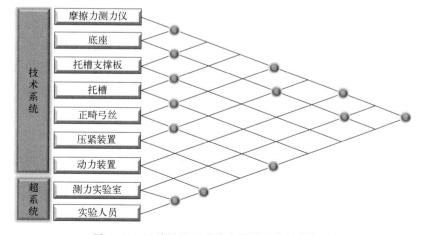

图 8.10 正畸矫治器摩擦力测量系统结构矩阵

第 8 章 创新设计实例 | 237

正畸矫治器摩擦力测量系统功能列于表 8.1。

表 8.1　正畸矫治器摩擦力测量系统功能表

序号	主动组件	作用	被动组件	参数	功能类型
1	实验人员	操控	摩擦测力仪	强度	充分
2	实验人员	操控	动力装置	强度	充分
3	实验人员	安装	托槽	强度	不足
4	实验人员	安装	正畸弓丝	强度	充分
5	底座	支持	托槽支撑板	强度	充分
6	底座	支撑	摩擦测力仪	强度	充分
7	底座	支持	压紧装置	强度	充分
8	测力实验室	支持	底座	强度	充分
9	托槽支撑板	支持	托槽	强度	不足
10	托槽	固定	正畸弓丝	强度	充分
11	压紧装置	压紧	正畸弓丝	强度	充分
12	动力装置	供能	摩擦测力仪	强度	充分
13	摩擦测力仪	移动	正畸弓丝	强度	充分

正畸矫治器摩擦力测量系统功能模型图如图 8.11 所示。

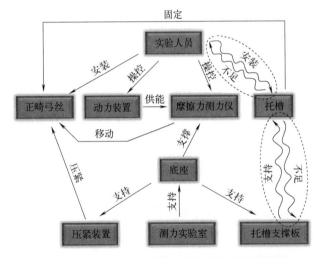

图 8.11　正畸矫治器摩擦力测量系统功能模型图

该功能模型图用图形的方式表达了在传统正畸矫治器摩擦力测量过程中，技术系统中组件的相互作用及与超系统之间的关系。从技术系统的角度，可以发现在传统正畸矫治器摩擦力测量过程中，由于托槽支撑板大多为一个固定平面，因此在支持托槽时，托槽可实现的自由度较少，进而导致托槽支撑板上的托槽并不能很好地模拟牙齿畸形，使得实验人员在进行托槽安装时，并没有太多的选择余地。当实验人员为了能更好地模拟托槽在口腔中的姿态而对托槽支撑板进行改进时，亦不能保证测量精度。因此改进这些不足的作用是我们对产品创新设计的出发点。

功能裁剪：

通过上面的分析，按 TRIZ 理论功能裁剪的原理，应将有问题的功能元件，也就是实验人员和托槽、托槽和托槽支撑板裁剪掉，但将实验人员、托槽和托槽支撑板裁剪掉在目前是不现实的，因为这样就无法完成正畸矫治器摩擦力测量。

经过上述裁剪，结果产生了一个问题，就是：采用什么样的装置能够在很好地模拟托槽姿态的前提下，实现对单个或多个正畸矫治器摩擦力的测量？

根据前文的因果链分析的结果可以知道，由于传统正畸矫治器摩擦力测量装置的不足，实验人员无法快速、精确地测量正畸矫治器摩擦力。因此，我们可以将托槽支撑板改进为牙齿模型模块。牙齿模型模块可以按照牙弓曲线排列多个，且安装在该模块上的托槽可以通过调节高度、径向位置和角度实现对牙齿畸形的逼真模拟，实验人员通过将托槽固定在牙齿模型模块上,即可实现对正畸矫治器摩擦力的快速、精准测量。改进后的功能模型图如图8.12所示。

方案5:设计一种"牙齿模型模块",该模块具有高自由度,安装在牙齿模型模块上的托槽可以逼真地模拟牙齿畸形,提高正畸矫治器摩擦力测量的精确性(图8.13)。

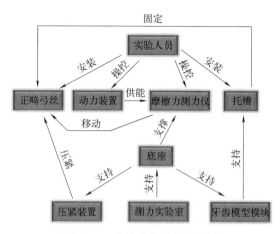

图8.12 改进后的功能模型图

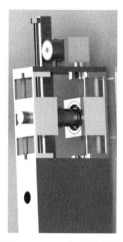

图8.13 牙齿模型模块

(4)资源分析

一种正畸矫治器摩擦力测量装置的内部资源包括:空气、重力场、生物能、电能、金属、塑料。全部为现有资源。选择资源的顺序如表8.2。现有资源比较见表8.3。

表8.2 选择资源的顺序

资源属性	选择顺序	资源属性	选择顺序
价值	免费→廉价→昂贵	质量	有害→中性→有益
数量	无限→足够→不足	可用性	成品→改变后可用→需要建造

表8.3 现有资源比较

资源类型	价值	数量	质量	可用性
空气	免费	无限	有益	成品
重力场	免费	无限	有益	成品
生物能	廉价	足够	有益	成品
电能	廉价	足够	有益	成品
金属	廉价	足够	有益	成品
塑料	廉价	足够	有益	成品

方案6:根据资源的属性及价值优先选择使用空气、重力场、生物能和电能。

(5)九屏幕法分析

力测量装置系统的九屏幕法分析如图8.14所示。

方案7:根据九屏幕法分析,在传统力测量装置系统的当前、过去和未来的子系统和超系统中,寻找可利用的资源。

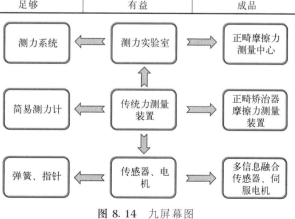

图8.14 九屏幕图

(6) 系统完备性分析

正畸矫治器摩擦力测量系统的完备性分析如图 8.15 所示。

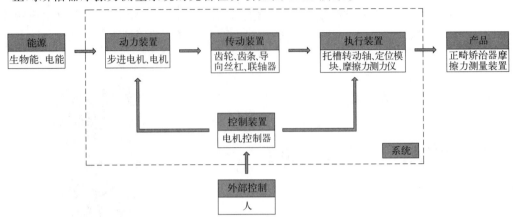

图 8.15 正畸矫治器摩擦力测量系统的完备性分析

方案 8：根据系统完备性法则分析确定，在正畸矫治器摩擦力测量系统中，需要具备动力装置、传动装置、执行装置以及控制装置。

4) 应用 TRIZ 工具解决问题

(1) 最终理想解（表 8.4）

表 8.4 最终理想解

问　　题	分 析 结 果
设计最终目标是什么？	精准测量正畸矫治器的摩擦力
理想化最终结果是什么？	实现对正畸矫治器摩擦力的测量
达到理想解的障碍是什么？	托槽在口腔中的位置复杂多变； 实际在托槽的使用中大都为多托槽配合使用
出现这种障碍的结果是什么？	使用万能材料试验机不能很好地适配托槽使用环境； 现有的正畸矫治器摩擦力测量装置对牙齿畸形的模拟程度依然较低，导致测量结果参考价值降低
不出现这种障碍的条件是什么？	设计出一种能够精准模拟牙齿畸形的正畸矫治器摩擦力测量装置
创造这些条件所用的资源是什么？	重力场、电能、金属、塑料、生物能

(2) 物-场模型分析

① 识别元素。

S_1——传统正畸摩擦力测量装置；

S_2——托槽与弓丝间摩擦力；

F——电场。

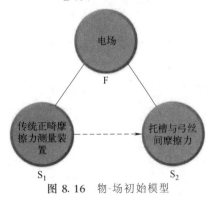

图 8.16 物-场初始模型

② 构建模型。

经分析，此物-场模型属于第 3 类模型：效应不足的完整模型（图 8.16）。

③ 选择解法。

第 3 类模型：效应不足的完整模型有 3 个一般解法，即解法 4，解法 5，解法 6。针对本问题选择的解法是解法 4，即设计出一种新型的正畸矫治器摩擦力测量装置来替代传统正畸摩擦力测量装置，以精确测量摩擦力，提高测量结果的参考价值（图 8.17）。

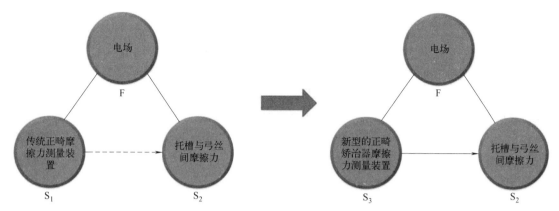

图 8.17 修改后的物-场模型

方案9：设计出一种新型正畸矫治器摩擦力测量装置。该装置能够准确地模拟托槽在口腔中的位姿，能够测量唇侧和舌侧的正畸矫治器摩擦力，具有结构紧凑、误差小等优点。

（3）技术矛盾

为提高正畸矫治器摩擦力测量装置的测量精度和可靠性，设计的正畸矫治器摩擦力测量装置应该具备能够模拟托槽在口腔中的姿态，且能够将确定的姿态准确地在正畸矫治器摩擦力测量装置中表现出来的特点，但此时系统的复杂度难免会有一定的提高，成本也会增加。将该矛盾转化为 TRIZ 定义的 39 个标准工程参数中 No.28 测量精度、No.27 可靠性和 No.36 系统的复杂性，在矛盾矩阵中查到上述冲突的发明原理，见表 8.5。

表 8.5 矛盾矩阵表 1

	恶化参数：No.36 系统的复杂性
改善参数：No.28 测量精度	24
改善参数：No.27 可靠性	27、40

其中所涉及的原理如下所示。

24 号，借助中介物原理：利用某种可轻松去除的中间载体、阻挡物或过程，在不相容的部分、功能、事件或情况之间经调解或协商而建立的一种临时连接。

27 号，廉价替代品原理：用廉价的物品代替昂贵的物品，同时降低某些质量要求。

40 号，复合材料原理：通过将两种或多种材料（或服务）紧密结合在一起而形成复合材料。

方案10：采用借助中介物原理，设计一种"牙模定位模块"（图 8.18），使得能够量化地将口腔中牙齿的位置关系表现出来并能够在正畸矫治器摩擦力测量装置中调整出来。

方案11：采用廉价替代品原理和复合材料原理。采用步进电机为正畸矫治器摩擦力测量装置提供动力，且能够记录托槽转过的角度，更好地实现托槽姿态模拟；采用复合材料，在降低成本的同时能够减轻装置重量，保证测量精度（表 8.6）。

表 8.6 矛盾矩阵表 2

	恶化参数：No.1 运动物体的重量
改善参数：No.35 适应性及通用性	1、6

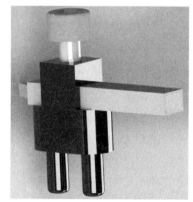

图 8.18 牙模定位模块

其中所涉及的原理如下。

1号，分割原理：以虚拟的方式或实物的方式将系统分成若干部分，以便分解（分开、分隔）或合并（集合、集成、联合）一种有益的或有害的系统属性。

6号，多用性原理：将不同的功能或非相邻的操作合并到一个物体上。

方案12：采用分割原理，在正畸矫治器摩擦力测量装置的设计中，将该装置分为摩擦力测力仪模块、底座、牙模定位模块、牙齿模型模块、牙模限位模块（图8.13、图8.18～图8.21）。将在正畸矫治器摩擦力的测量过程中所需要完成的功能模块化实现，以最小的单元实现所需功能，从而减轻物体的重量。

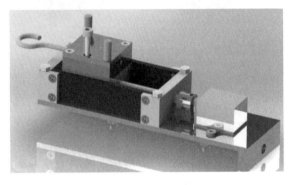

图8.19 摩擦力测力仪模块

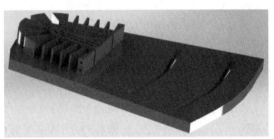

图8.20 底座

方案13：采用多用性原理，在正畸矫治器摩擦力测量装置的设计中，在底板处设计出导向槽，使其在固定装置的同时也能够完成对摩擦力测力仪的导向；设计一种滑块导向丝杠，使其在对滑块进行导向的同时，能够利用自身丝杠螺纹完成对滑块高度的调节；设计一种托槽转动轴（图8.22），使其能够在支撑托槽的同时，实现对托槽角度的调节。

图8.21 牙模限位模块

图8.22 托槽转动轴

（4）物理矛盾

为了提高正畸矫治器摩擦力测量装置的自动化程度，使其能够更加方便快捷地完成正畸矫治器摩擦力的测量，可利用多种传感器实现对摩擦力、角度以及距离的测量，但是在测量环节过多时，测量误差就会累积，进而导致测量精度降低，无法实现摩擦力的准确测量；即产生物理矛盾，转换为TRIZ定义的39个标准工程参数中No.38自动化程度和No.28测量精度之间的矛盾（表8.7）。

表 8.7 矛盾矩阵表 3

改善参数:No.38 自动化程度	恶化参数:No.28 测量精度
	10

其中所涉及的原理如下所示。

10号,预先作用原理:在真正需要某种作用之前,预先执行该作用的全部或一部分。

方案14:采用预先作用原理,将正畸矫治器摩擦力测量装置中摩擦力的测量部分和托槽位姿调整部分分开,在摩擦力的测量中,预先进行托槽位姿的调节,再进行摩擦力的测量。该方案缩减了测量环节,提高了测量精度。

5) 全部技术方案及评价

方案一:采用方案2,即多实验室或多待测正畸矫治器联合,统一送至测力机构,从而压缩成本。但是该方案治标不治本,且大多数机构使用通用性比较高的测力装置,无法较好地适配口腔正畸矫治器摩擦力的测量。

方案二:结合方案1、3、6、8、11,即设计一种专用于正畸矫治器摩擦力测量的装置,该装置采用易于获得、较为廉价、质量有益的资源,系统完备,能够实现对正畸矫治器摩擦力的测量,且成本较低,能够满足使用要求。但是该方案所设计出的正畸矫治器摩擦力测量装置仍仅能实现对单个托槽与弓丝间摩擦力进行测量,且由于功能模块区分不清晰,提高了使用复杂度,导致测量精度不高且整体装置重量较大。

方案三:结合方案1、3、5、6、8、9、10、11、12、13、14,即设计一种能够测量舌侧及唇侧两种正畸矫治器摩擦力,能够精准模拟牙齿畸形的正畸矫治器摩擦力测量装置,该装置采用模块化设计,包括摩擦力测力仪模块、底座、牙模定位模块、牙齿模型模块、牙模限位模块。该装置底座含有14个牙模定位装置滑道,可安装单个或多个牙模定位模块,可实现单个或多个正畸矫治器摩擦力测量。托槽可以粘贴在托槽转动轴的两侧端面上,进而可以模拟唇侧和舌侧矫治两种情况下摩擦力的测量。通过使用传感器来标定这托槽的位置和姿态。所使用的步进电机带动齿轮旋转,齿条随之运动,齿条带动与齿轮配合的托槽转动轴旋转,步进电机旋转的角度即为托槽转动轴的旋转角度,提高了托槽旋转角度调整精度。牙模定位模块布置于牙模定位装置滑道中,利用滑尺模拟患者牙齿前后错位情况以对牙齿模型模块进行位置标定,方便滑块导向丝杠对牙齿模型模块进行位置调整,提高牙齿模型模块定位精度。外壳高度调整丝杠可调拉力传感器、弓丝挂钩高度位置与托槽,提高正畸矫治器摩擦力测量精度。

6) 最终确定方案

实施方案三:结合方案1、3、5、6、8、9、10、11、12、13、14,即设计一种能够测量舌侧及唇侧两种正畸矫治器摩擦力,能够精准模拟牙齿畸形的正畸矫治器摩擦力测量装置(图8.1)。该方案已获得国家实用新型专利授权。

8.2 多功能直尺的创新设计

1) 问题描述

目前绘图工具主要包括直尺、三角板、量角器和丁字尺,通过工具的组合使用,可以实现平行线、固定角度直线及与某直线成任意角度的直线的绘制(注:本节中,"直线"也用于指代线段)。但是使用这种方式画图常需要两种,甚至三种工具的配合使用;绘制两相距较远平行直线时平行度会明显下降;绘制非常用角度时常需要延长原直线或绘制辅助线,很不方便,如图 8.23、图 8.24、图 8.25 所示;绘制固定方向直线,如水平线与垂直线,需借助水平尺,但是当图板边框不平时,将会严重影响绘图速度和质量。

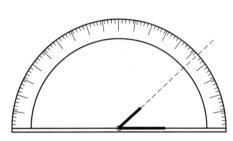

图 8.23 用量角器绘制固定角度直线时需要绘制辅助虚线

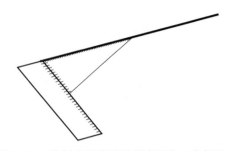

图 8.24 绘制平行线时需要直尺与三角板配合

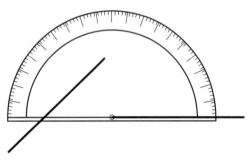

图 8.25 测量两不相交直线间角度时需要先将直线延长至相交

为了解决上述问题,应该设计一种新型绘图工具,但其应该满足如下限制条件:该绘图工具制造不应太复杂,成本不应超过现有绘图工具组合;该绘图工具至少可以替代原有绘图工具组中的两种;该绘图工具不应有过于严格的使用环境限制;该绘图工具体积不能太大,应方便携带。

2) TRIZ 理论应用

(1) 功能分析

功能分析列于表 8.8。

表 8.8 功能分析

技术系统	多功能直尺
用途	绘制固定方向的直线
技术功能	使直尺能够感应其所指方向
主要功能	利用直尺可以感应其所指方向的特点实现固定方向直线的绘制

(2) 九屏幕法分析

系统的九屏幕法分析如图 8.26 所示。

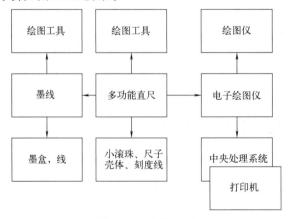

图 8.26 九屏幕图

(3) 资源分析

直尺的内部资源包括：地球磁场、地球重力场、绘图板、绘图纸、绘图笔、空气。全部为现有资源。选择资源的顺序如表8.9所示。

表8.9 现有资源比较

资源类型	价值	数量	质量	可用性
地球磁场	免费	无限	中性	成品
地球重力场	免费	无限	中性	成品
绘图板	廉价	足够	有益	成品
绘图纸	廉价	足够	有益	成品
绘图笔	廉价	足够	有益	成品
空气	免费	无限	中性	成品

(4) 最终理想解

最终理想解分析如表8.10所示。

表8.10 最终理想解分析表

问题	分析结果
设计最终目标是什么？	直尺可以绘制任意确定角度的直线
理想化最终结果是什么？	直尺自己可以找到人所确定的角度
达到理想解的障碍是什么？	直尺不能确定直线的方向，缺少与被测直线比较的基准
出现这种障碍的结果是什么？	直尺绘制直线时不能确定角度
不出现这种障碍的条件是什么？	直尺有一种特殊机构可以自动找到某比较基准，并测出被测直线与基准的角度
创造这些条件所用的资源是什么？	重力、地磁力、空气、水、传感器

(5) 技术矛盾与矛盾矩阵的应用

① 用尺子测量直线时，既需要知道线段长度，又希望同时知道测量器角度，需要直尺和量角器两个工具，为控制成本，尺子不应太重，构成形状与物体质量之间的技术矛盾。

改善的参数为物体质量，恶化的参数为形状。由矛盾矩阵查得发明原理为（见表8.11）：

3号，局部质量原理——使物体的不同部分具有不同的功能；

10号，预先作用原理——预先完成要求的作用；

15号，动态化原理——将物体分成彼此相对移动的几个部分；

26号，复制原理——用光学拷贝（图像）代替物体或物体系统。

我们采用发明原理3（局部质量原理），在尺子的中间设计类似量角器的结构用于角度测量。

表8.11 多功能直尺的矛盾矩阵表1

	恶化的参数：形状
改善的参数：物体质量	3、10、15、26

② 为使用方便，尺子不应太大，这就能减小尺子占有的体积，但同时也将引起尺子的形状复杂度提高，构成物体的面积与形状之间的矛盾。

改善的参数为物体的面积，恶化的参数为形状。由矛盾矩阵查得发明原理为（见表8.12）：

4号，不对称原理——物体的对称形式转为不对称形式；

5号，组合原理——把时间上相同或类似的操作联合起来；

10号，预先作用原理——预先完成要求的作用；

34号,抛弃与再生原理——消除的部分应当在工作中直接再生。

我们采用发明原理5(组合原理),即将普通的直尺与量角器结合在一起,实现一尺多用。

表 8.12　多功能直尺的矛盾矩阵表 2

	恶化的参数:形状
改善的参数:物体的面积	4、5、10、34

③ 为了增强工具的实用性及多用性,由上文知道,尺子要实现包括长度测量、角度测量和与水平线夹角测量在内的多种功能。为使结构简便,要使一个工具具有多种功能或使某结构有多种功能,构成实用性及多用性与结构稳定性之间的矛盾。

改善的参数为实用性及多用性,恶化的参数为结构稳定性。由矛盾矩阵查得发明原理为(见表8.13):

3号,局部质量原理——使物体的不同部分具有不同的功能;

6号,多用性原理——使一个物品具有多项功能,同时取代其余部件;

32号,颜色改变原理——改变物体或其周围环境颜色和透明度。

我们采用发明原理5(组合原理),设计一个感应重力的装置,自动找到水平基准,使同一装置能够实现找基准和测角度的功能。

表 8.13　多功能直尺的矛盾矩阵表 3

	恶化的参数:结构稳定性
改善的参数:实用性及多用性	3、6、32

(6) 物理矛盾与分离原理的应用

设计的绘图装置一方面需要大一些以提高角度绘制的精度,另一方面需要小一些以减小直尺的尺寸;在圆槽内滚动的小滚珠一方面需要大一点以方便观察,另一方面又需要小一点,以提高测绘的精度。这就构成了物理矛盾。

应用物理矛盾分离原理中的整体与部分分离原理,如表8.14所示。从40个发明原理中选择与分离原理有关系的原理。

表 8.14　分离原理与 40 个发明原理的关系

分离原理	发明原理
整体与部分分离	12、28、31、32、35、36、38、39、40

应用"原理28:机械系统替代",在圆形槽的上方设计曲面盖,具有放大作用,一方面方便观察,另一方面又提高了精度。

3) 可能的解决方案

方案一:将直尺分为可以相对旋转的两部分,如图8.27所示。

使用这种方案,可以测量和绘制呈0°~180°的任意直线,但是并不能完全代替三角板,在绘制两相距较远的平行线时,仍需借助三角板。

方案二:在直尺上打孔,如图8.28所示。

使用这种方案可以绘制特定尺寸的圆及圆弧,但是并不能完全代替圆规。借助两侧的辅助线,可以绘制特定的角度,但由于尺寸限制,精度有限,绘制平行线时仍需借助三角板。

方案三:在直尺上嵌入一个指南针,如图8.29所示。

图 8.27　方案一

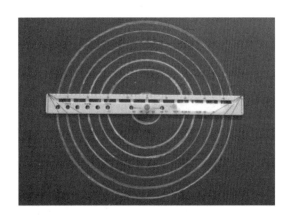
图 8.28　方案二

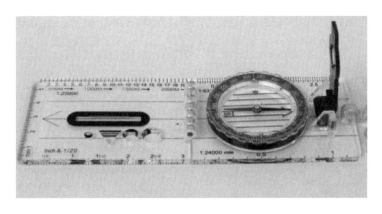
图 8.29　方案三

使用这种方案可以完成任意角度直线的绘制、平行线的绘制及两直线间角度的测定,但是由于该直尺对地球磁场有较强的依赖,容易受到环境的干扰,且磁针容易消磁,使用寿命受到限制,制造成本较一般直尺来说比较高。

方案四:在直尺上嵌入一个圆形槽,通过重力感应水平线的方向,并表明刻度,以方便不同方向直线的绘制。

4) 最终解决方案

经过综合考虑,我们决定采用方案四。利用 TRIZ 原理重新设计一个适用于日常使用的方向确定装置,以方便任意角度直线的绘制。具体解决方案如下。

一种基于重力感应的任意角度直线角度测量及绘制直尺,其组成包括直尺壳体及小滚珠,其特征是:直尺壳体表面刻有圆形凹槽,钢珠可在所述圆形凹槽内滚动;直尺壳体上表面配有圆环形透明盖子,透明盖子上印有表示角度的刻度,透明盖子与圆形凹槽同心,且表面呈弧形,具有放大效果,方便对小滚珠位置的观察。改造后的多功能直尺如图 8.30 所示。最终方案图如图 8.31 所示。

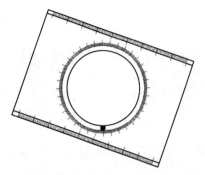

图 8.30 改造后的多功能直尺

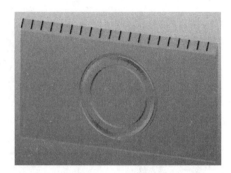

图 8.31 最终方案图

8.3 钥匙引导器的创新设计

1) 问题描述

在夜晚开门的时候,如果光线比较暗,或视力不佳,就总是很难找到钥匙插孔所在位置。为了应对这一问题,特别发明了钥匙引导器,从而使黑夜中的人们能够更加方便地找到钥匙孔。

2) TRIZ 理论应用

(1) 九屏幕法分析

钥匙引导器的九屏幕法分析如图 8.32 所示。

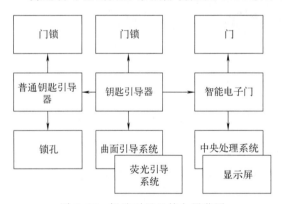

图 8.32 钥匙引导器的九屏幕图

(2) 资源分析

现有资源:实木门,磁铁,弹簧,钥匙,钢铁及部分装饰产品。

物质资源:现有资源——门锁、锁眼(钢铁)、门把手、门、磁铁、空气。

能量资源:现有资源——机械能;派生资源——电磁能、磁能、化学能、光能、热能、声能。

时间资源:现有资源——钥匙插入时间,钥匙开锁时间,钥匙拔出时间。

空间资源:现有资源——锁眼的大小,钥匙的长短,门的厚度、高度、宽度,门外的操作空间。

功能资源:现有资源——引导功能、定位功能;派生资源——指示功能、检测功能。

信息资源:现有资源——温度、湿度;派生资源——动作、方向。

系统可引用的资源:设计的门锁的结构,可以运用到其他类型的门之中。

(3) 最终理想解

最终理想解的分析见表 8.15。

解决方案:曲面槽的设计应将钥匙孔放大,这样可以更加方便地找到钥匙孔的所在,利用荧光成分将钥匙孔周围的部分照亮,以解决黑暗中找不到钥匙孔的问题。

(4) 技术矛盾与矛盾矩阵的应用

表 8.15 钥匙引导器的最终理想解

问　　题	分析结果
设计最终目标是什么?	让人轻松地能将钥匙放入钥匙孔中
理想化最终结果是什么?	在开门时瞬间将钥匙放入钥匙孔中
达到理想解的障碍是什么?	钥匙槽的精度不够
出现这种障碍的结果是什么?	工艺因素
不出现这种障碍的条件是什么?	设计一种装置,实现流畅的引导功能
创造这些条件所用的资源是什么?	钢铁、荧光、实木、装饰材料等

① 对门的系统进行分析。根据 TRIZ 理论可知,如果需要快速找到钥匙孔,则需要对门锁的外形加以改造。这项设计对于可制造性(No.32)有恶化作用,对于门的时间损失(No.25)有改善作用,由此查矛盾矩阵得表 8.16。

表 8.16 钥匙引导器的矛盾矩阵表 1

	恶化参数:No.32 可制造性
改善参数:No.25 时间损失	35,28,34,4

可用的发明解决原理为:

28 号,机械系统替代原理。用光学、声学、味学等设计原理代替力学设计原理。

35 号,物理或化学参数改变原理。利用这个原理,可以对系统的物理状态进行改善,可将门开出曲面,改变了物体的灵活程度。

34 号,抛弃与再生原理。门的曲面化设计,将曲面在开门的功能上再生,降低了找到钥匙孔的难度。

② 白日的光线未利用会造成浪费,而晚上使用电能同样造成了浪费,所以造成能量损失(No.22),由此查矛盾矩阵得表 8.17。

表 8.17 钥匙引导器的矛盾矩阵表 2

	恶化参数:No.22 能量损失
改善参数:No.25 时间损失	10,5,18,32

可用的发明原理为:

10 号,预先作用原理。先将引导器做成曲面状,防止人们找不到钥匙孔所在位置。

5 号,组合原理。将曲面与门、钥匙等组合,可以实现希望的功能。

32 号,颜色改变原理。利用荧光的夜光作用,可以让人们在黑暗的环境中找到门所在位置,实现轻松开门,充分地体现了 TRIZ 理论中的颜色改变原理。

③ 为了便于在黑夜中视力不佳的人能够轻松地找到钥匙孔位置所在,特作如下分析。

我们应该进行预先防范来增加可靠性,但是形状就会变得很复杂,所以查矛盾矩阵得表 8.18。

表 8.18 钥匙引导器的矛盾矩阵表 3

	恶化参数:No.12 形状
改善参数:No.27 可靠性	35,1,16,11

可用的发明原理为:

35 号,物理或化学参数改变原理。

1 号,分割原理。将门与钥匙孔的直接接触进行分离,实现分离作用,让人们首先找的不是面积狭小的钥匙孔,而是面积很大的凹形面,从而能够迅速地达到目的。

11号,预先防范原理。防止人们找不到钥匙孔,运用事先防范原理。

④ 对于以往的门锁分析可以知道,绝大多数的门锁设计都没有运用到曲面的设计,也没有其他的中介措施来解决黑暗中难找钥匙孔的问题。我们想解决时间损失的问题,但是又造成了物体整体的加工长度等问题,查矛盾矩阵得表8.19。

表 8.19 钥匙引导器的矛盾矩阵表 4

改善参数:No.25 时间损失	恶化参数:No.04 静止物体的长度
	24,14,5

可用的发明原理为:

24号,借助中介物原理。利用曲面这个有利的中介,可以将门锁、钥匙有效且快速地关联起来,建立起有效的联系。

14号,曲面化原理。利用大的曲面,改变了传统门锁的设计方式,实现了高效快速的功能。

此外,在这项设计当中,还用到了23号发明原理:反馈原理。门的荧光作用就提供了信息的反馈。另外,还用到了33号发明原理,即同质性原理:钥匙的磁铁和门具有吸力作用,同时具有磁性。

3)可能的解决方案

方案一,可以将钥匙孔的边缘曲面化,另外加上荧光成分(效果比较好,同时非常容易实现),如图 8.33 所示。

方案二,在门上加大亮度的灯光,此外将钥匙和钥匙孔都做得非常大(成本相对比较高,不易实现)。

方案三,运用电子门的特点,将门做成电子开关式的,比如将门做成带密码锁的(成本过高,且在某些特殊人群中不适用)。

4)最终解决方案

钥匙引导器的最终设计方案如图 8.34 所示。利用扩大的凹形槽,可以顺利地将钥匙引导到钥匙孔中。曲面可按照阿基米德线来进行设计,这样可以最大程度地减少摩擦阻力做功,降低了钥匙磨损。荧光面可以设计为利用白天的光线来储存能量,夜间会起到照明的作用。

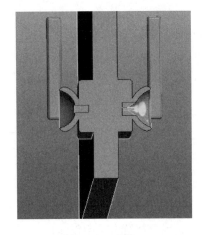

图 8.33 方案一

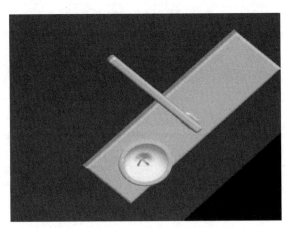

图 8.34 最终设计方案

综合以上所述，我们主要运用了 15 条发明原理，包括：4、5、9、10、11、14、16、18、20、23、24、28、32、34、35 号发明原理。在运用了这些原理之后，设计出的这款钥匙引导器可以快速解决平时找钥匙孔困难的问题，以及特殊人群在开锁方面所遇到的困难。

8.4 中国象棋对弈机器人的创新设计

1）问题描述

目前中国象棋博弈软件已经得到了一定的发展，许多著名博弈软件已经具有了中国象棋大师的水准。但就人机博弈的应用来说，单单博弈软件还有其不足之处，比如：缺乏观赏性、需要一定的计算机基础等。鉴于上述原因，我们基于 TRIZ 理论设计了一个四自由度 SCARA 型机器人手臂，将会对多关节机器人的控制技术和对弈机器人的研究具有一定的参考价值。

2）TRIZ 理论应用

基于 TRIZ 理论的四自由度 SCARA 型机器人手臂由机身、大臂、小臂、腕部和手爪组成，其中第三个自由度（腕关节）为移动关节，其余三个自由度均为旋转关节，各个关节均采用舵机驱动，如图 8.35 所示。

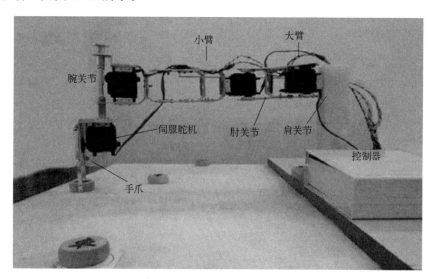

图 8.35　中国象棋对弈机器人

（1）技术矛盾与矛盾矩阵的应用

① 手爪抓取棋子后需尽可能快地升高，而且手爪移动时，需保持其上升状态，到达目标位置后能顺利下降，构成时间损失与可靠性之间的技术矛盾。

由矛盾矩阵查出三个发明原理（表 8.20）。

表 8.20　中国象棋对弈机器人解决方案矛盾矩阵表 1

	恶化的参数：No.27 可靠性
改善的参数：No.8 时间损失	10,30,4

10 号，预先作用原理——预先完成要求的作用；

30 号，柔性壳体或薄膜原理——利用软壳和薄膜代替一般结构；

4号，不对称原理——物体的对称形式转为不对称形式。

我们采用不对称原理，利用一凸轮机构来实现手爪的上下移动。

② 机器人不应太重，这样可以减小选舵机的转矩，降低成本。但这也将引起机器人强度降低，构成运动物体重量与强度之间的技术矛盾。

由矛盾矩阵查出四个发明原理（见表 8.21）。

表 8.21　中国象棋对弈机器人解决方案矛盾矩阵表 2

改善的参数：No.8 运动物体重量	恶化的参数：No.27 强度
	28,27,18,40

28 号，机械系统替代原理——使用电场、磁场等来替代机械场；

27 号，廉价替代品原理——用便宜的物品代替贵重的物品；

18 号，机械振动原理——使物体振动；

40 号，复合材料原理——由同种材料转为混合材料。

我们采用复合材料原理，即 U 型架采用市面上比较常见的铝合金材料，其具有重量轻、硬度高、弹性模量大等特点，强度也能满足设计要求。

③ 为节约空间，更好地发挥整体功能，我们采用 5 号发明原理——组合原理，将电子元件集成到一块电路板上。

④ 手臂长度由棋盘大小决定。在手臂活动范围足够的前提下，手臂长度应小一些，以减轻手臂重量，减小支柱所受力矩。采用 7 号发明原理——嵌套原理，将舵机一端嵌入到 U 型架中，这样就可以在保证刚度的前提下，减小手臂的长度；同时采用 31 号发明原理——多孔材料原理，在 U 型架上打孔，减轻了重量，也方便其他模块的安装。

⑤ 变参数：控制时，各个关节的速度可以不同，从而调节动作的协调性。

⑥ 本产品需容易拆卸、装配，让使用者可以更好地了解本机器人，也有利于使用者进行二次开发。选用 1 号发明原理——分离原理，对本产品进行模块化设计，产品由机身、大臂、小臂、腕部组成，分割成独立的部分，实现可拆装。

（2）结构创新设计

手爪采用复制原理在舵机齿轮端联轴器上对称布置固定两偏心凸轮的结构，如图 8.36 所示。该结构成本低，实用，便于加工。

手爪的夹持与松开是通过两偏心圆的转动来实现的。舵机齿端的联轴器转过 45°时，手指杆转动 2°。手指杆夹紧和松开棋子的状态如图 8.37 所示。

腕关节采用偏心凸轮机构来带动手爪上下运动。利用嵌套原理，凸轮嵌套在轮槽中，轮槽与移动滑杆为一体，与手爪机构连接，如图 8.38 所示。

SCARA 机器人中，舵机驱动四个关节，采用 U 型架作为骨架连接各个关节。在满足强度和刚度的条件下，选择铝合金轻质材料，具有定位功能的零件采用板筋结构，同时合理地进行了空间分布，减小倾覆力矩，结构紧凑，体积小，重量轻。通过舵机驱动 U 型架完成大臂、小臂的摆动动作。舵机驱动凸轮，通过凸轮传动，实现腕关节及手爪的动作。传动简单，易于操作。

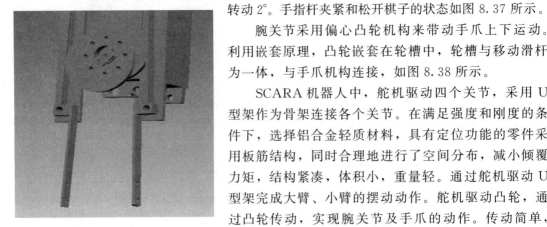

图 8.36　偏心凸轮型手爪

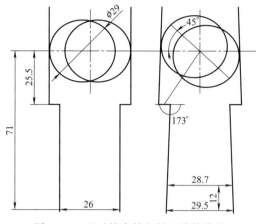

图 8.37 手爪的夹持和松开结构简图

图 8.38 偏心凸轮型腕关节

8.5 自行车刹车储能装置的创新设计

1) 问题描述

问题提出：人骑自行车时，刹车是不可避免的，但每次刹车时用于制动的动能都会被白白浪费掉，而后再次向前骑行时又需要人重新用力以对自行车施加动能；如果频繁刹车和重新启动，则人就比较辛苦和费力，尤其是在上坡下坡多、红绿灯多以及交通拥堵时这种问题更为突出，极容易使人疲劳，而且浪费了大量刹车动能。

针对这一生活中的普遍问题，拟定创新设计的选题为一种自行车刹车动能回收助力装置，对自行车刹车时的动能进行回收和储存，并在自行车下一次启动或加速时释放动能，起到节约能量和省力的目的，提高骑行者的舒适度。

2) TRIZ 理论应用

(1) 鱼骨图分析

对刹车系统利用鱼骨图进行因果分析，如图 8.39 所示。由鱼骨图分析可知：刹车会消耗自行车所具有的动能，这一部分能量会浪费掉，如果研制一种能对自行车刹车时能量进行回收的装置，会起到省力的作用。

鉴于以上分析，决定对自行车进行如下改造：

① 改进自行车刹车系统结构；

② 添加能回收动能的助力装置。

自行车刹车动能回收助力装置的设计要求如表 8.22 所示。

表 8.22 自行车刹车动能回收助力装置设计要求

技术系统	刹车动能回收助力自行车
用途	减少刹车过程中的能量损耗
技术功能	将刹车时自行车本身具有的动能存储起来，在下次启动时再利用
主要功能	刹车时自行车通过能量转化的形式减少能量损耗

(2) 物-场模型分析

① 构建系统的物-场模型：自行车没有刹车储能装置，浪费了能量，骑行费力，其系统的物-场模型属于效应不足的完整模型，如图 8.40 所示。

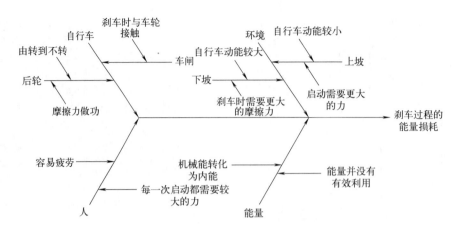

图 8.39 鱼骨图分析

选择解法：针对效应不足的问题，选择的解法是增加储能助力装置，产生另外一个场来强化有用效应。改进后的物-场模型如图 8.41 所示。

图 8.40 改进前整体系统的物-场模型   图 8.41 改进后整体系统的物-场模型

② 弹簧储能和释放的物-场模型：弹簧存储能量不能是无限的，弹簧被拉伸产生过大变形会引起弹簧拉断，其系统的物-场模型属于有害效应的完整模型，如图 8.42 所示。

选择解法：针对有害效应的问题，选择的解法是利用限位片使弹簧达到最大允许变形量时被卡住，增加的限位片对弹簧产生另外一个机械场，来抵消有害场的效应。改进后的物-场模型如图 8.43 所示。

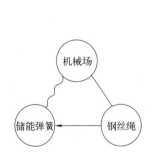 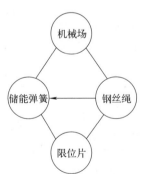

图 8.42 改进前弹簧储能和释放   图 8.43 改进后弹簧储能和释放
        系统的物-场模型   系统的物-场模型

③ 摩擦盘离合作用的物-场模型：刹车时，内齿轮直接与绕线轮贴合而带动绕线轮转动并不可靠，由于金属间摩擦力小，所以容易打滑，其系统的物-场模型属于效应不足的完整模型，如图 8.44（a）所示。

选择解法：针对效应不足的问题，选择的解法是使橡胶摩擦片与内齿轮贴紧或分开，起到离合的目的。改进后的物-场模型如图 8.44（b）所示。

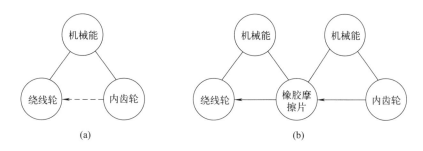

图 8.44　摩擦盘离合系统改进前、后的物-场模型

④ 棘轮离合的物-场模型：自行车刹车时车轮带动齿轮和绕线轮（摩擦片）一起制动，而助力时绕线轮反向转动，驱动车轮向前运动，此处应用棘轮机构，但无法保证棘轮棘齿在正、反行程都可靠接触，其系统的物-场模型属于效应不足的完整模型，如图 8.45（a）所示。

选择解法：针对效应不足的问题，选择的解法是增加压力弹簧，使外侧端面棘轮与绕线轮的外侧棘齿始终保持接触。改进后的物-场模型如图 8.45（b）所示。

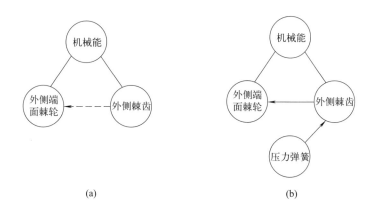

图 8.45　棘轮系统改进前、后的物-场模型

（3）功能分析

经过物-场模型分析后，系统的组成和功能原理就比较明确了。自行车刹车动能回收助力装置的主要工作过程即刹车储能和再启动时的动能释放助力阶段，这两个阶段的功能分析可表达为图 8.46 和图 8.47。

3）最终解决方案

根据上述要求所做的创新设计总体结构如图 8.48 所示，图 8.49 为图 8.48 的 A 向局部视图，图 8.50 为图 8.49 的轴系结构图。

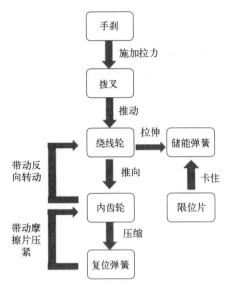

图 8.46 储能阶段的功能分析图

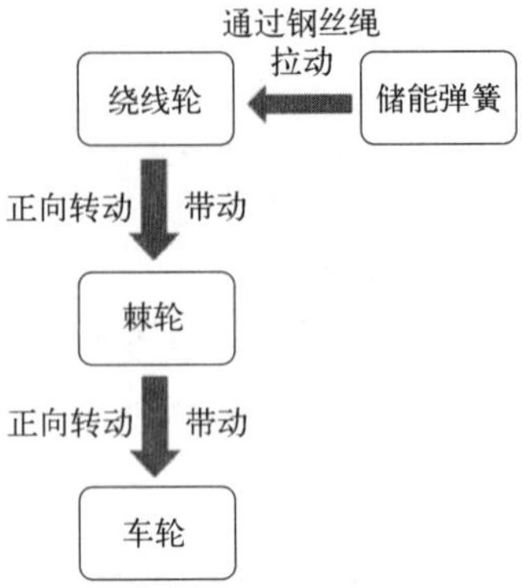

图 8.47 助力阶段功能分析图

组成零件包括：1—储能弹簧、2—钢丝绳、3—限位片、4—车架、5—绕线轮、6—车轮、7—车轮轴、8—小齿轮、9—小齿轮架、10—内侧主齿轮、11—内齿轮、12—键、13—轴套、14—橡胶摩擦片、15—复位弹簧、16—外侧端面棘轮、17—键、18—拨叉、19—拨叉架、20—刹车线、21—压力弹簧、22—键。

图 8.48 总体结构示意图

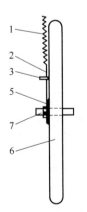

图 8.49 A 向局部视图

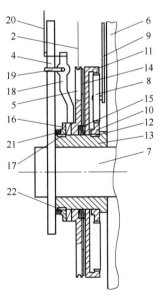

图 8.50 轴系结构图

图 8.51 为自行车刹车动能回收助力装置主体部分即后车轴处的三维仿真图。

图 8.51 三维仿真图

自行车刹车动能回收助力装置安装在后车轮轴上的产品实物模型如图 8.52 所示。

图 8.52 自行车刹车动能回收助力装置主体部分

8.6 五轮爬楼高空自动清扫机的创新设计

1) 问题描述

针对楼梯间高空自动清扫问题,需要设计一种清扫机,具有自动爬楼梯功能,具有多自由度、大范围、长距离、灵活的清洁手臂,解决楼梯间高空清洁不方便的问题。

利用 TRIZ 理论有关发明工具,设计一种五轮爬楼高空自动清扫机,通过对机身五个车轮巧妙的结构设计和运动时间上的协调控制,使之实现平稳的爬楼梯动作,能自由上下台阶,灵活方便,不侧倾,爬楼梯和多姿态清扫均安全可靠。机身上安装了多自由度液压清洁手臂,通过锥齿轮和液压缸,实现清洁手臂的自由旋转和自动伸缩。其活动范围大,可达到墙面顶端和任意角落,并且清洁手臂的末端安装的清洁工具可以更换,如换为刷子、抹布、风机等,可以满足各种清洁作业的需求,提高工作效率、节省劳动力、降低工作成本,实现全面清扫,改善工人的工作条件,并消除安全隐患。

2) TRIZ 理论应用

(1) 功能分析

① 五轮爬楼清扫机机构功能分析如表 8.23 所示。

表 8.23　五轮爬楼清扫机机构功能分析

技术系统	五轮爬楼清扫机机构系统
用途	当机身碰到台阶时,控制液压缸伸缩,使整体爬上台阶
技术功能	将液压缸的伸缩转变为爬楼动作
主要功能	碰到台阶自动依次伸出液压缸,配合五轮结构控制装置爬上台阶

五轮爬楼清扫机爬梯过程如图 8.53 所示。

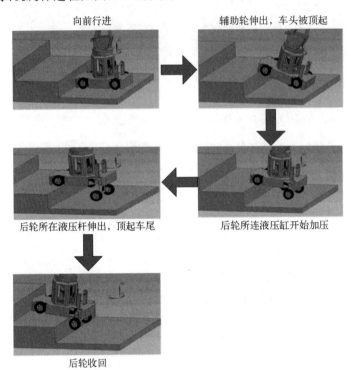

图 8.53　五轮爬楼清扫机爬梯过程仿真图

② 液压清洁手臂机构功能分析如表 8.24 所示。

表 8.24　液压清洁机械手臂机构功能分析

技术系统	液压机械手臂清洁系统
用途	使清洁手臂移动到需要打扫的位置
技术功能	利用锥齿轮的转动和液压杆的伸缩调节清洁手臂的位置
主要功能	调节清洁手臂的长度和角度,完成清扫动作

清扫机液压清洁手臂仿真运动过程如图 8.54 所示。

（2）最终理想解分析

本设计的最终理想解分析见表 8.25。

表 8.25　最终理想解分析表

问　　题	分 析 结 果
设计的最终目标是什么?	替代人工爬楼梯打扫墙面,节约劳动力,消除安全隐患
理想化最终结果是什么?	设计一种自动化爬楼清扫墙面的装置
达到理想解的障碍是什么?	(1)爬梯时液压缸伸缩长度不是完全可控 (2)装置整体体积太大 (3)清扫手臂不够长,或者不能准确调节清洁角度 (4)装置的结构复杂

续表

问 题	分 析 结 果
出现这种障碍的结果是什么?	(1)爬梯时车身会翻转 (2)在台阶上容易坠落 (3)清扫不彻底,达不到卫生标准 (4)出现问题不易维修
不出现这种障碍的条件是什么?	(1)准确控制液压杆的伸缩长度 (2)装置的体积不大于一般楼梯能容纳的极限 (3)增加清洁手臂的长度,小刻度调节旋转角度 (4)简化装置的爬梯结构和机械手结构
创造这些条件所用的资源是什么?	PLC控制系统、车轮轴系部件、锥齿轮机构、连杆机构、液压系统等

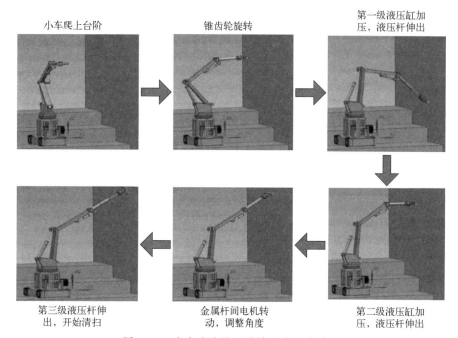

图 8.54 多自由度液压清洁手臂运动过程

(3) 技术矛盾与矛盾矩阵的应用

① 由于楼梯台阶宽度的限制,要求清扫机的底座面积不能太大,否则装置无法停放在台阶上,而清扫机附带的清洁机械手臂有一定的重量,底座面积减小后,清扫机的体积随之减小,这会导致其稳定性变差,这就出现了技术矛盾。确定改善和恶化的工程参数如表8.26所示,定义技术矛盾一,并查找阿奇舒勒矛盾矩阵,得可用发明原理:11号原理——预先防范原理、2号原理——抽取原理、13号原理——反向作用原理、39号原理——惰性环境原理。

表 8.26 技术矛盾一

	改善的参数:No.13 稳定性
恶化的参数:No.5 运动物体的面积	11,2,13,39

通过对比和分析,采用预先防范原理解决此矛盾。清扫机的车头被顶起后,车身倾斜,通过PLC电路系统控制清扫机的后轮所连液压缸在前轮爬上台阶后立即加压,伸出液压杆顶起车尾,使车头车尾在同一水平面,防止小车翻转,保证其稳定性。

② 清洁手臂的长度要尽可能长，这样才能清扫到高处的墙面，但是清洁手臂越长，在小车运动过程中其做功越大，会造成能量损失，所以要减小清洁手臂长度。确定改善和恶化的工程参数如表 8.27 所示，定义技术矛盾二，并查找阿奇舒勒矛盾矩阵，得可用发明原理：7 号原理——嵌套原理、2 号原理——抽取原理、35 号原理——物理或化学参数改变原理、39 号原理——惰性环境原理。

表 8.27 技术矛盾二

	改善的参数：No.22 能量损失
恶化的参数：No.3 运动物体的长度	7,2,35,39

通过对比和分析，采用嵌套原理解决此矛盾。把清洁用具所连的金属杆换成液压缸和液压杆，这样将此段长度变为原来的两倍，不做清扫动作和清扫低处的墙面时液压缸不加压，减小能量损失，清扫高处的墙面时液压杆伸出进行清扫动作，很好地解决了物体长度和能量损失之间的矛盾。

③ 由使用自制清洁用具人工打扫墙面的经验可知，清洁杆越长，越不容易操控：一是需要承受杆本身的重量，二是笔直的杆状物的可活动范围很小。所以在设计清扫机的时候要避免这个问题，解决清洁杆的长度与操作流程方便性之间的技术矛盾。确定改善和恶化的工程参数如表 8.28 所示，定义技术矛盾三，并查找阿奇舒勒矛盾矩阵，得可用发明原理：1 号原理——分离原理、17 号原理——维数变化原理、13 号原理——反向作用原理、12 号原理——等势原理。

表 8.28 技术矛盾三

	改善的参数：No.3 运动的物体长度
恶化的参数：No.33 操作流程的方便性	1,17,13,12

通过对比和分析，采用维数变化原理解决此矛盾。将灵活性不高的清洁长杆改为多维度多自由度的清洁机械手，此机械手由三个液压缸和两个金属杆组成，利用液压缸的加压与卸荷控制清洁手臂的长度和空间位置，大大提升了清扫杆的可操作性，物体长度的问题也得到解决。

（4）物-场分析

① 清洁机械手由几段金属杆组成，使其可以收缩以及增加自由度，但第一级金属杆与第二级金属杆之间的角度只能依靠外界力改变，所以两段金属杆之间的自由度存在但不充足。其系统的物-场模型属第 3 类模型，即效应不足的完整模型，如图 8.55 所示。

选择解法：针对效应不足的问题，选择的解法是在两段金属杆之间增加一个液压缸，利用液压缸的加压与卸荷改变金属杆间的角度，增加自由度。改进后的物-场模型如图 8.56 所示。

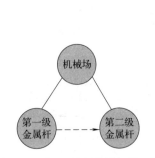

图 8.55 第一级金属杆与第二级金属杆之间的物-场模型

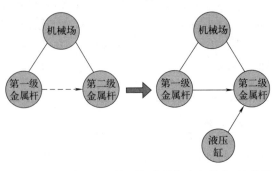

图 8.56 改进前、后的两段金属杆之间的物-场模型

② 为了使清扫机构整体能够360°全方位清扫，我们采用电机来实现其底座旋转，但是电机无法精确控制旋转角度，造成清洁手臂偏离目标，因此电机对底座的控制较弱。其系统的物-场模型属第 3 类模型，即效应不足的完整模型，如图 8.57 所示。

选择解法：针对这种效应不足的问题，选择的解法是在电机与底座之间增加一个可以控制其旋转精度的锥齿轮。改进后的物-场模型如图 8.58 所示。

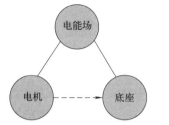

图 8.57　电机与底座之间的物-场模型

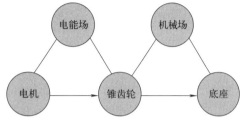

图 8.58　改进后电机与底座之间的物-场模型

3) 技术方案及评价

方案 1：针对清扫机的爬楼功能，设计一种履带式爬楼机构，如图 8.59 所示。

优点分析：这种结构的清扫机运行平稳，操作方便，承重力强。

缺点分析：重量大、体积大，需要人工辅助推动，造价较高，并且需另外配置清扫装置。

方案 2：根据清扫机的清洁功能设计一种机械手臂，由两个电机和一个液压缸控制机械手臂的自由度和灵活度，如图 8.60 所示。

图 8.59　履带式爬楼机构

图 8.60　方案 2：清洁机械手臂

优点分析：此清洁手臂结构简单，有一定的灵活度，能够完成一定范围的清扫作业，材料用量少，成本较低。

缺点分析：灵活度不够高，清扫范围有限制，且无自动爬楼功能，使用不灵活。

方案 3：利用五个车轮的合理布置，组合液压多缸机构伸展臂，设计出一种自动爬楼多自由度高空清扫机，如图 8.61 所示。

优点分析：通过控制液压缸的加压与卸荷来控制车身的爬楼动作。爬上台阶后，控制锥齿轮和清洁机械手臂的液压缸来调节清洁用具的清扫位置。此方案自动化程度高，成本低，体积小且重量合理。

图 8.61　方案 3 的清扫机三维示意图

4) 最终确定方案

综合考虑成本、环境、智能化和稳定性,采用方案 3 作为最终的方案。利用五个车轮的合理布置和协调控制使清扫机爬上台阶,再控制锥齿轮的旋转和液压缸的加压与卸荷来准确定位清扫目标。此方案自动化程度高、结构简单、操作方便、成本较低、灵活性高。

8.7 宿舍床铺伸缩梯的创新设计

1)问题描述

学生宿舍床铺大多为上下铺,并在一旁固定一个梯子以便学生上下铺(图 8.62),但由于梯子固定在床架上不能移动,占据空间(特别是下铺的空间)多,有时人不注意还会造成碰伤。为了解决人被碰伤的问题,一般是在梯子外表面包一层软的泡沫垫,或者将梯子安置在两床架之间(图 8.63)。两个床架之间留出一个梯子的宽度,虽然降低了意外碰伤的可能,但是很占空间。

图 8.62 常见上下铺和梯子的结构形式

图 8.63 两床架之间的梯子

2)发明问题初始形式分析

(1)工作原理

通过梯子的分段连接实现梯子的缩放并通过悬挂机构悬挂在床板下方,减少梯子占据的空间并采用缓冲机构减缓梯子放下来的速度。

(2)存在的主要问题

① 梯子固定在床架上,并且是固定形状,占据一定的空间。

② 梯子一般为铁制并焊接在床架上,不注意便会发生碰伤。

(3)限制条件

① 成本不应过高。

② 应保证改进后的梯子具有足够的强度(特别是在连接处),使得学生能正常上下床铺。

目前,虽然已有一些可伸缩或折叠的梯子(图 8.64),但体积都还比较大,收缩和折叠后的梯子在室内还是会有放置问题。并且用这类梯子上到上铺后,一个人并不能完成对梯子的收起,这反而会比原有固定在床架上的梯子占据更大的空间,因此都不太适合在比较狭小的宿舍内使用。

所以,现在迫切需要一种崭新的结构形式来解决出现的问题。

本设计基于 TRIZ 理论对梯子进行改进,目标是梯子既可伸缩又可折叠,同时还较少占

图 8.64　可伸缩或折叠的梯子

用宿舍内的有效空间,并且提高使用和操作的自动化程度。初步想法是通过电动装置将缩小的梯子旋转到床板下面,从而解决占据空间大和安装于床侧面时容易碰伤人的问题。此产品简单实用,容易生产和制造,具有广泛的市场应用前景。

3) 系统分析

(1) 系统完备性法则分析

系统是为实现功能而建立的,履行功能是系统存在的目的。一个完整的系统包括四大基本要素:动力装置、传动装置、执行装置和控制装置。它们的目标是使产品能够达到最理想的功能与状态。本产品的系统完备性法则分析如图 8.65 所示。

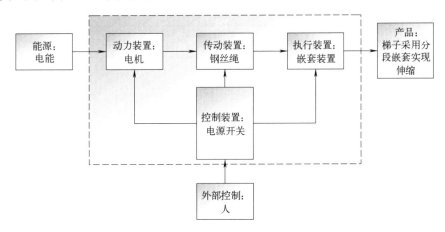

图 8.65　系统完备性法则分析

(2) 九屏幕法分析

利用九屏幕法对系统进行分析,如图 8.66 所示。

(3) 生命曲线

虽然伸缩梯已经大范围出现在市场上,但能在宿舍床铺梯子上应用的却不多,大部分还是老式结构。根据技术进化理论,从性能参数、专利等级、专利数量和经济收益四个方面,可以确定此类产品正处于成长期,如图 8.67 所示。

(4) 资源分析

宿舍床梯子零件包括:分段嵌套式梯子、铰链(合页)、缓冲装置等。选择资源的顺序见表 8.29。

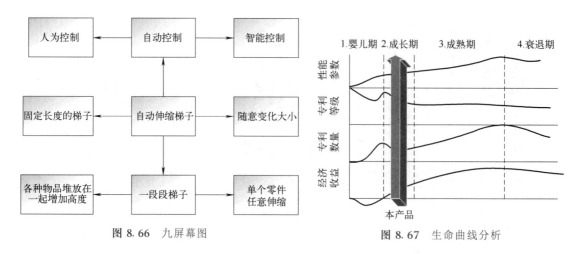

图 8.66 九屏幕图　　　　　图 8.67 生命曲线分析

表 8.29 选择资源的顺序

资源属性	选择顺序
价值	免费→廉价→昂贵
数量	无限→足够→不足
质量	有害→中性→有益
可用性	成品→改变后可用→需要建造

现有资源如表 8.30 所示。

表 8.30 现有资源比较

资源类型	价值	数量	质量	可用性
嵌套式梯子	廉价	足够	中性	成品
收缩杆	廉价	足够	中性	成品
铰链(合页)	廉价	足够	有益	成品

4）应用 TRIZ 工具解决问题

（1）最终理想解

最终理想解的分析见表 8.31。

表 8.31 最终理想解分析表

问　　题	分析结果
设计的最终目标是什么？	节省空间和增加梯子的便捷性
理想化最终结果是什么？	使用更加方便,使空间得到充分利用
达到理想解的障碍是什么？	收缩梯子的承重能力,梯子与床架连接处的强度,整体机构的稳定性
出现这种障碍的结果是什么？	梯子的承重能力降低并且伴有一定的危险
不出现这种障碍的条件是什么？	选择材料质地强度高的梯子、连接强度高的零件以及采用能增加稳定性的结构
创造这些条件所用的资源是什么？	铁质或铝合金材质的嵌套梯子,连接处进行铰接并附加三角形结构以保证整体的稳定

通过最终理想解，知道为保证梯子的固有强度需要增加稳定性结构，而三角形最为理想也容易实现，故采用伸缩杆，在展开到一定位置时便会固定，从而形成三角形稳定结构。梯子在旋转到床铺下面的过程中，伸缩杆可以缩回筒内，如图 8.68 所示。梯子采用伸缩嵌套式结构，可以极大地减少占据面积，如图 8.69 所示。

图 8.68 三角形稳定结构

图 8.69 伸缩式梯子的伸长和收缩

（2）技术矛盾

为了减少梯子占据的空间，将梯子由固定式转化为活动分节伸缩式，而其强度便会有所下降，体积也有所减轻，这会导致稳定性变差，就出现了技术矛盾：强度的增加会使体积增大从而增加了占据的空间。空间体积不宜太大但又要保证其强度。确定了改善和恶化的参数：改善的参数为强度，恶化的参数为静止物体的体积，见表 8.32。

表 8.32 技术矛盾

改善的参数:强度	恶化的参数:静止物体的体积
	9,14,17,15

得到的发明原理为：9 号，预先反作用原理；14 号，曲面化原理；17 号，维数变化原理；15 号，动态化原理。

经过对以上四种原理的分析，我们采用 15 号原理（动态化原理）将其物体分成几部分，各部分之间可改变相对位置。将原本长度固定的梯子转化为几部分，并且各部分可相互嵌套并相互移动，并将其原本的两端完全固定在床架上变成一端铰接、一端游动，将静止的物体改变成可动的。梯子的伸长和缩短两种状态仍如图 8.69 所示。梯子与床架的铰接结构如图 8.70 所示。

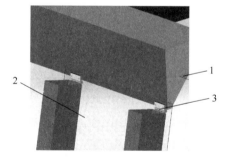

图 8.70 梯子与床架的铰接
1—床架；2—梯子；3—铰链

（3）物-场模型分析

传统梯子与床架的固定模式，其作用（自由度）不足，如图 8.71 所示。

选择解法：针对效应不足的问题，采用添加铰链方法，改进后的物-场模型如图 8.72 所示。

实现梯子的自动收缩和将其拉到床板之下，但无法精确地控制，其系统的物-场模型属第三类模型，即效应不足的完整模型，如图 8.73 所示。

选择解法：针对这种效应不足的问题，选择的解法是在其两者之间添加一条钢丝绳，由电机带动钢丝绳，钢丝绳带动嵌套式伸缩梯，如图 8.74 所示。

5）全部技术方案及评价

方案 1：将梯子分成几段，几段梯子之间进行铰接，在不用时将几段梯子相互转动到一定角度相互叠加在一起，并通过床架之间的铰链将叠加好的梯子转到床铺下方（图 8.75、图 8.76）。

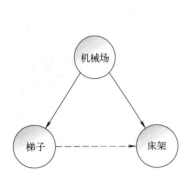

图 8.71 传统床铺的物-场模型

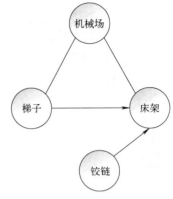

图 8.72 改进后的物-场模型

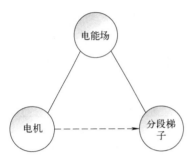

图 8.73 效应不足的物-场模型

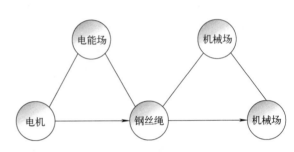

图 8.74 改进后的物-场模型

图 8.75 分段梯子的铰接

图 8.76 分段梯子的叠加

该方案中虽然几段梯子相互叠加节省了一点空间，但转到床铺下增加了高度，还存在梯子之间铰链松动，梯子掉落的危险。悬挂结构的强度还要达到一定的要求。

方案2：将梯子改为分段嵌套式伸缩梯子，既缩短了梯子的长度，又减少了拆卸的麻烦和叠加带来的缺点。如图8.77所示，通过电机带动钢丝绳，钢丝绳带动梯子实现伸缩，并且梯子通过铰接由电机带动转到床板下面，不用担心某段楼梯的掉落。每段梯子结合的关节结构如图8.78所示。

6）最终确定方案

综合考虑以上因素以及成本、环境等其他关联要素，采用方案2作为最终方案，采用分段嵌套式安装梯子，并且与床架之间由原本固定方式改为铰链连接的方式，按动正转按钮后分段梯子由电机带动实现梯子的伸缩，也通过电机将收缩后的梯子旋转到床板下。按动反动按钮后梯子由电机带动旋转到指定位置并释放，伸缩杆自动收放，如图 8.79、图 8.80 所示。

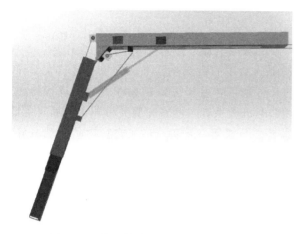

图 8.77 梯子的分段嵌套结构和钢丝绳

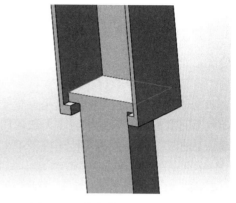

图 8.78 嵌套梯子的结构关节

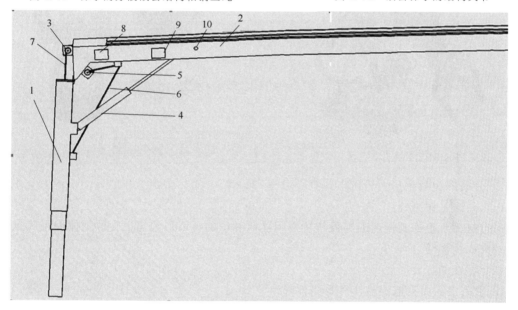

图 8.79 最终方案图

1—伸缩梯；2—床架；3,5—动力装置；4—伸缩杆；6,7—钢丝绳；8—电机正转开关按钮；
9—电机反转开关按钮；10—销轴

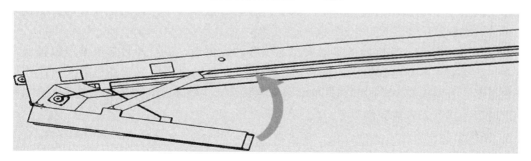

图 8.80 电机带动梯子旋转到床板下

8.8　家庭服务机器人球头阵列机械手的创新设计

1) 问题描述

由于全球很多国家面临老龄化问题，所以家庭服务机器人是未来发展的一大趋势。

传统工业机器人（图8.81）与家庭服务机器人所需的机械手在夹取对象上有较大差异。传统工业机械手往往适用于单一或形状类似的几种物体，并根据所需夹取的物品进行特化，例如专门用于夹取板材、夹取管材、夹取成形件的机械手等。而家庭服务机器人所面对的需夹取物体是多种多样的，如苹果、带把手的水杯、耳机等（图8.82），这些物品外观各异，导致家庭服务机器人的机械手无法像传统工业机械手一样进行特化，因而需要一种能根据夹取物品自动变换外形的柔性化机械手。

图8.81　传统工业机器人

图8.82　生活中常见的物体

2) 发明问题初始形式分析

(1) 系统工作原理

通过机械手手部柔性化的夹取结构实现夹取部位的夹取形状与被夹取物体保持一致，从而使被夹取物体受力均匀。

(2) 存在的主要问题

① 生活中需要夹取的物体有着多种外形。

② 机械手形状相对固定，传统机械手夹取物体易夹取不牢固或产生明显的压痕，无法满足生活中的夹取需求。

(3) 限制条件

① 成本限制：造价不应过高，不应像实验室做的仿真人手一样通过大量的传感器来模拟人手进行夹取。

② 夹取速度限制：家庭服务机器人作为服务的提供者，需要及时响应并完成被服务者的需求，如果服务不及时则提供服务失败。例如当人口渴时，需要服务机器人去冰箱取饮料，如果服务机器人在一段时间内未能完成取水任务，人将不会忍耐口渴的感觉，会自行取水。此时服务机器人未能提供服务。

3) 系统分析

针对现存问题，产生了发明具有特殊结构的机械手的想法，首先采用系统分析的各种方法进行总体思路设计。以下应用的系统分析方法有：系统完备性法则、S-曲线法则、提高动态性和可控性进化法则。

(1) 系统完备性法则分析

为了实现系统功能，系统必备动力装置、传动装置、执行装置、控制装置四个基本要素，本系统中动力装置系统需要机械能。

本产品的系统完备性法则分析如图 8.83 所示。

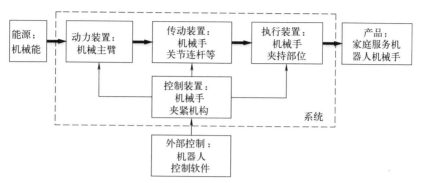

图 8.83 系统完备性法则分析

根据系统完备性法则及存在问题分析，确定需要实现家庭服务机器人机械手功能所需升级的装置为执行装置。

(2) S-曲线法则分析

一个技术系统的进化过程经历 4 个阶段：婴儿期、成长期、成熟期和衰退期。每个阶段都会呈现不同的特点。根据 TRIZ 理论从性能参数、专利等级、专利数量和经济效益 4 个方面描述技术系统在各个阶段表现出来的特点，可以帮助我们有效地了解和判断产品所处的阶段，从而制定对应的产品策略。

球头阵列式机械手刚刚开始研发，首创了机械手柔性新结构，其优越性能尚未得到普遍认可，性能也还有很大提升空间，专利等级较高，专利数量较少，尚未产生收益，符合 S-曲线第一阶段的主要特征。因此，判定本产品的技术处于婴儿期，本系统的生命曲线如图 8.84 所示，非常值得进行进一步深入研究。

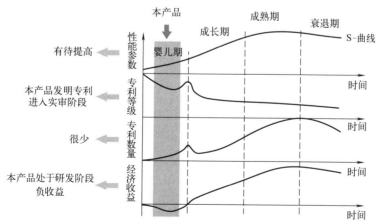

图 8.84 家庭服务机器人机械手在 S-曲线上所处位置

机械手的发展进化历程中，第一代的简单板夹式机械手大多已退出历史舞台，少数仍在简易装置中使用，处于成熟期，基本被第二代机械手（关节式）所取代。关节式机械手的发展基本成熟,达到或接近成熟期,但其性能参数还有一定提升空间。在本产品中设计研发的球头阵列式机械手,处于婴儿期,未来潜力巨大,经过深入研究必将逐渐走向成熟,成为第三代产品。机械手进化S-曲线族及球头阵列式机械手在其中所处的位置如图8.85所示。

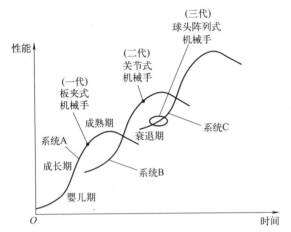

图8.85 球头阵列式机械手在机械手S-曲线族中所处的位置

(3) 提高动态性和可控性进化法则分析

为了增强机械手的抓取能力,可以利用提高动态性和可控性进化法则。提高动态性和可控性进化法则的进化路线很多,主要有以下几种:

① 向结构动态化方向进化;
② 向移动性增强的方向进化;
③ 向增加系统自由度的方向进化;
④ 向系统功能的动态变化方向进化;
⑤ 向提高可控性的方向进化。

根据存在问题进行分析,进化路线③比较符合解决问题的需要,因而选择进化路线③,向增加系统自由度的方向进化。

增加自由度的方式参考现有产品,有以下几种方法。

方法1:增加机械手手指数。

如图8.86~图8.88所示,可以采用增加机械手手指数量的方式增加机械手的自由度。

图8.86 三指机械手模型

图8.87 四指机械手模型

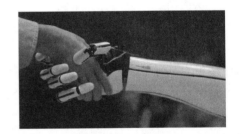

图8.88 仿生机械手

方法2:增加机械手的关节量。

如图8.89~图8.91所示,可以通过增加机械手的关节数量增加机械手的自由度。

图8.89 单关节机械手

图8.90 二级关节机械手

图8.91 多级关节机械手

方法 3：增加机械手的数量。

如图 8.92 所示，当单只机械手无法独自完成夹取任务时，可以通过多只机械手协作的方式增加整个系统的自由度，从而完成相应夹取动作。

4) 应用 TRIZ 工具解决问题

(1) 最终理想解

家庭服务机器人机械手的最终理想解（IFR）分析如表 8.33 所示。

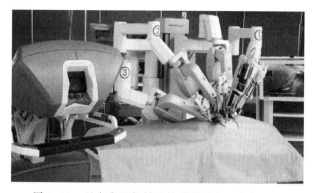

图 8.92 具有多只机械手的外科医疗手术机器人

表 8.33 最终理想解分析

问　　题	分析结果
设计的最终目标是什么？	建立柔性化机械手
理想化最终结果是什么？	家庭服务机械手能夹取生活中常见的大部分物品
达到理想解的障碍是什么？	(1) 结构复杂 (2) 夹取时间长 (3) 机器人手部重量大
出现这种障碍的结果是什么？	(1) 机械手不易维护 (2) 机器人效率低下 (3) 机器人的能耗高 (4) 机器人笨重
不出现这种障碍的条件是什么？	(1) 机械手易维护 (2) 优化抓取结构 (3) 使用轻质材料
创造这些条件所用的资源是什么？	增加机械手手指数量,增加机械关节,增加机械手数量,增加传感器,优化控制软件等

(2) 物-场模型分析

问题模型如图 8.93 所示。此模型为效应不足的物-场模型，其中 S_2 机械手对 S_1 被夹取物的夹取能力不足。

根据效应不足的物-场模型的标准解法，选择增加新的场（F_2 机械场）和物质（S_3 机械手手臂附件）来加强原有效果。改进后的物-场模型如图 8.94 所示。

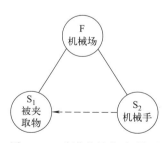

图 8.93 改进前的物-场模型

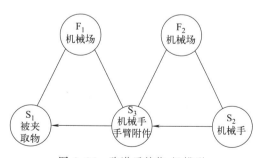

图 8.94 改进后的物-场模型

机械手手臂机构如图 8.95 所示。

(3) 76 个标准解法

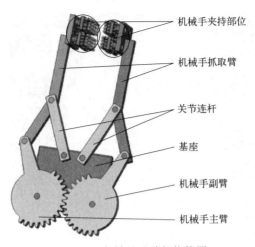

图 8.95 机械手手臂机构简图

根据 76 个标准解法应用流程图与物-场分析模型，并查找 76 个标准解子级及对应标准解，选择解 "S2.1.1 链式物-场模型" "S3.1.2 加强双、多系统内的连接" 与 "S5.1.2 分裂物质" 方法。首先在机械手与被夹取物之间增加新的物（手部附件）与场（机械场），然后引入新的机械场 F_2（弹簧的弹力）将手部附件与机械手的连接优化，最后将手部附件与弹簧离散化为球头连杆与弹簧阵列，并将此整体重新定义为手部附件。因此选择引入机械手手臂附件来在不破坏机械手整体刚度的前提下实现柔性化。物-场分析优化所做的改进如图 8.96 所示。

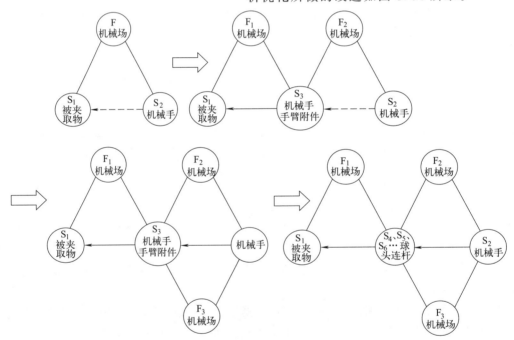

图 8.96 物-场分析优化改进图

物-场分析优化后，我们需要增加机械手手臂附件，如图 8.97 所示。

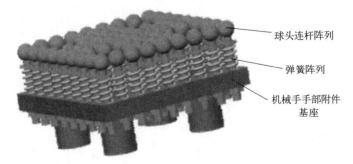

图 8.97 机械手手臂附件图

(4) 技术矛盾分析

当机械手夹取物体时,既要保证机械手的通用性,能夹取生活中大部分常见物体,这就需要机械手夹持部位形状能与所有被夹持物体相对符合,同时又要使机械手夹持部位的形状相对简单,这构成了技术矛盾。根据家庭服务机器人的用途,通用性相较于形状更为重要,因此选择改善的参数为 No.35 适应性与通用性,恶化的参数为 No.12 形状。查阿奇舒勒矛盾矩阵的结果如表 8.34 所示。

表 8.34 查阿奇舒勒矛盾矩阵得到的发明原理

改善的参数:No.35 适应性与通用性	恶化的参数:No.12 形状
	15,37,1,8

根据由矛盾矩阵获得的发明原理 15、37、1、8 进行分析和筛选。

① 原理 15:动态化原理。

考虑到夹持大型物体时为了保证比较好的夹持效果,需要较大的夹持范围,但是大的范围会导致重量上升。因此,采用动态化原理对夹持面进行优化。如图 8.98 所示,将夹持面分解为 4 块可在轨道上移动的夹持面,当夹取小型物体时 4 块夹持面并拢,当夹取大型物体时 4 块夹持面分离,能调节夹持范围。

② 原理 37:热膨胀原理。

由于需要优化的部位为夹持表面,被夹持表面与被夹持物体直接接触,所以当采用热膨胀法时,易将热量传导到被夹持物体,又由于部分被夹持物体(如冰镇可乐等)不宜受热,因而不采用此方法。

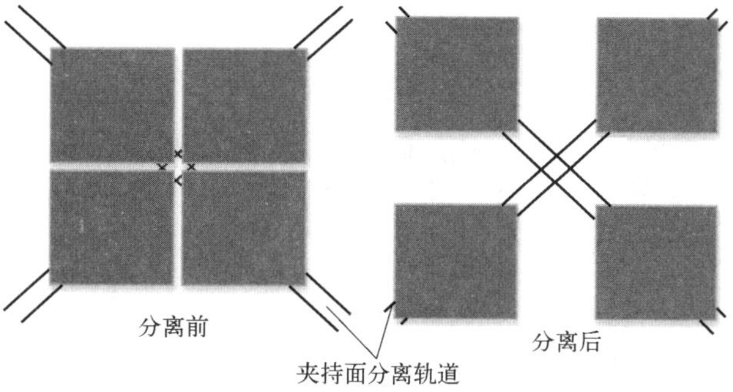

图 8.98 动态化原理优化示意图

③ 原理 1:分离原理。

根据分离原理,可以将工业机械手用于夹取物体的两个夹持面进行分离,通过不断地使用分离法就可以将两个夹持面分离为两个夹持点阵,如图 8.99 所示。运用此种方法,可将机械手夹持部位变为针雕模具形式,如图 8.100 所示。

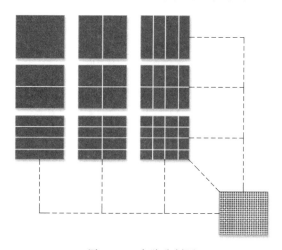

图 8.99 点阵分割图

图 8.100 针雕模具

④ 原理8：重量补偿原理。

未能找到此法与需求之间的明显联系，故放弃使用此法。

(5) 40个发明原理的直接选取与应用

① 选取发明原理14：曲面化原理。

为了防止被夹取物体发生损坏，进行接触表面细节结构优化设计。针雕模具前端过于尖锐可能会对物体造成损害，因而生活中存在部分物体不适于使用针雕模具夹持，例如：气球（被扎坏）、一些带包装的食品（被扎后漏气易变质）、一些衣物（可能造成局部网孔变形）等等，采用曲面化原理对针雕模具进行优化。如图8.101所示，将针雕模具夹持面圆柱状针头变为球状凸起针头。

② 选取发明原理25：自服务原理。

为了使机械手自动适应被夹取物体形状后还能自动复位，球头下面的支撑采用弹性材料，球头位置：第一次拿取物品，轮廓形状变形后能自动回位。

将根据矛盾矩阵所得到的相关原理综合后得到方案1。方案1详见本节第5部分（技术方案整理与评价）。

(6) 小矮人模型法

① 分析系统和超系统的构成。

系统的构成有机械手夹取部位、机械手手臂和关节连杆，超系统是人所需要机械手夹取的形状未知的物体。由于机械手手臂和关节连杆结构与被夹取物体外形不确定所产生的矛盾没有较大关系，因此不予考虑。

图8.101 优化后针雕模具

② 确定系统存在的问题或者矛盾。

生活中需要夹取的物体有着多种外形，而机械手形状相对固定，传统机械手夹取物体易夹取不牢固或产生明显的压痕，无法满足生活中的夹取需求。根本原因是机械手无法根据需要夹取物体的外形做出相应的改变。

③ 建立问题模型。

系统组件功能描述如表8.35所示。

表8.35 系统组件功能描述

序号	组件名称	功能
1	机械手夹取部位	夹取物体
2	外形未知的物体	被夹取

描述系统的小矮人模型如图8.102所示。将机械手和被夹持的物体表面功能离散为一系列"小矮人"，夹持动作进行时机械手上的小矮人将运动起来，进行角色扮演，相互配合，完成各自所负责的工作，同时完成总工作目标。图8.102中红色小矮人为"需被夹持物体"，蓝色小矮人为"机械手夹持部位"。

④ 建立方案模型。

如图8.103所示，在小矮人模型中，红色小矮人集团（需被夹持物体）的形状不确定，当蓝色小矮人（手部附件基座，即机械手夹取部位）相向移动（夹取）时，可能存在某一侧仅有少数红色小矮人与蓝色小矮人相接触，此时易发生以下两种情况：a. 少数红色小矮人退缩（被夹取物体变形）；b. 红色小矮人未退缩，蓝色小矮人停止相向移动后整体朝其他方向移动(夹取物体动作完成,机械手开始移动),红色小矮人移动方向未能完全与蓝色小矮人相同,渐渐与蓝色小矮人脱离(夹取失败,打滑掉落)。此时需要一种新的紫色小矮人(球头连杆),将红色小矮人与蓝色小矮人连接起来,在依附于蓝色小矮人移动的同时又较红色小矮人软弱,不至于让红色小矮人退缩。

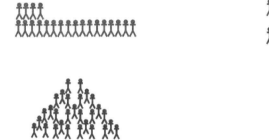

图 8.102 小矮人模型

扫码看彩图

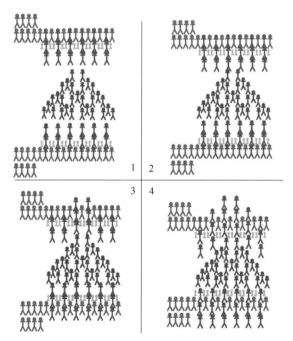

图 8.103 改进的小矮人模型

扫码看彩图

⑤ 从解决方案模型过渡到实际方案。

根据④中的解决方案模型,在机械手夹取部位增加机械手手臂附件,得到方案 2。方案 2 详见本节第 5 部分(技术方案整理与评价)。

(7) 金鱼法

① 首先将问题分解为现实部分和不现实部分。

现实部分:机械手能完成任意物体的夹取动作;

幻想部分：机械手根据被夹取物体的外形改变自身的夹取部分外形。

② 幻想部分为什么不现实？

传统工业机械手往往适用于单一或形状类似的几种物体并根据所需夹取的物品进行特化，其机械手的夹取部位形状相对固定。

③ 在什么情况下，幻想部分可变为现实？

增加它物。在机械夹取部位上增加柔性化手部附件，通过可变形的手部附件完成机械手夹取部位形状的改变。

④ 确定系统、超系统和子系统的可用资源。

超系统：服务机器人；

系统：机械手；

子系统：机械手手部附件。

⑤ 利用已有的资源。

基于之前的构思③考虑可能的方案；得到方案3、方案4、方案5。详见本节第5部分（技术方案整理与评价）。

分析过程如表8.36所示。

表8.36 金鱼法方格分析步骤表

现实部分：机械手能完成任意物体的夹取动作（去除部分）			
幻想部分：机械手根据夹取物体的外形改变自身的夹取部分外形	现实部分：机械手与物体接触部位的外形相对固定（去除部分）		
	幻想部分：机械手与物体接触部位的外形可以改变	现实部分：机械手变形多为关节式（去除部分）	
		幻想部分：采用其他方法让机械手与物体接触部位进行变形	幻想部分实现方式：在机械夹取部位上增加柔性化手部附件，通过可变形的手部附件完成机械手夹取部位形状的改变

（8）科学效应和现象的应用

根据科学效应库，进行家庭服务机器人机械手创新设计分析，分析步骤如表8.37所示。

表8.37 应用科学效应库的机械手创新设计步骤表

（1）明确问题	实现机械手自动变形	夹持物体时能夹持牢固
（2）明确功能	控制位移	控制摩擦力
（3）查找功能代码	F6	F13
（4）查找科学效应库	磁力、电子力、压强、浮力、液体动力、振动、惯性力、热膨胀、热双金属片	约翰逊-拉别克效应、振动、低摩擦阻力、金属覆层润滑剂
（5）效应筛选	选取：振动E98、压强E91/E93	选区：振动E98
（6）形成解决方案	解决方案详见第5部分方案6	

根据科学效应和现象得到方案6。详见本节第5部分（技术方案整理与评价）。

5）技术方案整理与评价

方案1：在分为4块的手部附件基座上安装球头连杆，球头连杆可在手部附件上沿轴向移动。由于手部附件基座上与机械手连接处为实体，此处无法提供球头连杆移动所需要的空间，因此手部附件上的球头连杆成"口"状排列，如图8.104所示。

方案1评价：方案1在初期能满足机械手按照被夹取物体改变夹取部位外形的要求，但是由于球杆阵列没有轴向固定，机械手手臂附件将失去改变外形的能力。

方案2：在夹取新的物体时，夹取新工件后球接触杆阵列会根据物体的表面形状进行调节，此时再将球接触杆压紧固定，球接触杆阵列将被固定为物体表面的形状，如图 8.105 所示。

图 8.104　方案 1 手臂附件

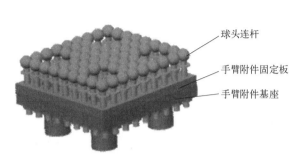

图 8.105　方案 2 手臂附件图

方案 2 评价：较方案 1 增加了轴向夹紧方式，但是没有回弹机构，在多次夹取物体后，可能会出现全部的球杆阵列均被压回，无法弹出，进而失去变形能力的情况。

方案 3：在机械手手部增加磁流体，磁流体将吸附在机械手上，通过外加磁场使磁流体变形以达到改变机械手夹取部位外形的目的，如图 8.106 所示。

方案 3 评价：方案 3 能始终满足机械手按照被夹取物体改变夹取部位外形的要求，但由于磁流体的特性，需要很强的可控磁场才能控制，并不适用于家庭服务环境。

方案 4：在机械手手部增加由多弹簧组成的阵列，夹取时弹簧与物体接触，通过弹簧受压变形来达到改变机械手夹取部位外形的目的，如图 8.107 所示。

图 8.106　磁流体在磁场中形成特定的形状

图 8.107　方案 4 设计示意图

方案 4 评价：方案 4 能始终满足机械手按照被夹取物体改变夹取部位外形的要求。但是弹簧由于需要变形，因而刚度不足，在夹取后无法提供足够的摩擦力，导致夹取出现打滑。

综合方案 1 与方案 4 得出方案 5。

方案 5：在机械手手部增加由多弹簧和球头连杆组成的阵列，夹取时球头连杆与物体接触，通过球头连杆压缩弹簧来达到改变机械手夹取部位外形的目的，如图 8.108 所示。

方案 5 评价：综合方案 1、方案 4，能在基本满

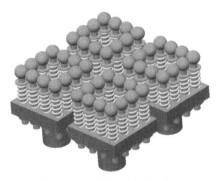

图 8.108　方案 5 设计示意图

第8章　创新设计实例 | 277

足需求的情况下不额外增加其他问题。

方案6：将机械手手部接触面设计为橡胶气球阵列，将每一个小接触面的气球并联，并使用同一个充气孔进行气体交换。当夹持物体时，气球由于本身特性可以被压缩并适应被夹持物体形状；当移动夹持物体时，由于气球已经排成了密集阵列，在平行于夹持面的方向上有足够的刚度，可以满足夹持的需求，如图8.109所示。

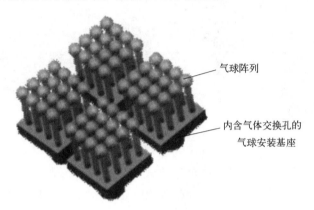

图8.109　方案6设计示意图

方案6评价：方案6在夹取物体时能在夹取物品的前提下最大限度保护被夹持物体，但是当夹取尖角比较多的物体时，可能需要对气球的材料进行优化。

6）最终确定方案

根据全部技术方案及评价，确定方案5与方案6作为最终方案。

参 考 文 献

[1] 潘承怡,姜金刚. TRIZ实战：机械创新设计方法及实例[M]. 北京：化学工业出版社,2019.
[2] 潘承怡,姜金刚. TRIZ理论与创新设计方法[M]. 北京：清华大学出版社,2015.
[3] 成思源,周金平,郭钟宁. 技术创新方法：TRIZ理论及应用[M]. 北京：清华大学出版社,2014.
[4] 周苏. 创新思维与TRIZ创新方法[M]. 第2版. 北京：清华大学出版社,2018.
[5] 李梅芳,赵永翔. TRIZ创新思维与方法[M]. 北京：机械工业出版社,2017.
[6] 曹福全. 创新思维与方法概论：TRIZ理论与应用[M]. 哈尔滨：黑龙江教育出版社,2009.
[7] 曹俊强. TRIZ理论基础教程与创新实例[M]. 哈尔滨：黑龙江科学技术出版社,2013.
[8] 赵敏,张武城,王冠殊. TRIZ进阶及实战——大道至简的发明方法[M]. 北京：机械工业出版社,2016.
[9] 王春生. 创新方法基础教程与应用案例[M]. 哈尔滨：黑龙江科学技术出版社,2018.
[10] 沈萌红. TRIZ理论与机械创新实践[M]. 北京：机械工业出版社,2012.
[11] 江帆,陈江栋,戴杰涛. 创新方法与创新设计[M]. 北京：机械工业出版社,2019.
[12] 张春林,李志香,赵自强. 机械创新设计[M]. 第3版. 北京：机械工业出版社,2017.
[13] 张美麟. 机械创新设计[M]. 北京：化学工业出版社,2005.
[14] 高志,黄纯颖. 机械创新设计[M]. 第2版. 北京：高等教育出版社,2010.
[15] 徐起贺. 机械创新设计[M]. 第2版. 北京：机械工业出版社,2016.
[16] 王凤兰. 创新思维与机构创新设计[M]. 北京：清华大学出版社,2018.
[17] 张丽杰,冯仁余. 机械创新设计及图例[M]. 北京：化学工业出版社,2018.
[18] 潘承怡,解宝成. 机械结构选用及创新技巧[M]. 北京：机械工业出版社,2022.
[19] 潘承怡,解宝成. 机械结构设计禁忌[M]. 第2版. 北京：机械工业出版社,2020.
[20] 潘承怡,向敬忠. 常用机械结构选用技巧[M]. 北京：化学工业出版社,2016.
[21] 潘承怡,向敬忠. 机械结构设计技巧与禁忌[M]. 第2版. 北京：化学工业出版社,2020.
[22] 潘承怡,向敬忠,宋欣. 机械设计[M]. 北京：机械工业出版社,2023.
[23] 潘承怡,向敬忠,宋欣. 机械零件设计[M]. 北京：清华大学出版社,2012.
[24] 潘承怡,鲍玉冬,刘红博. 机械设计基础[M]. 北京：清华大学出版社,2022.
[25] 潘承怡,张简一,向敬忠,等. 基于TRIZ理论的多功能异形架椅创新设计[J]. 林业机械与木工设备,2008(10)：29-31.
[26] 潘承怡,王健,赵近川,等. 基于TRIZ理论的自返式运输车创新设计[J]. 林业机械与木工设备,2009,37(07)：40-42.

附录B

测试题及参考答案

测试题一

一、单项选择题（本大题共15小题，每小题1分，共15分）

1. TRIZ理论矛盾矩阵中，改善的参数和恶化的参数相同时，在表中对应的位置是"+"，查不到发明原理号，是因为参数的矛盾是（　　），不在矛盾矩阵解决范围。
   (A) 技术矛盾　　　(B) 物理矛盾　　　(C) 管理矛盾　　　(D) 无解矛盾

2. 物-场模型分析中，所有功能都可以分解为3个基本元素，把功能用（　　）来模型化，称为物-场分析模型。
   (A) 三角形　　　(B) 正方形　　　(C) 六边形　　　(D) 九屏幕

3. 用锥子砸坚果（如榛子、核桃等）时，将果壳和果仁一同砸碎，这种情况是人们所不希望得到的，则其物-场模型是（　　）。
   (A) 有效完整模型
   (B) 不完整模型
   (C) 效应不足的完整模型
   (D) 有害效应的完整模型。

4. 17号发明原理"维数变化"属于物理矛盾四大分离原理中的（　　）。
   (A) 空间分离
   (B) 时间分离
   (C) 基于条件的分离
   (D) 系统级别的分离

5. 某一新产品或新技术刚出现时，处于技术系统进化过程的婴儿期，通常其形成的专利等级和专利数量是（　　）。
   (A) 专利等级高，专利数量高
   (B) 专利等级低，专利数量低
   (C) 专利等级高，专利数量低
   (D) 专利等级低，专利数量高

6. 下列思维方式中不属于创新思维的是（　　）。
   (A) 发散思维　　　(B) 逆向思维　　　(C) 联想思维　　　(D) 惯性思维

7. 下列不属于创新思维特征的是（　　）。
   (A) 新颖性　　　(B) 独特性　　　(C) 多样性　　　(D) 不变性

8. 奥斯本智力激励法的其他名称中，不对的是（　　）。
   (A) 试错法　　　(B) 头脑风暴法　　　(C) 智暴法　　　(D) BS法

9. 汽车在行驶过程中自动产生电能存储在蓄电池中，用来维持汽车的电能消耗，采用的发明原理是（　　）。

(A) 维数变化原理　　(B) 自服务原理　　(C) 等势原理　　(D) 复制原理

10. 卫星发射升空后，助推火箭自动分离落下，在大气层摩擦燃烧殆尽，碎片不会落到地面，采用的发明原理是（　　）。

(A) 重量补偿原理　　　　　　　(B) 嵌套原理
(C) 抛弃或再生原理　　　　　　(D) 反馈原理

11. 在系统的操作中，将系统、子系统、超系统，以及它们的过去、现在和未来的进化关系进行分析，画成框图，称为（　　），是 TRIZ 理论的思维方法之一。

(A) 完备性分析　　(B) 九屏幕法　　(C) 理想化　　(D) 设问法

12. 按数字排列的规律填出接下来的数字：0，1，1，2，4，8，（　　）……

(A) 16　　(B) 24　　(C) 10　　(D) 8

13. 下列机构中不能将转动转换为移动的是（　　）。

(A) 曲柄滑块机构　　(B) 凸轮机构　　(C) 齿轮齿条机构　　(D) 棘轮机构

14. 图 B.1 所示周转轮系中，各轮参数相同，1 轮为固定件，系杆 H 绕 1 轮顺时针转动一圈，则轮 2 绕自身圆心转动了（　　）圈。

(A) 0　　(B) 1　　(C) 2　　(D) 3

15. 取十六枚小钉，按图 B.2 所示的图案将它们钉在一块木板上，以钉子为端点，最多能用橡皮筋围成（　　）个正方形。

(A) 9　　(B) 14　　(C) 18　　(D) 20

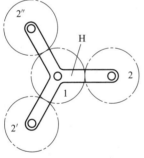
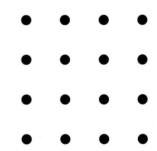

图 B.1　第一题第 14 小题图　　　　　图 B.2　第一题第 15 小题图

二、简答题（本大题共 9 小题，前 5 小题每小题 3 分，后 4 小题每小题 5 分，共 35 分）

1. 举例说明哪些产品上使用了正六边形，越多越好（至少 3 种）。
2. 举例说明空气的用途，越多越好（至少 3 种）。
3. 举例说明钉有哪些种类，越多越好（至少 3 种）。
4. 举出运用逆向思维的生活、生产中的实例（至少 3 种）。
5. 使用下列词语写出 3 句合乎逻辑的话（每句都包含以下 4 个词，3 个句子不相关）：放大镜、金属、创新、时间。
6. 技术系统的 S-曲线进化法则将一个技术系统的进化过程分为哪几个阶段？示意性地画出 S-曲线进化图。
7. 什么是技术矛盾？什么是物理矛盾？分别用 TRIZ 的什么办法解决？
8. TRIZ 的中文意思什么？它起源于哪个国家？创始人是谁？是在研究了世界各国 250 多万份什么的基础上提出来的？

9. 简述利用 TRIZ 解决问题的过程。

三、分析题（本大题共 6 小题，每小题 5 分，共 30 分）

1. 采用 TRIZ 的 40 个发明原理创新发明新型拐杖，说明采用了什么发明原理、发明了什么新型拐杖。（至少写出五种新型拐杖）

2. 根据缝纫机的系统完备性分析，将各部分名称填到图 B.3 的图框中。
能源：生物能　　动力装置：踏板　　传动装置：带、齿轮　　执行装置：针
控制装置：手轮、踏板　　产品：衣服、布料　　外部控制：人

3. 对渐开线单级圆柱齿轮传动画出系统进化的九屏图。

4. 大雪过后，传统的人工清雪非常费力，运用创新思维提出改进措施，并画出物-场分析的有效完整模型。

5. 图 B.4（a）所示机构的运动简图如图 B.4（b）所示，请在图 B.4（b）中标出与图 B.4（a）对应的各构件和运动副，并说明机构中有哪些变异。

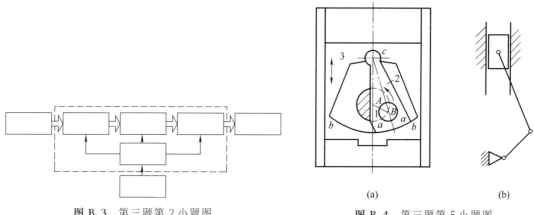

图 B.3　第三题第 2 小题图　　　　　图 B.4　第三题第 5 小题图

6. 图 B.5 中 1 为主动摆杆，2 为从动推杆，接触处为球面和平面，从受力的角度分析：图 B.5（a）和图 B.5（b）哪种方案更合理？为什么？

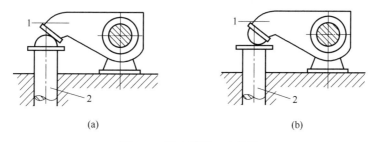

图 B.5　第三题第 6 小题图

四、设计题（本大题共 2 小题，每小题 10 分，总计 20 分）

1. 某初拟机构运动方案如图 B.6 所示，欲将构件 1 的连续转动转变为构件 4 的往复移动，分析该机构是否合理。如不合理，简单说明原因，并提出修改措施，画简图表示。

2. 自选几个常用机构（如连杆机构、凸轮机构、齿轮机构等）或常用传动（如带传动、链传动、齿轮传动等）进行机械创新设计，设计一个小型送料装置，实现图 B.7 所示 A、B 两个工位的交替推送，即先将工件 A 推到 A'，再将工件 B 推到 B'，如此循环运动，对速度

无要求。可以采用机构、结构的组合或变异等创新方法，画出机构运动简图或示意图，标出构件号及名称，并说明设计中采用了 TRIZ 理论的什么发明原理或理论方法。

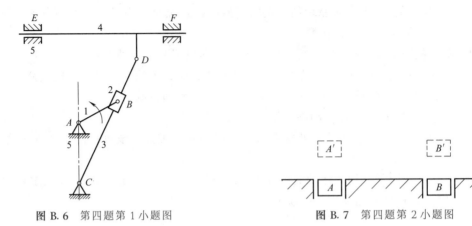

图 B.6　第四题第 1 小题图　　　　图 B.7　第四题第 2 小题图

测 试 题 二

一、单项选择题（本大题共 15 小题，每小题 1 分，总计 15 分）

1. 下列属于创新思维特征的是（　　）。
   (A) 一致性　　　(B) 独特性　　　(C) 均衡性　　　(D) 不变性

2. 头脑风暴法的其他名称中，不对的是（　　）。
   (A) 试错法　　　　　　　　　　(B) 奥斯本智力激励法
   (C) 智暴法　　　　　　　　　　(D) BS 法

3. 奥斯本检核表法与和田十二法都属于（　　）。
   (A) 设问法　　　(B) TRIZ 法　　(C) 头脑风暴法　　(D) 焦点客体法

4. TRIZ 理论的九屏幕法将系统、子系统、超系统，以及它们的过去、现在和未来的进化关系作图分析，称为（　　）。
   (A) 九宫格　　　(B) 九屏图　　　(C) 完备性图　　　(D) 标准解图

5. 宇航员训练时用模拟驾驶舱替代真实驾驶舱，采用的发明原理是（　　）。
   (A) 抛弃或再生原理　　　　　　(B) 机械系统替代原理
   (C) 等势原理　　　　　　　　　(D) 复制原理

6. 在车削细长轴时，由于刀具对轴的径向作用力使轴产生了过大的弹性变形，被切削的轴尺寸误差超过了公差要求，则其物-场模型是（　　）。
   (A) 有效完整模型　　　　　　　(B) 不完整模型
   (C) 效应不足的完整模型　　　　(D) 有害效应的完整模型

7. 阿奇舒勒矛盾矩阵中，不包括（　　）。
   (A) 发明原理号　(B) 科学效应号　(C) 改善的参数号　(D) 恶化的参数号

8. 一种新产品在市场上刚刚出现不久，有少数相关发明专利，专利数量很少，则它处于 TRIZ 技术系统进化法则的 S-曲线法则的（　　）阶段。
   (A) 成长期　　　(B) 挑战期　　　(C) 婴儿期　　　(D) 模糊期

9. 一个人用 600 元买了一匹马，以 700 元卖了出去，又用 800 元买了回来，以 900 元卖了出去，下面说法正确的是（　　）。

（A）既没赔也没赚　　（B）赚了100元　　（C）赚了200元　　（D）赚了300元

10. 按数字排列的规律填出接下来的数字： 10，11，13，17，25，（　　）……

（A）31　　　　（B）32　　　　（C）33　　　　（D）34

11. 观察图 B.8 所示的四种容器，从上向下倒水时，（　　）容器盛水量随水面高度的变化规律与左图曲线相符。

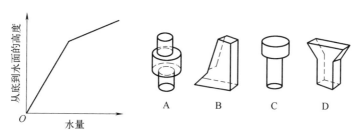

图 B.8　第一题第11小题图

12. 下列机构中能将转动转换为移动的是（　　）。

（A）曲柄摇杆机构　　　　　　　（B）螺旋机构

（C）蜗轮蜗杆机构　　　　　　　（D）棘轮机构

13. 连杆机构、凸轮机构、不完全齿轮机构、槽轮机构，以上4种机构中能实现间歇运动的有（　　）个。

（A）1　　　　（B）2　　　　（C）3　　　　（D）4

14. 凸轮机构从动件末端的形状变异有尖顶、滚子、平面、球面，是为了（　　）。

（A）获得各种美观的外形　　　　（B）获得不同的运动特性

（C）适应不同的材料特性　　　　（D）便于加工

15. 下列不属于机构并联组合的类型的是（　　）。

（A）叠加式　　　（B）并列式　　　（C）时序式　　　（D）合成式

二、简答题（本大题共9小题，前5小题每小题3分，后4小题每小题5分，共35分）

1. 用发散思维写出纸的功用，越多越好（至少6种）。
2. 举出运用发散思维的机械产品中的实例（至少6种）。
3. 举例说明哪些产品上使用了三角形？（至少6种）
4. 机构组合的方式有哪几种基本类型？
5. 常用的增力机构有哪几种？
6. TRIZ 的思维方法有哪些？举出至少5种。
7. 利用 TRIZ 解决问题的过程中，可利用的 TRIZ 工具或方法有哪些？（至少5种）
8. 技术矛盾与物理矛盾的本质区别是什么？以切削速度为参数对这两种矛盾进行举例说明。
9. 作图说明技术系统进化中 S-曲线族的意义。

三、分析题（本大题共6小题，每小题5分，共30分）

1. 根据图 B.9 所示自行车系统完备性分析图，写出与下面各名词对应的图中各部分的名称。
2. 对电子计算机画出其系统进化的九屏幕图。
3. 建立砂轮磨削工件的物-场分析有效完整模型，绘图并进行简要说明。
4. 采用 TRIZ 的40个发明原理创新发明智能家居用品，并写出所用的发明原理。例如：人脸识别防盗门——机械系统替代原理。（写出至少5种新型智能家居产品。）

能源：
动力装置：
传动装置：
执行装置：
控制装置：
产品：
外部控制：

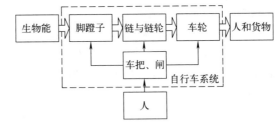

图 B.9　第三题第 1 小题图

5. 笔记本电脑从台式电脑发明而来，找出解决的技术矛盾，应用矛盾矩阵确定改善的参数和恶化的参数分别是什么。查矛盾矩阵得到哪些发明原理号？采用的发明原理是什么？有什么相应的改进之处？

6. 图 B.10（a）所示的旋转泵机构运动简图如图 B.10（b）所示，分析并说明何处有何运动副变异。

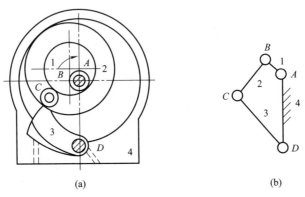

图 B.10　第三题第 6 小题图

四、设计题（本大题共 2 小题，每小题 10 分，总计 20 分）

1. 图 B.11 所示为一机架用螺栓［图 B.11（a）］或双头螺柱［图 B.11（b）］固定在底座上，底座用地脚螺栓固定在地基上。从便于拆卸机架方面考虑，哪种结构合理？说明理由。

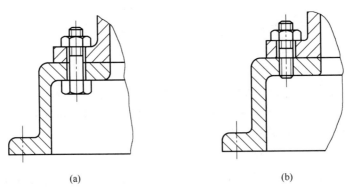

图 B.11　第四题第 1 小题图

2. 创新设计一个能快速逐个夹碎若干核桃壳的省力机械装置，画出机构原理图或装置的结构示意图，说明工作原理和使用方法。

测 试 题 三

一、单项选择题（本大题共 20 小题，每小题 1 分，总计 20 分）

1. 5W2H 法不包括（　　）。
(A) Which　　　(B) Why　　　(C) What　　　(D) Who

2. 处于技术系统进化过程成熟期的产品，通常其专利等级和专利数量是（　　）。
(A) 专利等级高，专利数量高　　(B) 专利等级低，专利数量低
(C) 专利等级高，专利数量低　　(D) 专利等级低，专利数量高

3. 汽车的安全气囊和备用轮胎采用的发明原理是（　　）。
(A) 预先反作用原理　　(B) 预先作用原理
(C) 预先防范原理　　　(D) 抛弃或再生原理

4. 轴所采用材料的硬度越高则强度越好，但轴对应力集中越敏感，强度与应力之间的矛盾属于 TRIZ 理论中的（　　）。
(A) 技术矛盾　　(B) 物理矛盾　　(C) 管理矛盾　　(D) 标准矛盾

5. 采用金属模进行薄壁零件的冲压加工时，在被加工零件上产生了微小裂纹，这种情况是人们所不希望的，其物-场模型如图 B.12 所示，该模型属于（　　）。
(A) 有效完整模型　　　(B) 不完整模型
(C) 效应不足的完整模型　(D) 有害效应的完整模型

6. 螺栓与螺母采用螺纹相连接，增加了结合力和稳定性，采用的发明原理是（　　）。
(A) 等势原理　　(B) 动态原理　　(C) 曲面原理　　(D) 抛弃或再生原理

7. 如图 B.13 所示，不带螺纹的钉子和全螺纹钉各有优缺点，改为一半带螺纹一半不带螺纹的钉子则兼有两者的优点，这应用了（　　）进化法则。
(A) 向微观级　　(B) 向超系统　　(C) 子系统不均衡　(D) 完备性

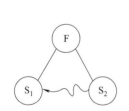

图 B.12　第一题第 5 小题图

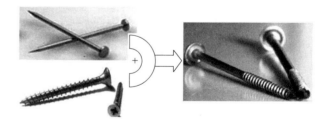

图 B.13　第一题第 7 小题图

8. 下列不属于常用机构的组合方法的是（　　）。
(A) 串联组合　　(B) 并联组合　　(C) 变异组合　　(D) 叠加组合

9. 通常的摇头电风扇机构是在双摇杆机构上附加一个蜗轮蜗杆机构，它属于机构组合类型中的（　　）组合。
(A) 串联　　(B) 并列式并联　　(C) 合成式并联　　(D) 叠加

10. TRIZ 对系统、子系统、超系统以及它们的过去、现在和未来画成框图进行分析，该方法被称为（　　）。
(A) 框图法　　　　　　(B) 九屏幕法
(C) 向超系统进化法　　(D) 发散思维法

11. 焦点客体法是美国人温丁格特于1953年提出的,目的在于创造具有新本质特征的客体,其主要想法是将焦点客体与( )建立联想关系。

(A) 交叉客体　　(B) 未来元素　　(C) 偶然客体　　(D) 必然元素

12. TRIZ是由( )发明家阿奇舒勒及其领导的一批研究人员提出的一套具有完整体系的发明问题解决理论和方法。

(A) 美国　　　　(B) 德国　　　　(C) 捷克　　　　(D) 苏联

13. 如图B.14所示,一辆公共汽车在正常行驶,A、B两个车站都有人在候车,那么这辆公共汽车是驶向( )站。

(A) A　　　　　(B) B　　　　　(C) 无法确定

图 B.14　第一题第13小题图

14. 创新人才培养中除了注意培养创新意识外,还要注意排除影响创新的障碍,例如有些人有从众倾向,容易人云亦云,缺乏自信,缺乏勇敢精神、独立思考能力和创新观念,这属于影响创新的障碍中的( )。

(A) 认知障碍　　(B) 心理障碍　　(C) 获取信息障碍　　(D) 环境障碍

15. 用我国现代著名学者王国维所谈的作诗和做学问的三种境界类比创新的三个阶段,如图B.15所示,则三个境界所对应的创新的三个阶段排序为( )。

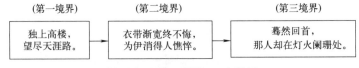

图 B.15　第一题第15小题图

(A) 刺激产生,问题出现→思维酝酿→完形出现,思维形成
(B) 思维酝酿→完形出现,思维形成→刺激产生,问题出现
(C) 思维酝酿→刺激产生,问题出现→完形出现,思维形成
(D) 刺激产生,问题出现→完形出现,思维形成→思维酝酿

16. 下列不出现技术矛盾情况的是( )。

(A) 在一个子系统中引入一种有用功能,导致另一个子系统产生一种有害功能,或加强了已存在的一种有害功能
(B) 消除一种有害功能导致另一个子系统有用功能变坏
(C) 有用功能的加强或有害功能的减少使另一个子系统或系统变得太复杂
(D) 在一个系统中引入一种有用功能的同时未对其他功能或子系统产生有害影响,也没有使系统或子系统变得太复杂

17. 技术系统由多个实现各自功能的子系统(元件)组成,每个子系统以不同的速率进化,"木桶效应"中的"短板"导致整个系统的发展缓慢,应用( )可以帮助人们及时

发现并改进系统中最不理想的子系统，从而有利于整个系统的进化。

（A）S-曲线法则　　　　　　　　　（B）子系统不均衡进化法则
（C）提高理想度法则　　　　　　　（D）系统完备性法则

18. TRIZ 理论中的 IFR 是指（　　）。

（A）最终理想解　　　　　　　　　（B）标准解
（C）通用工程参数　　　　　　　　（D）发明问题解决算法

19. 头脑风暴法应遵守的原则包括（　　）。

①庭外判决原则；②欢迎各抒己见，追求意见的数量；③不要相互指责或批评，可以使用适当的幽默；④鼓励创造性，不允许在他人已经提出的设想之上进行补充和改进。

（A）①②③④　　（B）①②③　　（C）②③④　　（D）①②④

20. 培养创新思维首先应树立创新意识，遇到问题注意从创新的角度思考，尤其是考虑不同于一般的、非常规的、新颖的解决办法，避免思维定式，这是形成创新思维的基础，即培养创新思维首先应注意（　　）。

（A）换位思考　　（B）辩证推理　　（C）思维规范　　（D）打破思维惯性

二、填空题（本大题共 5 小题，每空 1 分，总计 15 分）

1. 机构并联组合的类型有并列式，＿＿＿＿＿＿与＿＿＿＿＿＿。
2. TRIZ 的中文意思＿＿＿＿＿＿＿＿，是在研究了世界各国大量的＿＿＿＿＿＿的基础上提出来的，TRIZ 理论的核心是＿＿＿＿＿＿＿＿＿＿。
3. 在机械设计中，主要的增力机构有＿＿＿＿，＿＿＿＿，＿＿＿＿＿与＿＿＿＿＿。
4. TRIZ 理论中，常见的物-场模型的类型有有效完整模型、＿＿＿＿＿＿＿＿＿＿、＿＿＿＿＿＿＿＿＿＿与＿＿＿＿＿＿。
5. 现代 TRIZ 理论归纳的 4 大分离原理，包括空间分离原理、＿＿＿＿＿＿＿＿＿＿、＿＿＿＿＿＿＿＿＿＿与＿＿＿＿＿＿。

三、简答题（本大题共 6 小题，每小题 5 分，总计 30 分）

1. 列举出几种传统创新技法（至少 5 种）。
2. 用发散思维写出水的用途或应用场合（除饮用和清洗外至少 5 种）。
3. 织布印花过程中送布速度和印花质量之间存在 TRIZ 理论中的什么类型的矛盾？该种矛盾的定义是什么？
4. 解决交叉路口的交通问题，利用分离原理提出至少三种解决方法（要求写出原理及相对应的办法）。
5. 对书籍画出其系统进化九屏幕图。
6. 采用 TRIZ 的 40 个发明原理创新发明新型扳手，写出至少 5 种新型扳手，并分别说明所采用的发明原理和原因。例如：带夜光的扳手——颜色改变原理，用夜光材料做扳手；电磁控制扳手——机械系统替代原理，用电磁系统控制扳手卡口夹紧。

四、分析题（本大题共 3 小题，每小题 5 分，共 15 分）

1. 图 B.16 所示为蜗杆减速器散热片的两种布置方式。图 B.16（a）中，在蜗杆轴端部无风扇，散热片竖向布置；图 B.16（b）中，在蜗杆轴端部装有风扇，散热片横向布置。这两种布置方式对吗？分析并说明原因。
2. 绘出图 B.17 所示机构的运动简图，并说明何处有何运动副变异。
3. 在手机自拍杆的发明中找出要解决的技术矛盾，应用矛盾矩阵确定改善的参数和恶化的参数分别是什么。查矛盾矩阵得到哪些发明原理号？采用的发明原理是什么？针对所采用的发明原理说明相应的发明或改进之处。

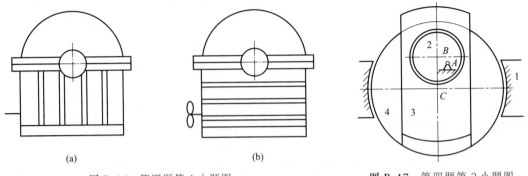

图 B.16　第四题第 1 小题图　　　　　图 B.17　第四题第 2 小题图

五、设计题（本大题共 2 小题，每小题 10 分，总计 20 分）

1. 设计水陆两用自行车，画出原理示意图，说明功能是如何实现的，采用了什么创新思维方法或创新技法，以及是如何应用的。

2. 利用动态化原理创新设计一个新产品，产品名称自拟，画出结构原理示意图，说明工作原理和使用方法。

自测标准及题目

一、创新思维优异标准

以下作为推荐创新思维能力优异的人的标准，仅供参考。

（1）是一个好学不倦的人；

（2）科学、艺术或文学方面受过奖赏；

（3）对于科学或文学有浓厚的兴趣；

（4）能非常机敏地回答问题；

（5）数学成绩突出；

（6）有广泛的兴趣；

（7）是一个情绪非常稳定的人；

（8）大胆，敢于做新的事情；

（9）能够控制局面或影响同年龄的人；

（10）很会经营企业；

（11）喜欢自己一个人工作；

（12）对别人的感情是敏感的，或者对周围情景是敏感的；

（13）对自己有信心；

（14）能控制自己；

（15）善于观赏艺术表演；

（16）用创造性的方法解决问题；

（17）善于洞察事物之间的联系；

（18）面部与姿态善于表达情感；

（19）急躁——容易发怒或急于完成一件工作；

（20）有胜过别人的强烈愿望；
（21）有丰富多彩的语言；
（22）能讲富有想象力的故事；
（23）坦率地说出对成人或长辈的看法；
（24）具有成熟的幽默感（双关语、联想等）；
（25）好奇、好问；
（26）仔细地观察事物；
（27）急于把发现的东西告诉别人；
（28）能在显然不相关的观念中找出关系；
（29）遇到新发现兴奋异常，甚至叫出声来；
（30）有忘记时间的倾向。

二、创新潜力自测

（1）与别人发生意见分歧时，你会（　　　）。
①考虑别人意见的合理性（A）；②怀疑自己的观点（B）；③千方百计维护自己的观点（C）。

（2）对老师、领导和长者的意见，你会（　　　）。
①原封不动地接受（C）；②有些疑问和想法（B）；③同自己原先的想法结合起来（A）。

（3）当有人向你提出没有用的建议时，你会（　　　）。
①不予理睬（C）；②看看有无可取之处（B）；③问他还有无别的建议并鼓励他多提（A）。

（4）做错了事情之后，你会（　　　）。
①长久懊悔（C）；②找客观原因（B）；③寄希望于下次（A）。

（5）你买了比较贵重的东西后，常常会（　　　）。
①舍不得用（C）；②为了方便，不惜稍做改变（A）；③直接使用（B）。

（6）你对做智力游戏（　　　）。
①无所谓（B）；②不喜欢（C）；③很喜欢（A）。

（7）休闲时你喜欢（　　　）。
①打牌、下围棋、下象棋（A）；②看侦探小说、惊险影片（B）；③看滑稽有趣的电视剧，同别人聊天（C）。

（8）星期天上公园，你喜欢（　　　）。
①总是上某个公园（C）；②经常变换场所（A）；③听听爱人和孩子的意见（B）。

（9）针对眼前的某种东西，例如茶杯、书本、铅笔等，你能想出（　　　）它的新用处。
①3个以上（C）；②8个以上（B）；③15个以上（A）。

（10）假若刷牙时发现牙出血，你会（　　　）。
①抱怨牙刷不好（C）；②担心是牙周炎（B）；③设法使牙不出血（A）。

评价标准：

这10道自测题中，A多最好，说明你的创造力不错；B多也可以；C多就不理想了，说明你的创新能力还处于潜在状态，需要开发。当然，各人的情况千差万别，而上述测试问题难免有所疏漏，因此只能作为参考。

参考答案（测试题一）

一、单项选择题

1. B。 2. A。 3. D。 4. A。 5. C。 6. D。 7. D。 8. A。 9. B。 10. C。 11. B。 12. A。 13. D。 14. C。 15. D。

二、简答题

1. 足球、铅笔、螺母、步道砖、瓷砖、宫灯、徽章、墩座、旋钮、铁丝网、新疆帽、盒子、窗子、冰棍、吊灯……

2. 呼吸、风扇、冷却、帆船、压缩机、燃烧、爆炸、气球充气、轮胎充气、气垫船、传播声音、振动形成音乐等声音、形成气泡、气泡泳池、产生飞机浮力、空气阻尼器……

3. 图钉、普通光杆钉、普通螺钉、自攻螺钉、木工螺钉、四棱柱钉、枕木道钉、大头钉（针）、钉书钉、倒刺钉、铆钉、射钉、胀钉、耳钉、开尾钉……

4. 跑步机、电动滚梯、鞋套、水能流动的游泳池、抽水机、自来水系统、滚动字幕、旋转餐桌、机场行李运送带、煤厂或农用送料带、生产线自动传送、水果削皮机……

5. 答案不限，举例如下：

放大镜的金属框材料的创新在短时间内即可完成。

通过放大镜观察这种创新型金属材料的微观结构需要长时间细致地进行。

创新实验室订购的金属柄放大镜将在第一时间送达。

新型放大镜和金属加工方法创新，这两个研究项目在同一时间下达。

6. 技术系统的S-曲线进化法则将一个技术系统的进化过程分为：婴儿期、成长期、成熟期、衰退期。S-曲线进化图如图 B.18 所示。

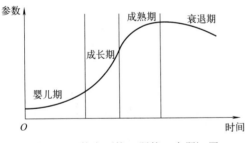

图 B.18　答案（第二题第 6 小题）图

7. 技术矛盾：如果改善系统的一个参数，就得恶化另一个参数，系统就存在着技术矛盾。

物理矛盾：对系统中的一个元件提出互为相反的要求的时候，存在物理矛盾。

技术矛盾用矛盾矩阵解决，物理矛盾用分离原理解决。

8. TRIZ 的中文意思是发明问题解决理论，它起源于苏联，创始人是阿奇舒勒，是在研究了世界各国 250 万份专利的基础上提出来的。

9. 设计者首先将待设计的产品表达成为 TRIZ 问题，然后利用 TRIZ 中的工具，如 40 个发明原理、矛盾矩阵等，求出 TRIZ 问题的标准解，最后再把该问题转化为领域的解或特解。

三、分析题

1. (1) 嵌套原理——可伸缩的拐杖；(2) 组合原理——带照明灯的拐杖；(3) 动态化原理——能变形成椅子的拐杖；(4) 周期性作用原理——有喇叭或振铃的拐杖；(5) 颜色改变原理——夜光拐杖。（不限于以上答案）

2. 如图 B.19 所示。

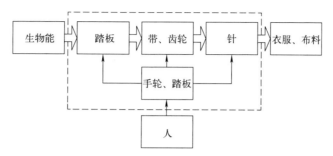

图 B.19 答案（第三题第 2 小题）图

3. 如图 B.20 所示。

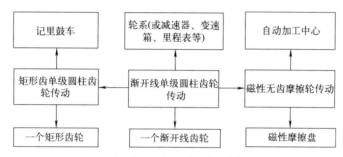

图 B.20 答案（第三题第 3 小题）图

不限于以上答案，以上仅为一例。

4. 可采用的措施：用融雪剂（或自动清雪车、大功率吹风机、路面下铺设电热管……）。
S_1—雪；S_2—融雪剂；F_1—化学反应（化学场）
[S_1—雪；S_3—铲雪机；F_2—铲雪（机械场）]
有效完整模型如图 B.21 所示。

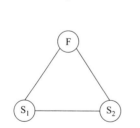

图 B.21 答案（第三题第 4 小题）图

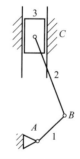

图 B.22 答案（第三题第 5 小题）图

5. 运动简图中构件和运动副如图 B.22 所示。通过扩大移动副，将滑块 3 扩大到将转动副 A、B、C 均包含在其中。连杆 2 的端部圆柱面 a—a 与滑块 3 上的圆柱孔 b—b 相配合，它们的公共圆心为 C 点，是 C 点处的转动副扩大，C 为铰链中心。图 B.4 中 1 是曲柄变异为圆形盘，是通过扩大回转副形成的，轮心 A 为回转副中心，B 为铰链中心，B 处回转副也有一定扩大。

6. （b）方案更合理，因为从动件 2 的受力方向沿 1 和 2 接触处的公法线方向，即垂直于构件 2 顶端的平面且通过构件 1 末端的球心，1 对 2 的驱动力对推杆 2 不会产生横向推力（有害分力）；而（a）方案则相反，构件 2 受到横向分力，使其被压向导路侧壁，产生摩擦力，阻碍其运动。

四、设计题

1. 不合理，因为机构不能动，D 点的运动轨迹不能在随摆杆摆动的同时又随推杆水平移动。

改正后如图 B.23。（答案不唯一）

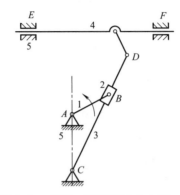

图 B.23　答案（第四题第 1 小题）图

2. 略。

参考答案（测试题二）

一、单项选择题

1. B。2. A。3. A。4. B。5. D。6. D。7. B。8. C。9. C。10. B。11. C。12. B。13. D。14. B。15. A。

二、简答题

1. 写字、绘画、印书籍、印报纸、做纸巾、包物品、拧纸绳、剪纸、做手工折纸、糊窗户、做衣服纸样、切割软物品、做风筝、引火、做烟花引信、做纸灯笼……（每写 1 个得 0.5 分，多于 6 个得 3 分。）

2. 对于滚动轴承运用发散思维形成多种类型：深沟球轴承、圆柱滚子轴承、滚针轴承、调心球轴承、调心滚子轴承、推力球轴承、角接触球轴承、双列球轴承、双列滚子轴承……（每写 1 个得 0.5 分，多于 6 个得 3 分。）

3. 红领巾、三棱镜、三角板、三棱尺、旗、桁架、三角形蛋糕、扁铲、弹弓、三角铁乐器、金字塔、箭头、三角帽、屋顶、商标、积木、装饰物……（每写 1 个得 0.5 分，多于 6 个得 3 分。）

4. 串联组合、并联组合、叠加组合、混合组合。

5. 杠杆机构、肘杆机构、螺旋机构、二次增力机构。

6. 打破思维惯性、最终理想解法、九屏幕法、STC 算子法、小矮人模型法、金鱼法等。

7. 40 个发明原理、技术矛盾与矛盾矩阵、物理矛盾与分离原理、物-场模型分析、6 个一般解法、76 个标准解、ARIZ 算法、系统进化法则、科学效应和现象……（每写 1 个得 1 分，多于 5 个得 5 分。）

8. 技术矛盾是两个参数间的矛盾，物理矛盾是一个参数自身的矛盾。例如，切削速度与被切削工件的表面质量是技术矛盾；要求切削速度既高（为提高工作效率）又低（为提高工件表面质量）是物理矛盾。

9. 当一个技术系统进化到一定程度后，必然会出现一个新的技术系统来替代它，如此不断地替代，就形成 S-曲线族，如图 B.24 所示。

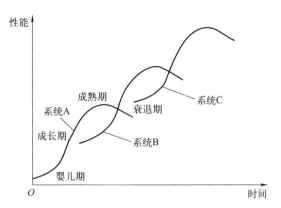

图 B.24　答案（第二题第 9 小题）图

三、分析题

1. 能源：生物能　　　动力装置：脚镗子　　传动装置：链与链轮
   执行装置：车轮　　控制装置：车把、闸　　产品：人和货物
   外部控制：人

2. 如图 B.25 所示。（答案不唯一，此仅为一例。）

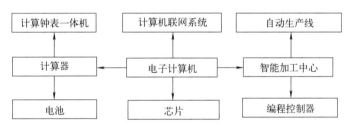

图 B.25　答案（第三题第 2 小题）图

3. S_1：工件；S_2：砂轮；F_1：机械场。
   有效完整模型如图 B.26 所示。

4. 手机遥控开门、开空调等——机械系统替代原理；
   光线自动感应变色窗帘——颜色改变原理、反馈原理；
   温度湿度自动调控一体机——组合原理、反馈原理；
   多功能自动折叠伸缩晾衣架——动态化原理、维数变化原理；
   污水处理循环再利用系统——变害为利原理、自服务原理；
   家庭服务机器人——自服务原理、多用性原理、反馈原理、机械

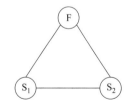

图 B.26　答案（第三题第 3 小题）图

系统替代原理。

（不限于以上答案，每写出 1 个得 1 分，多于 5 个得 5 分。）

5. 技术矛盾：尺寸变小与功能的全面和使用的方便程度之间的矛盾。
   改善的参数：（4）静止物体的长度、（8）静止物体的体积、（33）操作流程的方便性、（35）适应性与通用性等。

恶化的参数：（32）可制造性、（34）可维修性、（36）系统的复杂性等。

查表得到的发明原理号：略。

采用的发明原理和相应的改进之处：采用15号动态化原理，屏幕可折叠，笔记本电脑比台式电脑体积小；采用2号抽取原理，鼠标在键盘上；采用1号分离原理，鼠标还可另插；等等。

6. A、B、C、D处均有回转副扩大。

四、设计题

1. 图B.11（a）中，要想拆下和重新安装上面的机架，必须先拆下地脚螺栓和底座，因此不合理；

图B.11（b）所示是双头螺柱连接，无须拆底座，只需拆上面的螺母，即可拆下机架，拆卸和安装都很方便，因此结构合理。

2. 略。

参考答案（测试题三）

一、单项选择题

1. A。2. D。3. C。4. A。5. D。6. C。7. B。8. C。9. D。10. B。11. C。12. D。13. A。14. B。15. A。16. D。17. B。18. A。19. B。20. D。

二、填空题

1. 时序式、合成式。
2. 发明问题解决理论、专利、技术系统进化法则。
3. 杠杆机构、肘杆机构、螺旋机构和二次增力机构。
4. 不完整模型、效应不足的完整模型、有害效应的完整模型。
5. 时间分离原理、基于条件的分离原理、整体与部分的分离原理。

三、简答题

1. 头脑风暴法、设问法、焦点客体法、奥斯本检核表法、5W2H提问法、和田十二法，等等。

2. 灌溉、加湿器、水射流切割、液压、冷却液、冻冰块、泼水节、水枪、喷泉、虹吸实验、加热暖气、做饭，等等。

3. 是技术矛盾。技术矛盾定义：如果改善系统的一个参数，就得恶化另一个参数，则这两个参数之间的矛盾即为技术矛盾。

4. （1）运用空间分离原理：利用桥梁、隧洞把道路分成不同层面；

（2）运用时间分离原理：信号灯；

（3）运用基于条件的分离原理：基于条件的分离环岛。

5. 书籍的九屏幕图如图B.27所示。（答案不唯一，此仅为一例。）

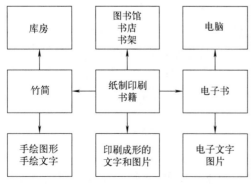

图B.27 答案（第三题第5小题）图

6. 可伸缩手柄的扳手——嵌套原理，手柄分成相互嵌套的两节或三节，能调整手柄长短，获得更大的拧紧力矩；

开口可调的扳手——动态化原理，调整开口大小，以拧不同大小的螺栓、螺钉或螺母；

具有几种不同大小的开口的扳手——维数变化原理，具有多种尺寸的开口，无须调整开口大小，用不同的口拧不同大小的螺栓、螺钉或螺母；

与钳子、锉、螺丝刀组合的扳手——组合原理，具有多种功能；

带柔软保护胶套的扳手——柔性壳体或薄膜原理，胶套用于保护操作人员的手，使操作更舒适。

（不限于以上答案，每写出 1 个得 1 分，多于 5 个得 5 分。）

四、分析题

1. 布置方式对。蜗杆减速器外散热片的方向与冷却方法有关。当没有风扇而靠自然通风冷却时，因为空气受热后上浮，散热片应取上下方向；有风扇时，风扇向后吹风，散热片应取水平方向，以利于热空气被风扇排走。

2. 运动简图如图 B.28 所示。图 B.17 中 B 处有回转副扩大；构件 3 和 4 之间有移动副扩大；构件 4 和 1 之间有回转副扩大。

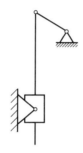

图 B.28 答案（第四题第 2 小题）图

3. 略。

五、设计题

1. 略。
2. 略。